# 新疆阿舍勒铜锌矿床地质地球化学特征及外围成矿预测

XINJIANG ASHELE TONG-XIN KUANGCHUANG DIZHI DIQIU
HUAXUE TEZHENG JI WAIWEI CHENGKUANG YUCE

主　编　张建强　汪小妹

副主编　胡新露　张陆佳　肖　辉　张霖洲

#### 图书在版编目(CIP)数据

新疆阿舍勒铜锌矿床地质地球化学特征及外围成矿预测/张建强,汪小妹主编. — 武汉:中国地质大学出版社,2025.3. — ISBN 978-7-5625-6152-1

Ⅰ. P618.405

中国国家版本馆CIP数据核字第202500YJ22号

| 新疆阿舍勒铜锌矿床地质地球 | 张建强　汪小妹　**主　编** |
| --- | --- |
| 化学特征及外围成矿预测 | 胡新露　张陆佳　肖　辉　张霖洲　**副主编** |

| 责任编辑:张玉洁 | 责任校对:何澍语 |
| --- | --- |

| 出版发行:中国地质大学出版社(武汉市洪山区鲁磨路388号) | 邮编:430074 |
| --- | --- |
| 电　　话:(027)67883511　　传　　真:(027)67883580 | E-mail:cbb@cug.edu.cn |
| 经　　销:全国新华书店 | http://cugp.cug.edu.cn |
| 开本:787mm×1092mm　1/16 | 字数:323千字　印张:13.25 |
| 版次:2025年3月第1版 | 印次:2025年3月第1次印刷 |
| 印刷:湖北金港彩印有限公司 | |
| ISBN 978-7-5625-6152-1 | 定价:128.00元 |

如有印装质量问题请与印刷厂联系调换

# 《新疆阿舍勒铜锌矿床地质地球化学特征及外围成矿预测》编委会

主　　编：张建强　汪小妹

副 主 编：胡新露　张陆佳　肖　辉　张霖洲

参编人员：韩宇轩　徐振宇

# 序 言

铜、锌是重要的金属矿产资源,对国民经济建设和工业发展具有核心支撑作用。铜(锌)资源供需问题涉及国家经济安全和社会稳定。2016 年,我国发布的《全国矿产资源规划(2016—2020 年)》将铜等 24 种矿产资源列入战略性矿产目录。

我国铜矿资源贫矿多,规模小,可选性不佳。根据《中国矿产资源报告 2023》,截至 2022 年底,我国已探明铜资源储量 4 077.18 万 t(金属量),静态保障年限不足 20 年,远低于全球平均水平。自 2002 年起,我国铜消费总量位居世界第一,且比例逐年增高。2018 年至今,中国铜资源对外依存度已超过 70%,国内铜需求存在巨大缺口。我国锌矿资源虽然相对丰富,但其分布广而散,大型矿少,中小型矿多,富矿少,中贫矿多,我国锌资源供需矛盾日渐突出。资源安全是国家安全的重要组成部分,如何保障铜(锌)矿产资源的供给安全已成为我国的重大战略问题。

阿舍勒铜锌矿床是新疆规模最大、品位最高的大型火山成因块状硫化物铜锌矿床。2016 年,我国发布的《全国矿产资源规划(2016—2020 年)》将阿舍勒列为铜矿资源重点勘查区。为扩大阿舍勒铜锌矿床的资源储备,新疆哈巴河县阿舍勒铜业股份有限公司组织了多种形式的深边部及外围找矿勘探工作。近年来,阿舍勒铜锌矿床深部找矿有所突破,但矿区外围找矿进展较缓。阿舍勒矿区外围研究程度低,空白区面积大,具备与阿舍勒矿区相似的地质条件,具有良好的找矿前景。本书正是在这一背景下孕育而生的。本书在对阿舍勒矿区的地质特征、矿体特征、矿石特征开展系统研究的基础上,对阿舍勒矿床成因与成矿规律进行了总结,结合矿区外围最新的岩石化探工作成果,对化探数据进行了精细处理和解译,在矿区外围圈定有利的找矿靶区,以期为矿区外围找矿勘查提供借鉴。

本书是矿山企业、高等院校、地勘单位等共同合作,科研和生产实践紧密结合、互相促进的成果产物。全书共有 10 章,第一章绪论,由汪小妹、胡新露编写;第二章区域地质,由张建强、张陆佳编写;第三章矿区地质,由胡新露、肖辉、张霖洲编写;第四章矿床地质特征,由胡新露、张建强、张陆佳编写;第五章矿床成因与成矿规律,由张建强、张霖洲、肖辉、胡新露编写;第六章阿依托汉矿区岩石地球化学异常特征,由韩宇轩、汪小妹、徐振宇编写;第七章喀英德矿区岩石地球化学异常特征,由韩宇轩、胡新露编写;第八章塔斯步谷乐矿区岩石地球化学异常特征,由韩宇轩、徐振宇、胡新露、汪小妹编写;第九章阿舍勒矿区外围岩石化探数据综合处理与解释,由韩宇轩、徐振宇、胡新露、汪小妹编写;第十章成矿预测与靶区圈定,由胡新露、汪小妹编写。全书由张建强、汪小妹、胡新露统稿。

  书中引用了大量前人资料,由于篇幅所限,无法一一引用和列举,谨此表示感谢和歉意。本书如有不妥或疏漏之处,敬请批评指正。

张建强

2025 年 1 月

# 目 录

**第一章　绪　论** (1)
　第一节　研究背景 (1)
　第二节　交通位置及自然地理 (1)
　第三节　以往地质工作情况 (2)

**第二章　区域地质** (7)
　第一节　构造单元划分 (7)
　第二节　区域地层 (9)
　第三节　区域构造 (15)
　第四节　区域岩浆岩 (16)
　第五节　区域矿产 (18)
　第六节　区域地质构造演化与成矿作用 (19)

**第三章　矿区地质** (21)
　第一节　矿区地层 (21)
　第二节　矿区构造 (25)
　第三节　矿区岩浆岩 (35)
　第四节　矿区变质作用 (40)
　第五节　矿区地球物理特征 (42)
　第六节　矿区地球化学特征 (47)

**第四章　矿床地质特征** (49)
　第一节　矿化蚀变带特征 (49)
　第二节　矿体特征 (50)
　第三节　矿石特征 (59)
　第四节　围岩蚀变特征 (81)
　第五节　成矿期与成矿阶段 (83)

**第五章　矿床成因与成矿规律** (85)
　第一节　成矿时代 (85)
　第二节　成矿物质来源 (87)
　第三节　矿床成因与成矿模式 (100)

  第四节 控矿因素 ………………………………………………………………………… (103)

## 第六章 阿依托汉矿区岩石地球化学异常特征 ……………………………………………… (106)
  第一节 元素含量特征 ……………………………………………………………………… (106)
  第二节 元素空间分布特征 ………………………………………………………………… (108)
  第三节 元素组合特征 ……………………………………………………………………… (109)
  第四节 综合异常圈定 ……………………………………………………………………… (116)

## 第七章 喀英德矿区岩石地球化学异常特征 ………………………………………………… (126)
  第一节 元素含量特征 ……………………………………………………………………… (126)
  第二节 元素空间分布特征 ………………………………………………………………… (126)
  第三节 元素组合特征 ……………………………………………………………………… (128)
  第四节 综合异常圈定 ……………………………………………………………………… (139)

## 第八章 塔斯步谷乐矿区岩石地球化学异常特征 ……………………………………………… (150)
  第一节 元素含量特征 ……………………………………………………………………… (150)
  第二节 元素空间分布特征 ………………………………………………………………… (151)
  第三节 元素组合特征 ……………………………………………………………………… (152)
  第四节 综合异常圈定 ……………………………………………………………………… (162)

## 第九章 阿舍勒矿区外围岩石化探数据综合处理与解释 ……………………………………… (172)
  第一节 元素含量特征 ……………………………………………………………………… (172)
  第二节 元素空间分布特征 ………………………………………………………………… (173)
  第三节 元素组合特征 ……………………………………………………………………… (174)
  第四节 综合异常圈定 ……………………………………………………………………… (181)

## 第十章 成矿预测与靶区圈定 ……………………………………………………………………… (193)
  第一节 预测理论方法 ……………………………………………………………………… (193)
  第二节 找矿对象及找矿标志 ……………………………………………………………… (193)
  第三节 找矿预测模型 ……………………………………………………………………… (195)
  第四节 找矿靶区圈定及评价 ……………………………………………………………… (196)

## 主要参考文献 ……………………………………………………………………………………………… (200)

# 第一章 绪 论

## 第一节 研究背景

阿尔泰造山带位于新疆北部,是世界上著名的火山成因块状硫化物(VMS)型铜多金属成矿带之一,其中已发现 70 多个多金属矿床和几百个矿点,包括十几个大型和超大型矿床。阿尔泰造山带南缘已发现多个 VMS 型铜锌多金属矿床(阿舍勒)、金多金属矿床(萨尔朔克)、铅锌金矿床(大东沟)、铅锌铁矿床(塔拉特)、铅锌矿床(可可塔勒)、铅锌铜矿床(铁米尔特)。

多年的地质勘查工作和研究工作表明,阿舍勒铜锌矿区及外围成矿条件优越,具有极大的找矿潜力。阿舍勒铜锌矿区及外围位于阿舍勒盆地中部,已发现 4 个铜矿床(铜矿点)——阿舍勒大型铜锌矿、喀英德小型铜矿、别斯铁热克南铜矿点和桦树沟小型铜矿,其中阿舍勒铜锌矿是全国品位最高、新疆最大的 VMS 型铜锌矿床。近年来,地质学家通过研究阿舍勒铜锌矿隐伏矿体,发现Ⅰ号矿化带向下延深向北侧伏,这一发现扩大了阿舍勒铜锌矿的储量,拓展了找矿空间。

自 1984 年阿舍勒铜锌矿床被发现以来,多家单位和个人在阿舍勒铜锌矿床及外围开展了研究工作,包括矿床地质特征、矿床成因、成矿背景、地球化学特征、成矿时代等,积累了大量的资料。对这些资料进行系统的分析和总结,有助于深入认识阿舍勒铜锌矿床的地质特征和成因,指导矿区及外围下一步找矿勘查工作。

本书基于"新疆哈巴河县阿舍勒铜金多金属成矿带地球化学综合研究与成矿预测"项目的研究成果,结合前人研究资料,对阿舍勒铜锌矿床的地质特征、矿床成因和成矿规律进行了系统总结,并对阿舍勒矿区外围的阿依托汉、喀英德、塔斯步谷乐 3 个矿区的 1∶1 万岩石化探数据进行了详细的处理和解译,绘制了单元素异常图等图件,圈定了综合异常并进行了优选评级,在此基础上开展了成矿预测,以期为阿舍勒矿区及外围下一步矿产勘查工作提供可靠依据。

## 第二节 交通位置及自然地理

### 一、交通位置

阿舍勒铜锌矿区位于新疆维吾尔自治区阿勒泰地区哈巴河县城北偏西约 31km 处,在行政区划上隶属于哈巴河县齐巴尔乡管辖。矿区位于齐也村南部。矿区地理坐标为东经 86°18′19″—86°24′03″、北纬 48°14′45″—48°19′38″。

矿区有柏油公路通至哈巴河县城，县城至阿勒泰市、乌鲁木齐市分别有国道216线、217线相通，路程分别为162km和673km。县城至北屯市火车站148km，距离阿勒泰市机场和喀纳斯机场不远，交通便利。

## 二、自然地理

矿区位于阿尔泰山山脉西北段南坡，属中低山丘陵区。地势由北东向南西呈阶梯状降低，山体总体走向为北北西向。海拔高程587～1360m，平均海拔900m左右，相对高差20～100m。区内植被不发育，零星分布耐干旱的蒿草、灌木类及爬山松（团柏）等野生植物，基岩出露良好。

矿区内水系发育，东部有哈巴河，北部有布滚勒河，南部有别斯铁热克小溪。沟谷及洼地有泉点零星出露，水质良好，适合人畜饮用。

矿区处于北温带大陆性气候寒冷区，夏季短（6—8月），干燥炎热，冬季漫长寒冷（11月至翌年3月）。年最高气温38.7℃，最低气温零下44.8℃，年平均气温4.7℃，昼夜温差大，达15～20℃。全年平均降水量198.4mm，年平均蒸发量1 888.5mm。区内春、夏季多东（南）风，秋、冬季多西（北）风。

哈巴河县是多民族聚集地区，县城内有8万余人，以哈萨克族为主，其次为汉族，当地居民主要从事农业、牧业、渔业、旅游服务业及采矿业等。矿区所在地居民点稀少，经济比较落后，生产生活物资由哈巴河县城及阿勒泰市供给。

哈巴河县域内已知铜、锌、金矿产及水利资源丰富。自20世纪80年代以来，相继建成了多拉纳萨依金矿、赛都金矿等小型地方矿山，矿业成为县域经济的支柱产业，产生了显著的社会效益和经济效益。2004年9月，阿舍勒铜锌矿建成并试投产，进一步推动了本地矿业和经济的发展。

# 第三节　以往地质工作情况

自1955年以来，相关人员已在阿舍勒矿区及外围开展过较多的区域地质、矿产地质工作，物化探工作和科学研究工作，根据时间顺序总结如下。

## 一、区域地质、矿产地质工作

（1）1955—1956年，地质部第十三大队在哈巴河幅进行了1∶20万区域地质测量，首次阐述了本区的基本地质特征，发现了阿舍勒重晶石矿点及铜矿点，圈出了白云母、稀有金属及多金属成矿远景区，提出了进一步工作意见。

（2）1960年，新疆维吾尔自治区地质局阿勒泰地质大队［简称新疆地质局阿勒泰地质大队，新疆维吾尔自治区地质矿产勘查开发局（简称新疆地矿局）第四地质大队前身］三分队在哈巴河齐叶村一带对多金属成矿远景区进行了1∶5万地质简测和重砂测量等工作，在矿区一带圈定了多金属异常，并对一些矿点进行了地表评价，提交了《新疆哈巴河县齐也村一带地质测量报告》。

(3)1984—1990年,新疆地矿局第四地质大队六分队在阿舍勒铜锌矿区全面开展地质普查找矿工作,完成1∶1万矿区地形地质测量16km²,1∶2000矿床地形地质测量4km²,岩芯钻探25 408.48m,槽探15 000m³;重点对Ⅰ号矿化带进行找矿及远景评价,通过6年多的普查工作,大致查明了矿床的成矿地质条件、围岩蚀变特征,主矿体(即Ⅰ号矿体)的规模、形态、产状及赋存规律、矿石类型、物质组分以及矿床成因等;总结出"矿体受地层和构造形态的控制,向北倾伏"的地质特征及成矿规律。Ⅰ号矿床储量估算铜金属量72万t,已达大型规模。

(4)1985—1987年,新疆地矿局第四地质大队五分队在多拉纳萨依及阿舍勒一带进行了1∶5万区域地质矿产调查和水系沉积物化探扫面工作,面积890km²;编写了《新疆哈巴河县萨尔布拉克—齐也一带区域地质矿产调查报告》,调查了测区内的基本地质特征及构造格架,但因建组依据不足,未能详细划分出中泥盆统阿舍勒组与上泥盆统齐也组的构造不整合关系。

(5)1991—1993年,新疆地矿局第四地质大队六分队在阿舍勒铜锌矿区Ⅰ号矿床开展了地质详查工作,通过1∶1万矿区地质测量、1∶2000矿床地形地质测量、岩芯钻探等手段,基本查明了Ⅰ号矿床的成矿地质条件、控矿因素、矿体规模及变化规律;合理地划分了矿石类型,并对矿石质量、选(冶)性能进行评述;基本掌握了矿区的水文地质、工程地质、环境地质特征及矿床的开采技术条件。

详查阶段求得C+D+E级铜矿石量4 406.14万t,铜金属量108.19万t,共生锌金属量43.81万t,硫铁矿矿石量3 456.18万t。伴生有用组分储量:Pb 5.62万t,Au 28 450kg,Ag 1467t,Ga 337t,Cd 3541t,Se 1986t。1994年2月正式提交了《新疆哈巴河县阿舍勒铜矿区Ⅰ号矿床详查报告》,经部、局专家评审为"优级"成果,新增铜金属量33万t,地质找矿成果显著。

(6)1991—1994年,新疆地矿局第四地质大队六分队在阿舍勒铜锌矿区Ⅵ号、Ⅶ号矿化带开展普查评价工作,基本查明了Ⅶ号矿化带地质构造、矿化带的赋存层位及地球物理、地球化学特征;大致查明了Ⅶ号矿化带深部隐伏硫化物铜矿体数目、规模,求得E级铜金属量1.186 8万t;提交了《新疆哈巴河县阿舍勒铜矿区村北Ⅵ号矿化带普查报告》和《新疆哈巴河县阿舍勒铜矿区Ⅶ号矿化带普查报告》。

(7)1993—1996年,新疆地矿局第四地质大队六分队在阿舍勒铜锌矿区Ⅰ号铜锌矿床开展勘探地质(地质勘探)工作。1998年8月,国土资源部以国土资函〔1998〕200号文批准了《新疆哈巴河县阿舍勒铜矿区Ⅰ号铜锌矿床勘探地质报告》。勘探阶段共求得Ⅰ号铜锌矿床B+C+D级铜矿石量3 777.05万t,Cu金属量91.945 4万t,共生Zn金属量40.833 3万t,硫铁矿矿石量3 007.73万t。伴生矿产(金属量):Au 18 067kg,Ag 1174t,Pb 55 577t,Zn 11 462t,Ga 313t,Cd 2659t,Se 843t。勘探阶段完成钻探进尺累计36 968.21m。

(8)1994—1997年,新疆地矿局第四地质大队三分队在桦树沟及外围开展了铜矿普查工作,工区地理坐标为东经86°17′55″—86°28′46″、北纬48°10′50″—48°20′00″,发现了桦树沟铜矿、阿依托汉及其他几处铜矿(化)点。

(9)2008—2009年,新疆哈巴河县阿舍勒铜业股份有限公司委托新疆地矿局第四地质大队在阿依托汉勘查区桦树沟铜矿点及外围进行普查找矿,开展了1∶1万地质草测和1∶2000地质剖面实测,后者提交了《新疆哈巴河县阿依托汉铜矿普查地质报告》,估算铜金属量33.04t(Cu≥0.2×10⁻²),铜矿石量8058t。新疆哈巴河县阿舍勒铜业股份有限公司还委托成都理工大学地球探测与信息技术教育部重点实验室完成了激电中梯测量扫面(网度200m×20m)和激电中梯剖面测深,并在桦树沟铜矿施工2个钻孔,共计549.89m。

(10)2010年,新疆哈巴河县阿舍勒铜业股份有限公司投资,由新疆地矿局第四地质大队负责在Ⅰ号矿床21线地表施工了ZK2101孔,孔深1 400.12m。在孔深1 259.92~1 269.02m处见到一层厚8.10m的铜硫矿体(埋深在−218~−213m标高),Cu平均品位4.29%,Zn平均品位0.80%,S平均品位44.07%。

(11)2011—2014年,新疆地矿局第四地质大队承担的"新疆哈巴河县阿舍勒铜矿深部找矿勘查项目"大致查明了矿体深部延伸变化情况,Ⅰ号矿床Ⅰ号矿体向北侧伏延伸,层控特征明显,往深部呈现逐渐尖灭趋势。16~21线控制矿体走向投影长1000m,侧伏延伸长1640m,9线剖面倾向控制斜深900m以上,19线控制Ⅰ-1铜硫矿体深度达−560m标高。

(12)2013年,新疆哈巴河县阿舍勒铜业股份有限公司委托紫金矿业集团股份有限公司矿产地质勘查院开展了新疆哈巴河县阿舍勒铜矿深边部补充勘探工作。

## 二、物化探工作

(1)1985年,新疆地矿局第四地质大队五分队在该区进行了1∶5万区域地质调查及水系沉积物测量工作。

(2)1985年,新疆地矿局第四地质大队物探分队在阿舍勒矿区开展了1∶5000地面物化探详查工作,工作区地理坐标为东经86°20′26″—86°21′24″、北纬48°15′58″—48°18′08″,面积4km²,提交了《新疆哈巴河县阿舍勒工区地面物化探详查工作报告》。

(3)1986—1987年,新疆地矿局第四地质大队物探分队在阿舍勒一带开展了1∶2.5万电法、磁法测量工作,工作区地理坐标为东经86°17′35″—86°30′19″、北纬48°09′55″—48°22′11″,面积120km²;累计完成1∶2.5万电磁综合物探测量面积114km²,1∶5万物化探详查面积4km²,提交了《新疆哈巴河县哈龙滚—哲兰德一带综合物化探普(详)查工作报告》。报告中指出Ⅰ号、Ⅱ号矿化带为异常反映良好的地段,尤其是8~16线间Ⅰ号矿化带为激电异常反映良好地段,为普查找矿工作部署提供了依据。

(4)1986—1987年,中国地质科学院地球物理地球化学勘查研究所在阿舍勒一带进行了1∶1万~1∶20万的水系、土壤、岩石化探方法试验,在250km²范围圈出金及多金属综合异常6处。

(5)1989—1990年,新疆地矿局第四地质大队物探分队在哈巴河县床阿依—多拉纳勒一带开展了综合物化探详查及异常查证工作,工区地理坐标为东经86°20′00″—86°28′00″、北纬48°11′20″—48°16′00″,包括床阿依、阿依托汗、哈巴河西岸、多拉纳勒4个详查区,面积约14km²。

(6)1991—1992年,新疆地矿局地球物理化学探矿大队在矿区20km²范围开展了高精度重、磁及瞬变电磁测量(TEM)物探扫面工作,研究了矿区一带的地球物理特征,并在Ⅰ号矿床及外围圈定了多处综合物探异常,异常查证钻孔内未见矿,未能对异常做出合理的解释,未见工作成果报告。

(7)1993—1995年,新疆地矿局地球物理化学探矿大队在哈巴河县快德弄—萨尔朔克一带开展了1∶2万综合物化探普查工作,根据区内各元素的异常组合及相应的地质条件,划分了4个综合异常:Ⅰ号化探异常区位于快德弄东侧,面积约0.8km²;Ⅱ号化探异常区位于1251高地西侧,面积约0.7km²;Ⅲ号化探异常区位于1251高地南侧,面积约0.8km²;Ⅳ号化探异常区位于萨尔朔克地区,面积约0.6km²。

(8)2006年,新疆地矿局第四地质大队在阿舍勒铜矿区开展了1∶1万土壤化探测量工作,分析了Au、Ag、Cu、Pb、Zn、As、Sb、Bi、Co、Ni、W、Sn、Mo 13种元素,圈定单元素异常73个,并对综合异常进行了分类分析,大致查明了矿区内地球化学特征。

(9)2008—2009年,成都理工大学对矿区及外围进行了物探激电测深和扫面工作。

(10)2011年,四川省地质矿产勘查开发局物探队在阿舍勒铜矿外围、阿依托汉和喀英德3个勘查区开展了1∶1万综合物探测量,主要有高精度重、磁测量扫面和可控源音频大地电磁测深(CSAMT)。

(11)2011—2016年,新疆地矿局第四地质大队在"新疆哈巴河县阿舍勒铜矿深部找矿勘查"项目过程中,系统地开展了矿区可控源音频大地电磁测深勘查,并对Ⅰ号矿床北侧13线、21线、25线、29线、37线CSAMT低阻异常进行了查证。

(12)2021年,中色杰泰地球物理科技(北京)有限公司在矿区开展了广域电磁法与地震频率谐振勘探工作,重点对15线、37线和57线开展了广域电磁法的探测实验。

## 三、科学研究工作

(1)1986年,地质矿产部矿床地质研究所和新疆地矿局第四地质大队合作开展阿尔泰南缘多金属成矿带综合分析评价工作,将阿舍勒-哲兰德铜锌矿带确立为最有远景的找矿地段之一。

(2)1988—1989年,桂林冶金地质研究院对Ⅰ号矿床黄铁矿的热电系数、复介电系数特征进行了研究,成果对揭示矿床地质特征及成因有一定的意义。

(3)1988—1990年,新疆维吾尔自治区地质矿产研究所与新疆地矿局第四地质大队合作,进行矿床物质组分研究,提交了《新疆哈巴河县阿舍勒矿床物质组分研究报告》;运用多种方法手段较系统地查明了矿床的矿石结构、构造,主要组分、伴生有益组分,有害元素的赋存状态及其分布规律,为合理划分矿石类型、探讨矿床成因提供了依据。

(4)1988—1990年,新疆地矿局第四地质大队配合新疆维吾尔自治区地质矿产研究所在本区开展了1∶5万金及多金属成矿预测,研究总结了金及多金属的成矿规律,建立了地质找矿模型,进行了定位预测和定量预测;提交了《新疆哈巴河县阿舍勒—多拉纳萨依一带金及多金属成矿预测报告》(1∶5万),预测阿舍勒一带E+F级多金属(Cu+Pb+Zn)资源总量648.79万t,其中,Cu矿石量361.58万t。由于工作程度低、方法手段有限,预测的找矿效果不理想。

(5)1990年,新疆地矿局第四地质大队承担了国家"三〇五"项目的课题,在哈巴河县哲兰德地区针对金及多金属矿产开展1∶5000、1∶1万比例尺的自然电场法电位测量和土壤地球化学测量及相应的地质工作,面积2km²。

(6)1990—1993年,新疆地矿局第一区域地质调查大队承担了"阿舍勒矿区基础地质研究"(1∶1万)项目,研究区面积32km²;基本查明了区内的地层层序、火山岩岩性和岩相分布及构造格架,合理地确定了中泥盆统阿舍勒组与上泥盆统的构造不整合关系。

(7)1991—1994年,国家"三〇五"项目在阿舍勒多金属成矿带进行了"阿舍勒盆地沉积演化特征""火山岩与成矿的关系""阿舍勒铜锌矿典型矿床研究""阿舍勒铜矿区1∶1万大比例尺成矿预测"等课题研究,运用多学科、多方法手段进行攻关,从成矿地质条件、矿床成因模式等方面进行了深入研究,开展了大比例尺成矿预测,指出了矿区的成矿远景及进一步找矿方向,对今后的工作有重要的指导作用。

(8)1992—1994年,中国地质科学院矿产资源研究所承担了地质矿产部定向科研项目"阿舍勒铜锌找矿模型与隐伏矿床预测",圈定了11个重力异常,并结合地质、物探、化探综合资料推断出GF2和GF6为重点找矿靶区。该所于1995年底提交了《阿舍勒铜锌成矿模型与隐伏矿床预测报告》。

(9)2002年6月,中国有色工程设计研究总院和乌鲁木齐有色冶金设计研究院联合编制了《新疆阿舍勒铜矿可行性研究报告》,主要针对Ⅰ号矿体进行了可行性研究。

(10)2005—2006年,中国地质大学(武汉)承担了"阿舍勒铜矿区深部及外围成矿规律及找矿预测"项目,对外围及深部找矿进行了预测评价,圈出了具体的找矿靶区并进行了分级。

(11)2008年,长安大学造山带与成矿研究所承担完成了"阿舍勒铜矿深、边部成矿预测专题研究"项目。

(12)2017—2021年,中国科学院地质与地球物理研究所和中国地质科学院矿产资源研究所承担的国家重点研发计划项目"北方增生造山成矿系统的深部结构与成矿过程"二级课题"块状硫化物型成矿系统三维结构与矿体定位机制"将"阿舍勒矿集区VMS型成矿系统研究"设为一个专题。

(13)2018年7月—2021年6月,国家重点研发计划项目"天山-阿尔泰增生造山带大宗矿产资源基地深部探测技术示范"(项目编号:2018YFC0604000)在阿舍勒矿集区设立了1个课题,并设立专题"阿舍勒-喀拉通克矿集区构造-岩浆演化与成矿背景研究",专题承担单位为中国科学院地质与地球物理研究所。课题研究人员在阿舍勒矿区开展了21线与164线长度合计20km的二维反射地震探测,发现深部存在地震波组异常并认为是前寒武纪基底。

中国科学院地质与地球物理研究所徐兴旺研究员团队在承担上述专题过程中,进一步厘定了阿舍勒组地层层序与矿区构造格架,确定了控矿构造为向斜构造,系统厘定了矿床矿石类型,识别出3个喷口通道,建立了矿床结构模型和矿区岩浆岩成因模型,厘定了阿舍勒火山盆地为陆缘弧裂谷盆地,并开展了成矿预测。

(14)2020年,吉林大学地球探测科学与技术学院承担了"新疆哈巴河县阿舍勒铜锌矿二维、三维地震勘探"项目,在矿区周围开展二维和三维地震勘探数据采集、处理与解释工作,开发二维、三维金属矿地震数据处理解释技术,建立了阿舍勒铜矿地质、地球物理、地球化学找矿模式,圈定了硫化物矿床找矿靶区,并提交了钻孔验证方案。

(15)2022年,中国科学院地质与地球物理研究所承担完成了"新疆阿舍勒铜锌矿地震勘探资料处理和地质解释"项目,对矿区二维和三维地震勘探资料进行了处理及地质解释,提交了验证钻孔设计方案。

# 第二章　区域地质

阿尔泰造山带位于我国西北部,属于古亚洲造山系,处于西伯利亚板块与哈萨克斯坦-准噶尔板块之间。其范围是阿尔曼泰-扎河坝-科克森他乌蛇绿混杂岩带以北至中俄、中哈、中蒙边界包括阿尔泰山及其山前在内的广大地区,呈北西-南东向展布。该造山带西起俄罗斯、哈萨克斯坦,穿过新疆北部,直到蒙古国南部,绵延2000多千米。

阿尔泰造山带是典型的显生宙增生造山带,是我国典型的低压变质作用发育地区之一。该地区经历了从前震旦纪到新生代复杂的演化过程。其中,震旦纪—古生代经历了古亚洲洋的形成、俯冲和闭合演化过程,发育大量古生代火山岩、花岗岩类和少量基性—超基性侵入岩,是我国重要的铜、铅锌、铁、稀有金属和白云母成矿带。

## 第一节　构造单元划分

区域深大断裂的分布决定着区内构造组合样式及构造单元的划分,中国阿尔泰造山带内褶皱和断裂构造十分发育,东西向、南北向、北西向、北北西向、北东向均有分布,以近东西向的依莱克左行剪切断裂带为界,分为北西部和南东部两个不同的构造变形域。

北西部构造变形域:南东至依莱克断裂,西北与境外的山区阿尔泰相连,以南北向、北北东向的轴面直立、两翼陡倾且大型褶曲多发生"S"型弯曲的线性紧闭褶皱为主,断裂以南北向、北北东向、北西向的逆冲和右行走滑的盖层断裂与基底断裂为主,规模较小。

南东部构造变形域:以轴面近直立、两翼陡倾的北西向线型紧闭褶皱为主,断裂北西向、北北西向、北东向均有。主干断裂除可可托海-二台断裂呈北北西向展布外,由北往南依次发育的红山嘴-诺尔特断裂、巴寨断裂、阿巴宫-库尔提断裂、特斯巴汗断裂、额尔齐斯断裂,均呈北西向展布,倾向北东,倾角70°～80°,以逆冲推覆为主,多具有右形走滑特征,规模大,延长均大于100km,宽度从数百米到数千米不等,具有多期次活动特征,形成于早古生代。晚古生代造山阶段是这些断裂带形成发展的主要阶段,泥盆纪—石炭纪活动强烈,晚古生代末—中生代的继承性活动导致了该区发生进一步块断抬升,构成了后期断裂造山作用的重要特点。

区域上额尔齐斯断裂规模最大,是中亚最大的一个走滑断层,被认为是古生代俯冲带。地表为一狭长带状展布的强烈变形带,延伸分为两支:一支以高角度(70°～80°)从地表延伸到200km以下,切穿岩石圈;在大约20km深度分出另一支,以低倾角向北东延伸,构成额尔齐斯含流体或熔融体较多的主滑脱面,其余北西向大断裂向深部中止或收敛于额尔齐斯滑脱构造面,与额尔齐斯断裂一起构成了区内由北东向南西逆冲的巨型俯冲-仰冲推覆体系(图2-1),额尔齐斯、特斯巴汗、阿巴宫-库尔提、巴寨、红山嘴-诺尔特等推覆体呈叠瓦式排列,奠定了研究区的总体构造格架。

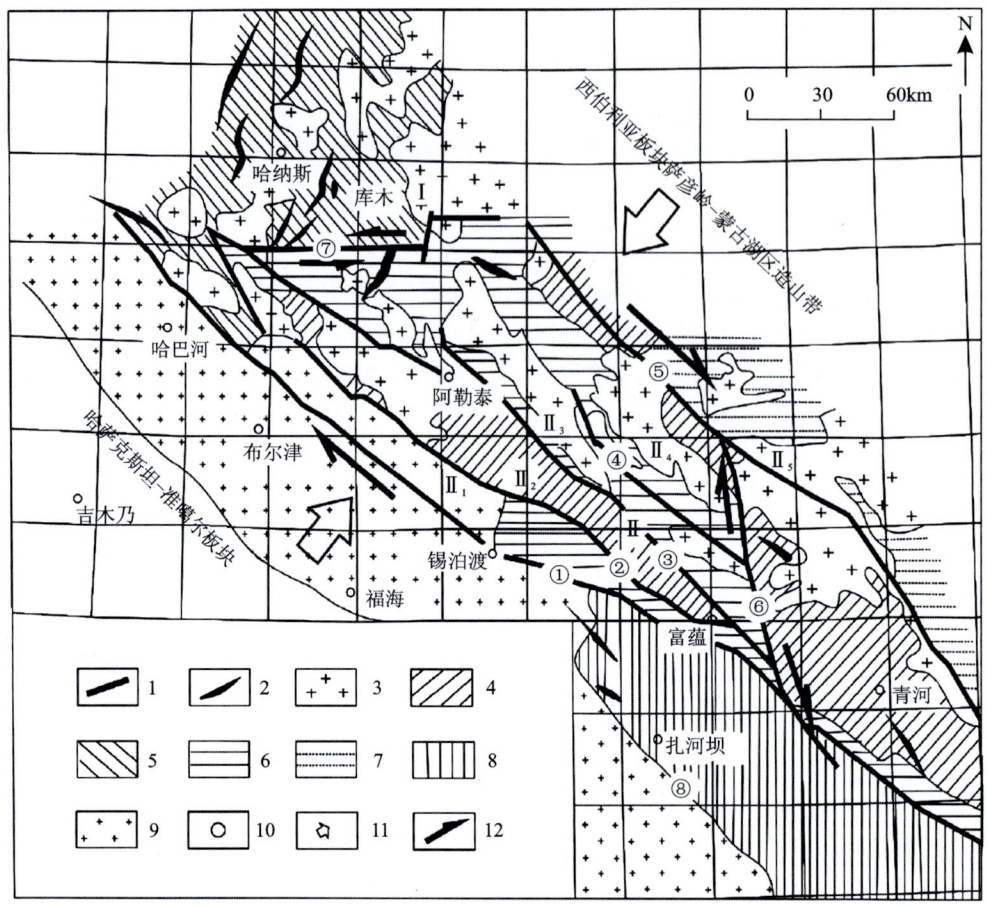

Ⅰ.北西部构造变形域;Ⅱ.南东部构造变形域;Ⅱ₁.额尔齐斯推覆体;Ⅱ₂.特斯巴汗推覆体;Ⅱ₃.阿巴宫-库尔提推覆体;Ⅱ₄.巴寨推覆体;Ⅱ₅.红山嘴-诺尔特构造推覆体;①额尔齐斯深断裂;②特斯巴汗断裂;③阿巴宫-库尔提断裂;④巴寨断裂;⑤红山嘴-诺尔特断裂;⑥可可托海-二台断裂;⑦依莱克断裂;⑧乌伦古深大断裂;1.断裂;2.褶皱;3.花岗岩;4.低压角闪岩相;5.低压绿片岩相;6.中压角闪岩相;7.板岩-千枚岩相;8.葡萄石-绿纤石相;9.未变质沉积岩;10.城镇;11.挤压应力方向;12.走滑应力方向。

图 2-1 阿尔泰造山带区域构造图

(1)额尔齐斯推覆体:介于额尔齐斯主断裂和特斯巴汗冲断裂之间,呈狭长带状展布,宽 7～15km,由一套强烈深层次韧性变形的火山岩和火山沉积岩构成,是在俯冲刮削和逆冲推覆等构造混杂过程中不同时代岩块形成的一套变形变质杂岩体,1:20 万富蕴幅将其厘定为上石炭统,是由元古宇—下泥盆统多时代地层组成,不排除存在古老结晶基底的可能性。

(2)特斯巴汗推覆体:沿特斯巴汗冲断带逆冲推覆于额尔齐斯推覆体之上,主体为中泥盆统阿勒泰组长石石英砂岩、变砂岩、千枚岩、大理岩等,北西段变形变质程度低,南东段强,局部为混合岩。

(3)阿巴宫-库尔提推覆体:介于阿巴宫-库尔提和巴寨冲断裂之间,呈狭长带状展布,宽 8～15km,由下泥盆统中—酸性火山岩和海西期花岗岩岩基构成。

(4)巴塞推覆体：以大桥-巴塞冲断裂为南界，红山嘴-诺尔特冲断裂为北界，主要由志留纪和海西期花岗岩体组成，北部大面积寒武系—奥陶系（中元古界、震旦系—寒武系）基底岩系直接逆冲推覆于下泥盆统火山岩之上。

(5)红山嘴-诺尔特推覆体：南界为红山嘴-诺尔特冲断裂，加里东期—海西早期以大规模褶皱推覆为主，中泥盆世后推覆体系后缘拉张，于北部形成中泥盆统—下石炭统以碎屑岩、碳酸盐岩、中酸性火山岩为主的上叠盆地，后再次逆冲导致中泥盆统—下石炭统火山碎屑岩推覆于基底变质岩之上。

前人运用槽台说、多旋回构造说、地洼说以及板块构造理论对阿尔泰地区的构造演化做过大量工作。对其大地构造属性及区域地质构造背景，不同研究者曾有过不同论述。

综合区域断裂分布及基本构造格局：以依莱克断裂、红嘴山-诺尔特断裂、阿巴宫-库尔提断裂、特斯巴汗断裂和额尔齐斯断裂带为界，将阿尔泰造山带划分为北西部构造变形域的山区阿尔泰陆缘增生地块和南东部构造变形域的中阿尔泰、北阿尔泰、南阿尔泰、额尔齐斯 4 个构造带（或块体）。

(1)中阿尔泰构造带：阿尔泰造山带的主体部分，介于阿巴宫-库尔提断裂、红山嘴-诺尔特断裂之间，主要出露震旦系—中奥陶统角闪岩相到绿片岩相的变质沉积岩和火山岩，被认为是阿尔泰微陆块的最主要组成部分，具有微陆块的特点，大量早古生代（O—S）大陆边缘弧型花岗岩侵入其中，并显示出强烈的北西向定向拉长的特征。中阿尔泰构造带分布范围与阿巴宫-库尔提推覆体、巴塞推覆体吻合。

(2)北阿尔泰构造带：位于红山嘴-诺尔特断裂之北，至中蒙边界一带（仅占中国阿尔泰的很小一部分），分布范围与红山嘴-诺尔特推覆体一致，以弧形展布的下石炭统为分界标志；主要为一套中—上泥盆统岛弧背景下形成的安山岩和英安岩，以及上泥盆统—下石炭统变质沉积岩，局部出露震旦系—寒武系变质基底；但侵入中泥盆统中的花岗岩的时代为早泥盆世（Pb-Pb 年龄），因此北部阿尔泰地区这套地层可能老于中泥盆统。

(3)南阿尔泰构造带：介于特斯巴汗断裂、阿巴宫-库尔提断裂之间，主要由元古宇片麻岩和志留系—石炭系火山沉积岩系组成，其中片麻岩是从阿尔泰陆块分离出来的，泥盆纪弧火山岩和火山碎屑岩可能为岛弧产物，晚泥盆世之前形成的库尔提蛇绿岩可能代表了弧后盆地的扩张事件。南阿尔泰构造带分布范围与特斯巴汗推覆体一致。

(4)额尔齐斯构造带：西伯利亚板块与哈萨克斯坦-准噶尔板块的结合带，主要由片麻岩、混合岩、片麻状花岗岩和块状花岗闪长岩组成，分布着大量超镁铁—镁铁质杂岩，其形成时代为 284~280Ma 之间。

## 第二节　区域地层

阿尔泰地区发育大量火山和沉积建造，但仅出露震旦纪、奥陶纪—早石炭世地层，晚石炭世、二叠纪及中生代地层大部分缺失（图 2-2）。据杨富全等（2016）、陈隽璐等（2019）的认识成果，简要介绍如下。

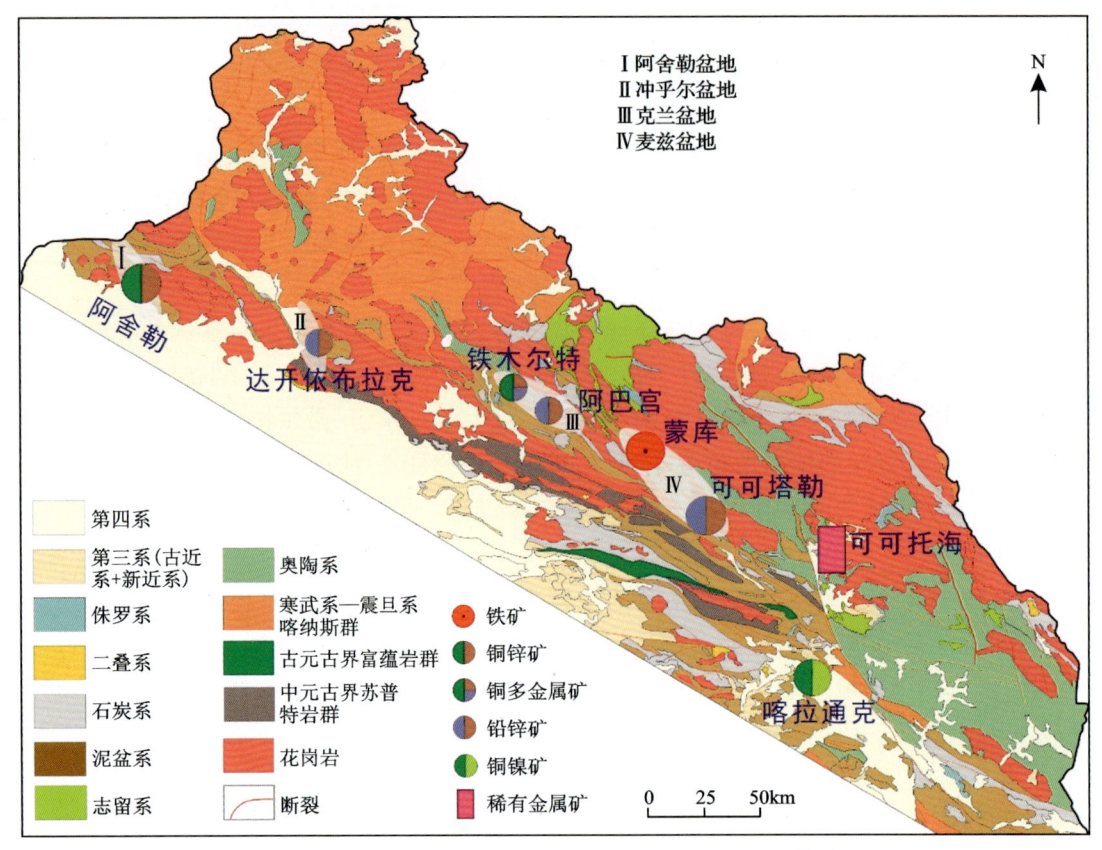

图 2-2　新疆阿尔泰区域地质图（据 Niu et al., 2020 修改）

## 一、前寒武系

阿尔泰地区变质程度较高并被划为前寒武纪地层的有克木齐岩群（$Pt_1K.$）、苏普特岩群（$Pt_2S.$）、富蕴岩群（$Pt_3F.$）。早期使用的地层名称还有哈巴河岩群、库卫岩群和青河岩群。

前寒武系分布于阿勒泰—青河一带，是由片麻岩、混合岩、角闪片岩、糜棱岩、混合花岗岩、片麻状花岗岩等组成的深变质岩系，最先被称为哈巴河岩群。克木齐岩群分布于冲乎尔—青河及额尔齐斯一带，主要为片麻岩、混合岩，夹斜长角闪（片）岩，局部夹大理岩。富蕴岩群分布于冲乎尔—青河、喀龙—青河及冲乎尔以北地段，在额尔齐斯构造带也有分布，主要岩性为斜长角闪片岩、角闪岩、白云斜长片麻岩、黑云长石片岩、石榴矽线黑云长石石英片岩等，岩性变化大，2000 年《新疆维吾尔自治区 1∶100 万地质图说明书》将其地质时代厘定为震旦纪。

苏普特岩群主要分布于阿巴宫-库尔特断裂北侧，该地层由于断裂构造和岩体侵位破坏，呈不规则残留体或断块状，总体具北西向展布特征，为一套中深变质的片麻岩、结晶片岩、变粒岩夹大理岩、斜长角闪片岩建造。根据岩性组合特征，苏普特岩群可分为 3 个岩组：第一岩组岩性为灰色、灰绿色眼球状长英质糜棱岩，浅灰色黑云石英片岩，灰白色（长石）石英岩夹石榴（斜长）角闪片岩、大理岩；第二岩组岩性为灰色（含矽线石）黑云斜长片麻岩，灰色黑云二长片麻岩,灰黄色二长浅粒岩夹(含矽线石)黑云石英片岩、斜长角闪岩、透辉变粒岩等,该岩组在北部阿尤布拉克一带出现较多变粒岩和斜长角闪岩层;第三岩组岩性以黑云石英片岩为主,夹黑云斜长片麻岩,以含矽线石、十字石、红柱石的一套黑云石英片岩组合为典型特征,出露可视总厚度 5 884.20m。该套地层呈断块状,并被一系列与区域构造线展布方向一致的北西向早石炭世和中泥盆世花岗岩枝、岩脉、岩株侵蚀破坏,导致出露地层支离破碎。与下泥盆统康布铁堡组和中泥盆统阿勒泰组均为断层接触,未见顶、底。

克木齐岩群、富蕴岩群的提出距今已有数十年了,然而,关于这套地层的时代划分仍然缺乏高精度年代学资料。特别是近十几年来,采用锆石 SHRIMP U-Pb 法和 LA-ICP-MS 法进行了大量年代学研究,但还没有获得前寒武纪年龄。从目前开展的年代学研究结果来看,这套变质较深的岩石形成于寒武纪—奥陶纪。

## 二、震旦系—寒武系

杨富全等(2015)将阿尔泰造山带最老地层划为震旦系—寒武系,为喀纳斯群和库卫岩群。

**1. 喀纳斯群**

喀纳斯群主要出露于中阿尔泰白哈巴到阿尔泰市以北的广大区域;整体上表现为变质程度深浅不一的巨厚复理石建造,下部为片麻岩-结晶片岩建造,上部为一套巨厚的浅变质碎屑岩建造;古沉积环境为被动大陆边缘相浅海—半深海的陆棚边缘环境,地层时代为寒武系—震旦系。

**2. 库卫岩群**

库卫岩群主要出露于阿尔泰山中部库卫—可可托海—青河一带。库卫岩群岩性以各类片麻岩和混合岩为主,夹少量片岩、变粒岩、斜长角闪岩、大理岩及石英岩。在诺尔特西南,该组下部以变质的基性火山岩为主,局部夹变质酸性火山岩及陆源碎屑岩,厚度大于 1500m;上部以云母片岩和片麻岩为主,局部为混合岩和混合花岗岩,厚度大于 3000m。在库卫一带分为 3 个岩性段:第一岩性段以眼球状堇青矽线(红柱石)黑云斜长片麻岩夹斜长角闪岩为主;第二岩性段以矽线堇青二云片麻岩变粒岩夹石英岩、大理岩为主;第三岩性段以堇青(红柱矽线十字石)石英片岩类夹变粒岩为主,局部夹条带状磁铁石英岩。出露可视总厚度 4434m。

## 三、古生界

**1. 中寒武统—下奥陶统**

哈巴群分布于阿尔泰东部诺尔特到额尔齐斯河源头一带的中蒙边境地区,岩性为砂岩、泥质岩,上部产微古植物化石。哈巴群下部主要为灰绿色及灰色长石岩屑砂岩、长石岩屑杂砂岩、泥质岩及粉砂岩,厚度 3329~6090m;中部为深灰色—灰黑色泥质岩、岩屑长石砂岩、长石岩屑砂岩、长石石英砂岩及粉砂岩,厚度 1189~1582m;上部为深灰色—灰绿色粉砂岩、泥质岩、长石岩屑砂岩,视厚度 1637~2728m。

**2. 志留系**

志留系出露不太广泛，主要为库鲁木提群，属中—上志留统，与下伏下泥盆统康布铁堡组为断层接触，分布在霍尔宗—丘伊—哈纳斯一带东南边缘及冲乎尔—青河地区，主要岩石类型是灰色、灰绿色中薄层及中厚层状变质粗砂岩、细砂岩、粉砂岩，夹中厚层状钙质细砂岩。

**3. 奥陶系**

奥陶系分布在阿尔泰西部的白哈巴、铁热克、喀纳斯及翁松独克等地，整体显示类复理石建造及中酸性火山岩建造。中—上奥陶统喀拉乔拉群主要出露于青河县城北部的喀拉乔拉一带及冲乎尔北东一带，由变砂岩、变粒岩、片岩、片麻岩组成，局部夹大理岩薄层或透镜体，总体变质程度较深。上奥陶统包括下部的东锡勒克组和上部的白哈巴组。东锡勒克组为浅变质酸性熔岩及火山碎屑岩，视厚度680～900m，最厚可达3100m；白哈巴组为灰绿色泥质粉砂岩、粉砂质泥岩、灰白色泥岩夹结晶灰岩透镜体，厚度大于1280m，未见顶，与下伏东锡勒克组凝灰岩整合接触。

**4. 泥盆系**

泥盆系在南阿尔泰和准噶尔北缘十分发育，主要有下泥盆统康布铁堡组和诺尔特组，下—中泥盆统托克萨雷组，中泥盆统阿舍勒组和阿勒泰组，上泥盆统齐也组、忙代恰组和库马苏组。

1）康布铁堡组

康布铁堡组主要分布在阿尔泰南缘呈北西向展布的克兰、麦兹和冲乎尔等火山盆地中，主要岩性为变质的中酸性火山岩、基性火山岩及片岩等，夹大理岩薄层及透镜体。层理清晰，沿走向岩性变化大，岩石发生了深浅程度不同的变质作用，远离岩体及断裂者变质程度浅，主要为低绿片岩相变质。按照岩性特征可分为上、下两个亚组。下亚组与中—上志留统库鲁木提群断层接触，与上亚组整合接触。上亚组与上覆阿勒泰组不整合接触。

2）诺尔特组

诺尔特组出露于中蒙边境晚古生代上叠盆地内的红山嘴—诺尔特一带，呈近南北向、北北西向分布。下部为深绿色及深灰色安山岩、灰色流纹英安岩，夹杏仁状安山岩、英安岩透镜体和绢云绿泥千枚岩；上部火山岩减少，碎屑岩增多，为灰色石英岩屑砂岩，夹灰绿色绢云绿泥千枚岩和安山岩，灰绿色厚层状浅变质粉砂岩与绢云绿泥千枚岩互层。

3）托克萨雷组

托克萨雷组为一套海相陆源碎屑岩夹硅质岩、碳酸盐岩沉积建造，主要岩性为杂砂岩、粉砂岩、千枚岩、结晶灰岩及硅质岩等，赋存有构造蚀变岩型金矿（如多拉纳萨依金矿、赛都金矿等）。该组分布于玛尔卡库里大断裂南西侧。北东与阿舍勒组、齐也组、红山嘴组断层接触，南西被大面积新生界覆盖。

4）阿舍勒组

阿舍勒组分布在阿舍勒矿区一带，下部由灰色变火山凝灰岩、绿泥石化晶屑凝灰岩、含角砾晶屑凝灰岩、沉凝灰岩等组成，夹数层结晶灰岩、大理岩等；中部为灰绿色含集块角砾凝灰岩、角砾凝灰岩、晶屑凝灰岩、凝灰岩、泥粉砂岩、千枚岩、次生石英岩，顶部夹大理岩和碧玉岩、灰岩或其透镜体，为阿舍勒铜矿主矿体的赋存层位；上部以灰绿色玄武岩为主，夹角砾凝灰岩、含晶屑凝灰岩、凝灰质粉砂岩等。

5）阿勒泰组

中泥盆统阿勒泰组与康布铁堡组的分布范围基本一致。其典型剖面位于克兰盆地的阿勒泰镇至沙尔布拉克一带，主要由一套浅海相变质碎屑岩夹碳酸盐岩和少量基性、酸性火山岩组成。地层岩石成分复杂，岩相变化大，沉积韵律明显。不同地段岩石均发生了绿片岩相—角闪岩相不同程度的变质作用。根据岩性特征可分为上、下两个亚组。

下亚组在岩性、岩相上明显受断裂构造控制，在盆地的南西缘较为发育，沉积厚度较大，火山作用相对较强，广泛分布有多层的基性火山岩，碳酸盐岩局部发育，为含多层基性火山岩的碳酸盐岩-碎屑岩建造，厚度 2997～4675m，均已发生高绿片岩相—角闪岩相变质作用。其下部为变质砂岩、粉砂岩、粉砂质泥岩，夹变质基性火山岩、碳酸盐岩等；上部为缺乏基性火山岩的半深海相泥质碎屑岩系。上亚组仅分布于该盆地中心，为一套不含火山物质的复理石建造，见经历了低绿片岩相变质作用的粉砂质、泥质岩互层。其下部地层较厚，为粉砂质碎屑沉积岩，上部地层较薄，主要为泥质岩。

6）齐也组

齐也组出露于阿舍勒村北部，下部为集块岩、火山角砾岩、角斑岩、流纹英安集块岩、凝灰熔岩、晶屑凝灰岩；中部为火山角砾岩、凝灰质砂砾岩或粉砂岩、角砾熔岩夹安山岩；上部为玄武质角砾岩、火山角砾岩、凝灰岩、凝灰质粉砂岩、枕状玄武岩、安山岩和安山集块岩等。与上覆下石炭统红山嘴组和下伏中泥盆统阿舍勒组均为角度不整合接触。

7）忙代恰组

忙代恰组主要分布在中蒙边境一带忙代恰大坂到库尔木图大坂的喀依尔特河流域，岩性为含火山物质的浅海—滨海相碎屑岩、英安质火山岩、火山沉积岩，其中碎屑岩层基本上变质为千枚岩和片岩。该组下部被黑云母花岗岩侵入，未见底。上部与下石炭统红山嘴组断层接触。

8）库马苏组

库马苏组分布在诺尔特东南塔斯比克都尔根与喀拉都尔根之间及额尔齐斯河上游近源头西岸，与红山嘴组整合接触。库马苏组由下向上沉积建造为变质岩屑砂岩-砂砾岩建造、变质粉砂岩-岩屑砂岩-灰岩建造。下亚组为长石岩屑砂岩、泥岩、千枚岩和粉砂岩，厚 2099～2451m；上亚组为长英质砂岩、粉砂质板岩夹钙质砂岩、砂质灰岩和流纹岩，视厚度 755m。塔斯比克都尔根与喀拉都尔根之间出露下亚组灰绿色、灰褐色、灰色及灰黑色长石岩屑砂岩、泥岩、千枚岩和粉砂岩。额尔齐斯河近源头西岸库马苏出露上亚组长英质砂岩、粉砂质板岩，夹钙质砂岩、砂质灰岩及流纹岩。

**5. 石炭系**

石炭系主要在诺尔特一带和额尔齐斯构造带东南部出露，包括下石炭统红山嘴组和上石炭统喀拉额尔齐斯组。

1) 红山嘴组

红山嘴组出露在诺尔特和阿舍勒一带，与下伏库马苏组整合过渡，分上、下两个亚组。红山嘴组下亚组主要为英安质及流纹质凝灰岩、火山角砾岩，局部夹安山岩和碱性玄武岩，厚1887m。上亚组主要为硅质、泥质及碳质（泥）板岩、千枚岩、长石岩屑砂岩、岩屑长石（杂）砂岩、粉砂质泥岩、泥质粉砂岩、凝灰质砂岩、凝灰质粉砂岩、沉凝灰岩，具韵律构造，局部夹熔结凝灰岩、凝灰熔岩、石英斑岩、碎斑熔岩、石英钠长斑岩及晶屑火山灰凝灰岩。

2) 喀拉额尔齐斯组

喀拉额尔齐斯组主要分布于富蕴县城以西、额尔齐斯断裂和锡泊渡-富蕴断裂之间。喀拉额尔齐斯组的岩相变化较大，为一套海陆相碎屑岩建造，其中夹少量火山熔岩。中部受到强烈挤压作用，岩石多混合岩化，岩性为混合岩、片麻岩、片岩；两侧挤压作用相对较弱，常见浅变质的变凝灰质长石岩屑砂岩、（含砾）岩屑砂岩、长石岩屑砂岩、长英质板岩，夹薄层状变质（泥质）粉砂岩、绢云千枚岩、流纹岩、霏细岩等。出露视厚度2000～3000m。

### 6. 二叠系

二叠系仅在富蕴县城以西特斯巴汗一带零星出露。下二叠统特斯巴汗组为一套陆相沉积碎屑岩，剖面所见岩性为灰黄绿色长石砂岩、灰色粉砂岩及灰黄绿色含砾长石砂岩、碳质粉砂岩等，走向上岩性变化为以灰黄绿色岩屑长石砂岩为主，夹薄层灰岩，底部为砾岩，见有植物化石碎片，视厚度204m。与喀拉额尔齐斯组断层接触，与上覆库尔特组角度不整合接触。

上二叠统库尔提组出露于库尔河下游，为一套陆相火山碎屑沉积岩。主要岩性为灰绿色安山岩、灰绿色安山质晶屑岩屑凝灰岩、灰绿色流纹质晶屑火山尘凝灰岩、安山质凝灰角砾岩、凝灰砾岩、砂岩，底部为块状巨砾岩。与下伏下二叠统特斯巴汗组不整合接触。

## 四、中生界和新生界

区域中生界不发育，主要原因是阿尔泰地区在中生代之后就进入了造山后的陆内演化阶段。侏罗系八道湾组主要分布在富蕴县城东南卡姆斯特一带，为含煤地层，地层岩性主要是煤层夹碳质泥岩、泥岩、砂岩、砂砾岩、菱铁矿薄层等。

新生代时期，阿尔泰造山带已进入到典型的大陆陆内构造演化阶段，在山区发育一些陆相盐湖和山间陆相小盆地及河流相沉积、冰川沉积。第四系下更新统由钙质胶结的砾岩、砂砾岩、砂岩组成，厚度可达20m。下—中更新统多为冰碛层，由巨砾岩块、砾、含碎屑砂质黏土、黏土组成，厚度10～60m。中更新统主要为冲积层和洪积层，由疏松未胶结的砾石、砂组成，厚度10～50m，富含砂金矿。上更新统洪积层和冲积层由砾、小砾石、砂、亚砂土等组成，厚度5～30m；在喀拉额尔齐斯河两岸，该沉积层中常含有砂金矿。上更新统—全新统多为冲积洪积层，由砂、砾石、砂质黏土、亚黏土和冲积、沼泽沉积的淤泥、黏土、碳质黏土、盐碱化土组成，厚度1～5m。全新统由复杂的砾石、碎石、砂、亚黏土等组成。

## 第三节　区域构造

区域内经历过多期次构造运动,地质构造非常发育,区域主体构造格架由北西-南东向大断裂带构成,北西-南东向大断裂带与其之间的地质体共同构成了区域大型冲断推覆构造体系。

### 一、褶皱构造

区域中褶皱的特点主要为线性紧密型褶皱,整体来看,呈 290°～310°方向展布。规模较大的有克兰复式向斜、麦兹复式向斜、苏普特背斜。

1）克兰复式向斜

克兰复式向斜是阿尔泰造山带中最大的向斜构造,作为克兰盆地的主体,位于阿勒泰市一带,分布范围广泛,延伸长度近 100km,宽度达 10～15km。轴面向北东倾,倾角 50°～70°。两翼的地层分别为下泥盆统康布铁堡组和中—上志留统库鲁木提群,核部地层为中泥盆统阿勒泰组。北东翼发生倒转,南西翼为正常翼。克兰复式向斜发育多个次级褶皱,如北东翼阿勒哈达依向斜、萨热阔布背斜、恰夏向斜;南西翼发育有小哈拉苏背斜、杜拉特背斜等。其中,部分次级褶皱与成矿有密切的关系。多数次级褶皱是紧闭的线性褶皱并且轴线走向与主构造线一致。

2）麦兹复式向斜

麦兹盆地中的麦兹复式向斜,其空间位置处于富蕴北西蒙库—什根特一带。该复式向斜的南东翼地层层序正常,北东翼倒转,两翼地层为下泥盆统康布铁堡组上、下两个亚组,核部地层为中泥盆统阿勒泰组,呈舒缓波状延伸,轴面倾向北东,倾角 65°～82°,翼幅宽 10～15km。在北东翼发育有蒙克木背斜、巴特巴克布拉克向斜、铁热克萨依向斜等次级褶皱,且这些次级褶皱均为紧闭线性褶皱。

3）苏普特背斜

苏普特背斜地处富蕴县苏普特与别勒库都克一带,北西有克兰复式向斜,南东有麦兹复式向斜。轴面近乎直立,轴线走向为北西-南东。长度延伸 50km,宽约 20km。轴面倾向南西,背斜的北西端位于喀拉额尔齐斯河西岸,南东转折端位于苏普特村南侧。背斜核部地层为中—上志留统库鲁木提群混合岩,自核部向两翼,地层依次为下泥盆统康布铁堡组、中泥盆统阿勒泰组。两翼地层相背倾斜。

### 二、断裂构造

阿尔泰造山带多期次、多阶段的构造运动,使得带内断裂构造极为发育。各大断裂均发生过强烈的逆冲-推覆运动,且后期又有剪切走滑活动。主要包括北西-南东向和北北西-南南东向两组,以前者为主。区域性大型断裂多数为北西-南东向,具代表性的有额尔齐斯-玛因鄂博断裂、阿巴宫-库尔提断裂、巴寨断裂、诺尔特-红山嘴断裂;北北西-南南东向的断裂以卡依尔特-二台断裂为代表。从整个区域上看,这些断裂由北东向南西呈现叠瓦式排列。从剖面上看,呈现出向南东收敛、向北西发散的特点。从地表上看,这些断裂都有明显的构造变形(脆性变形和韧性变形)。除了以上两个方向的断层外,还有少数北东向的断层,但其规模一般都比较小,形成时间比较晚,切割北西-南东向和北北西-南南东向的断层。

1)额尔齐斯-玛因鄂博断裂

额尔齐斯-玛因鄂博断裂也被称为额尔齐斯构造混杂岩带,是阿尔泰构造区与准噶尔构造区的分界,是北疆最重要的岩石圈断裂。额尔齐斯断裂在国境内延伸400多千米,呈现略向北凸出的弧形构造系统。东段被称为玛因鄂博断裂,走向280°～310°,宽20～40km,倾向北东,倾角变化较大;中段称为富蕴-锡泊渡断裂。

2)阿巴宫-库尔提断裂

在断裂周围分布有宽达数百米的破碎糜棱岩带。沿北东-南西向延伸200多千米,东南端被北北西向分布的卡拉先格尔-二台断裂切割。延伸方向为310°～315°,倾向北东,倾角变化较大,主要为70°～80°,个别为40°～45°。

3)巴寨断裂

巴寨断裂以南为南阿尔泰,以北为中阿尔泰。延伸长度200多千米,延伸方向为310°～320°,倾向北东,倾角70°～80°。沿断裂也发育有糜棱岩带,宽度可达100～200m。同时沿断裂有含矿伟晶岩分布,部分矿床的形成与大断裂的次级构造有关。

4)诺尔特-红山嘴组断裂

该断裂向东延伸进入蒙古国,在我国境内的延伸长度约230km,倾向北东,倾角80°～85°,走向320°,断裂以北的火山岩地层中发育有铜矿化、铅锌多金属矿化;断裂南侧形成大规模伟晶岩型稀有金属及云母矿化。

5)卡依尔特-二台断裂

卡依尔特-二台断裂为一区域性大断裂,延伸约170km,位于富蕴县以东,又名卡拉先格尔断裂,走向345°～350°,倾向北东东,倾角75°～85°。断裂两侧发育有数百米甚至上千米的碎裂岩、断层角砾岩、糜棱岩构造岩带。

## 第四节　区域岩浆岩

### 一、侵入岩

阿尔泰造山带内侵入岩分布广泛,由北向南可分为3个花岗岩(侵入岩)带——诺尔特-库马苏-土尔根岩带、苏木达依里-哈龙-青河岩带、哈巴河-阿勒泰-富蕴岩带。花岗岩类具有多时代、多类型、多成因、多来源的特点,形成于多种构造环境。加里东期的侵入岩分布在诺尔特一带,岩性主要为黑云母花岗岩、白云母二长花岗岩和斜长花岗岩。海西期的侵入岩可划分为早、中、晚3期。早期侵入岩主要分布在阿勒泰一带,岩性为辉绿岩、辉长辉绿岩,呈岩脉及岩墙状侵入于中泥盆统、下泥盆统中。在卡拉先格尔断裂两侧,以辉长岩为主的基性杂岩体,呈岩脉侵位于下泥盆统中。中期侵入岩主要分布在铁列克—冲乎尔—阿勒泰一线之南,超基性岩、基性岩、中性岩、酸性岩均有,以酸性岩为主。晚期侵入岩以黑云母花岗岩、白

| 界 | 系 | 统 | 组 | 段 | 亚段 | 代号 | 柱状图 | 厚度/m | 岩性描述 |
|---|---|---|---|---|---|---|---|---|---|
| 古生界 | 泥盆系 | 中统 | 阿舍勒组 | 第二岩性段 | 上亚段 | $D_2as^{2c}$ | 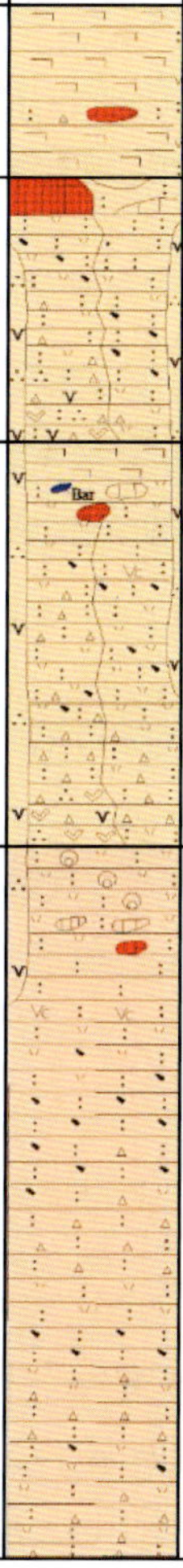 | 146 | 上部：灰绿色、杏仁状、角砾状、块状细碧岩玄武岩。下部：灰绿色细碧玄武岩，局部夹有硫化物角砾凝灰岩、凝灰岩薄层或透镜体，有时形成铜矿体 |
| | | | | | 中亚段 | $D_2as^{2b}$ | | 222 | 上部：黄褐色、青灰色，英安质凝灰岩、含晶屑凝灰岩、沉凝灰岩、含砾沉凝灰岩，顶部夹硅质岩、重晶岩、灰岩透镜体，并有块状硫化物矿体。下部：褐色、灰绿色、英安质角砾凝灰岩、凝灰岩，局部见有星点状黄铁矿、黄铜矿化，有时形成矿体 |
| | | | | | 下亚段 | $D_2as^{2a}$ | | 323 | 上部：灰白色英安质晶屑凝灰岩、硅化凝灰岩、沉凝灰岩，顶部夹细碧岩和重晶岩透镜体，并形成条带状、浸染状硫化物矿体。下部：灰色、青绿色英安质含集块角砾凝灰岩、角砾凝灰岩、含角砾凝灰岩、凝灰岩 |
| | | | | 第一岩性段 | | $D_2as^1$ | | 大于1136 | 灰色、青灰色沉凝灰岩、火山灰凝灰岩、英安质凝灰岩、晶屑(含晶屑)凝灰岩、含角砾晶屑凝灰岩、角砾(含角砾)凝灰岩，顶部夹灰岩透镜体，见火山泥球、火山豆、层理发育。具硅化、绢云母化、似矽卡岩化、黄铁矿化，上部见薄层状、透镜状硫化物矿体 |

图 3-2 阿舍勒组地层综合柱状图

## 2. 第二岩性段（$D_2as^2$）

第二岩性段主要分布于矿区中部及阿舍勒村一带，与下伏第一段呈整合接触，厚度691m，纵横向上岩性、岩相变化很大，分为3个亚段。

1）下亚段（$D_2as^{2a}$）

下亚段分布于矿区中部偏东，阿舍勒村北一带，厚度323m，其中、下部为中酸性火山碎屑岩，以变凝灰岩、角砾凝灰岩为主。上部以火山-沉积碎屑岩为主，主要为变沉凝灰岩、含砾沉凝灰岩，少量结晶灰岩、结晶生物碎屑岩、结晶白云质灰岩及重晶石透镜体和金属硫化物矿层等。Ⅱ号、Ⅴ号、Ⅵ号、Ⅶ号等矿化蚀变带赋存其中。

2）中亚段（$D_2as^{2b}$）

中亚段主要分布于阿舍勒铜矿区附近，阿舍勒村北有少量出露，厚度222m。以中酸性火山碎屑岩和火山-沉积碎屑岩类为主，夹少量基性熔岩、结晶灰岩、绢云千枚岩、含铁硅质岩及多金属硫化物和重晶石矿层。该亚段上部有弱硅化、碳酸盐化。Ⅰ号矿化蚀变带赋存于其中。

该层位的角砾凝灰岩、凝灰岩等中酸性火山碎屑岩，受挤压变形及蚀变影响多已片理化、千枚化甚至糜棱岩化，形成千枚岩或绢云石英片岩，根据局部残留扁豆状角砾可初步判断其原岩为角砾凝灰岩。

3) 上亚段（$D_2as^{2c}$）

上亚段分布于阿舍勒矿区中北部，构成 4 号向斜核部，部分被齐也组第一段不整合覆盖，厚度 146m，为玄武岩（有块状、角砾状及杏仁状构造）夹少量沉凝灰岩及金属硫化物薄矿层或透镜体，与下伏块状硫化物矿层整合接触，是矿区重要的岩性层。

## 四、上泥盆统齐也组（$D_3q$）

上泥盆统齐也组分布于矿区北部和东部，在矿区中部也有小块残留。该组不整合覆于阿舍勒组第一、二段之上，总厚度 1771m。

焦生瑞(1994)依据岩石组合特征，将该组划分为 3 个岩性段。矿区内仅见第一段及第二段下部。该组第三段在矿区北部边界外出露，为一套浅海相的中、基性火山熔岩（包括碎屑熔岩）和集块角砾级的火山碎屑岩组合。

### 1. 第一岩性段（$D_3q^1$）

第一岩性段分布于矿区北部、中部和东部，主要由角砾集块级的粗火山碎屑岩和中、酸性火山熔岩（包括碎屑熔岩）组成，厚度 614m。

该段下部岩性分布具有区段性，与古火山机构位置有关。阿舍勒村东及村北为中酸性及中性火山岩，主要岩性为英安质集块岩、英安质角砾凝灰岩、安山质集块岩及集块熔岩，有少量角砾凝灰岩和极少的含铁硅质岩。Ⅰ号矿床北部和东山一带为酸性火山岩，主要岩性为流纹岩、流纹质凝灰熔岩、流纹质角砾熔岩、流纹质火山角砾岩及流纹质含集块角砾凝灰岩，少量集块岩、凝灰岩、凝灰质砂岩和极少的含铁硅质岩。个别地段底部有凝灰质砾岩。

该段上部为中性火山岩，主要岩性为安山岩、安山质火山角砾岩及角砾熔岩、含角砾凝灰岩及凝灰岩，有少量凝灰质（粉）砂岩、沉凝灰岩和极少的含铁硅质岩及结晶灰岩透镜体。火山碎屑岩有一定的成层性。在凝灰质粉砂岩夹层中有放射虫、有孔虫、牙形刺等较深水环境化石组合。结合构造变动及上述岩性特征分析，该段应属浅海相近源火山喷发沉积，但由早到晚海水逐渐变深。

### 2. 第二岩性段（$D_3q^2$）

第二岩性段见于矿区北部，分别位于 2 号和 6 号向斜核部。该段以层状火山碎屑岩和火山-沉积岩为主，且以二者互层为特征。在矿区外见第二岩性段夹有中性熔岩。与下伏第一岩性段整合（或喷发不整合）接触，厚度 518m。区内所见岩性为凝灰质砾岩、凝灰质粉砂岩、层状火山角砾岩、含角砾凝灰岩及凝灰岩。

该段岩石中粒序层理、平行层理普遍发育,并在粒序层的底界常见侵蚀面构造,局部可见单向流水交错层理、波状层理及小型滑塌构造,属较典型的火山碎屑沉积岩,沉积环境可能为浅海—半深海相。

### 五、下石炭统红山嘴组($C_1h$)

红山嘴组分布于矿区北部,其主体在矿区外,区内出露面积不足 $1km^2$,是区内最新古生界,位于北部阔勒德能复向斜核部,为一套滨海—浅海相火山岩-火山碎屑沉积岩夹碳酸盐岩建造。主要岩性为变玄武岩、变玄武安山岩、变安山岩和变英安岩及其相应的火山碎屑岩。北东侧与中泥盆统阿勒泰组断层接触,南西侧与上泥盆统齐也组角度不整合接触。

### 六、古近系(E)

区内仅见始新统—渐新统乌伦古河组($E_{2-3}\omega$),零星分布于矿区中部和南部,以角度不整合覆盖于中泥盆统阿舍勒组($D_2as$)上,又被第四系下更新统西域组嵌入不整合覆盖,厚度大于15m。该组下部为复成分砾岩、砂砾岩,中上部为褐红色、褐黄色夹灰色粉砂质黏土岩和泥质粉砂岩,属湖泊相沉积。

### 七、第四系(Q)

第四系主要分布于矿区南部与布滚勒河沿岸,出露有下更新统、上更新统和全新统。下更新统西域组($Qp_1x$)是矿区主要新生界,为一套灰白色砂质胶结的石英砾岩,厚度约50m。上更新统($Qp_3$)和全新统($Qh$)均沿河谷及山坡分布,包括冲积和洪积两种成因类型,以洪积为主,均为未胶结的砾黏土质砂或砾砂黏土堆积,厚度 1～20m。

## 第二节 矿区构造

矿区构造复杂,断裂与褶皱构造发育,还发育有大量火山机构,总体构造线近南北向,其北部和南部构造线转为北西向,与区域构造线基本一致。

### 一、矿区构造层

根据矿区内地层的接触关系、岩相及构造发展演化的特点研究,同时结合周良仁(1995)的研究成果,玛尔卡库里断裂以东,除古近纪地层覆盖在晚古生代地层之上外,矿区晚古生代地层可划分为4个构造层,即:下—中泥盆统托克萨雷组构造层、中泥盆统阿舍勒组构造层、上泥盆统齐也组构造层和下石炭统红山嘴组构造层,其间均为角度不整合接触。

构造层变形特征说明,矿区内构造层的褶皱、断裂构造的特点主要表现为南北向构造,但也有一定的差异性。北西向构造在矿区西部比较发育,它们多属基底构造或褶皱前构造,还见一些次要的伴生次级构造或后期生成的北西向、东西向、南北向、北东向等不同方向的断裂构造,这些都属于原南北向构造的伴生构造。

## 二、褶皱

矿区内出露较大规模的次级褶皱共有十余个。控制矿床的褶皱构造主要是中泥盆统阿舍勒组构造层中的22号(原编4号)倒转向斜和21号(原编5号)倒转背斜褶皱构造。

22号倒转向斜位于矿区中部,由阿舍勒组第二岩性段组成。向斜轴向近南北,枢纽南侧高、北侧低,整体略具波状起伏。向斜核部为阿舍勒组第二岩性段上亚段地层,上覆齐也组第一岩性段地层。翼部依次为阿舍勒组第二岩性段中亚段及下亚段。Ⅰ号矿床及Ⅳ号矿化带均产于22号倒转向斜北端的阿舍勒组第二岩性段中亚段中,此处向斜宽约1.25km,呈向东倾斜的紧闭倒转型,西翼倾向80°,倾角45°~70°,东翼倒转,倾向90°~105°,倾角55°~75°。倒转向斜轴面倾向东,倾角75°~80°,枢纽扬起角45°左右,有沿核部发生断裂的迹象。向斜轴面近直立,略向东倾,枢纽扬起角较小,为15°~25°。Ⅱ号矿化带及Ⅶ号矿化带分别位于该向斜东、西两翼的阿舍勒组第二岩性段下亚段中。

各构造层的褶皱形态及强度有较明显的区别。阿舍勒组为线型紧闭褶皱,且多发生倒转,齐也组为相对比较开阔的线型至开阔型过渡型褶皱,红山嘴组则属开阔型正常褶皱。褶皱共同点是,向斜枢纽均为向南扬起,背斜向北倾伏,构成近南北向紧闭、轴面向东陡倾的复向斜褶皱组合。这些褶皱的特征见表3-1。

表 3-1  矿区褶皱构造简表

| 构造层 | 编号 | 类型 | 长度/m | 特征 |
| --- | --- | --- | --- | --- |
| 下石炭统红山嘴组($C_1h$)构造层 | 3 | 开阔向斜 | 1300 | 由下石炭统红山嘴组 $C_1h$ 组成,轴向北东,东南翼倾角40°,北西翼50°,轴面向南东倾斜,倾角陡,为开阔褶皱,褶皱向南扬起,扬起角约65° |
| 上泥盆统齐也组($D_3q$)构造层 | 1 | 向斜 | 1100 | 由$D_3q^2$组成,轴向南北,东翼倾角65°,西翼80°,褶皱向南扬起,扬起角约20° |
| | 2 | 向斜 | 3600 | 轴向北西,向斜向北延伸分为两支,东支向斜长,西支向斜短,在阿舍勒村北褶皱向南扬起,扬起角约20° |
| | 4 | 倒转背斜 | 1000 | 轴向南北,核部为$D_3q^2$,两翼为$D_3q^3$,西翼倒转,东翼正常,褶皱向北倾伏 |
| | 5 | 倒转向斜 | 1400 | 轴向北北西,核部地层$D_3q^3$,两翼为$D_3q^2$,西翼正常,东翼倒转,向南被⑥号断层切断 |
| | 6(原编6号) | 向斜 | 6000 | 轴向南北,褶皱向南延伸,逐渐变为北西向 |
| | 7 | 向斜 | 600 | 轴向南北,向南扬起,由$D_3q^1$组成,东翼倾角70°,两翼倾角65° |
| | 8 | 背斜 | 600 | 轴向南北,向北倾伏,由$D_3q^1$组成,东翼倾角70°,西翼倾角70° |
| | 9 | 背斜 | 700 | 轴向北西,向南倾伏,由$D_3q^1$组成,东翼倾角70°,西翼倾角80° |
| | 10 | 向斜 | 600 | 轴向北西,褶皱向南东扬起,由$D_3q^2$组成,东翼倾角75°,西翼倾角70° |

续表 3-1

| 构造层 | 编号 | 类型 | 长度/m | 特征 |
|---|---|---|---|---|
| 上泥盆统齐也组($D_3q$)构造层 | 11 | 向斜 | 800 | 轴向南北，褶皱向南扬起，由$D_3q^2$组成，两翼为$D_2as^{2c}$ |
| | 12 | 倒转向斜 | 1600 | 轴向南北，褶皱向南扬起，由$D_3q^1$组成，两翼正常，东翼倒转，两翼为$D_2as^{2c}$ |
| | 13（原编 7 号） | 倒转背斜 | 2600 | 轴向南北，褶皱向南延伸变为北西向，由$D_3q^1$组成，西翼倒转，东翼正常，东翼倾角70°，西翼倾角75° |
| | 14（原编 8 号） | 向斜 | 2100 | 轴向近南北，由$D_3q^1$组成，东翼倾角85°，西翼倾角75° |
| | 17 | 向斜 | 1100 | 轴向北西，向斜向北延伸分为两支，东支向斜，轴向北北西，核部由$D_3q^1$组成，两翼为$D_2as^{2c}$；西支北西向延伸 |
| | 18 | 向斜 | 1300 | 轴向北西，褶皱核部由$D_3q^1$组成，两翼为$D_2as^{2c}$，东翼倾角70°，西翼倾角80° |
| 中泥盆统阿舍勒组（$D_2as$）构造层 | 19（原编 9 号） | 背斜 | 900 | 轴向北西，核部由$D_2as^{2a}$组成，东翼倾角75°，西翼倾角60° |
| | 20（原编 10 号） | 倒转向斜 | 800 | 轴向北西，核部由$D_2as^{2a}$组成，西翼正常，东翼倒转，东翼倾角85°，西翼倾角60° |
| | 15 | 背斜 | 1800 | 轴向北西，褶皱核部由$D_2as^{2a}$组成，两翼由$D_3q^1$组成，为短轴背斜隆起 |
| | 16 | 背斜 | 800 | 轴向北西，核部由$D_2as^{2a}$组成，并被次火山岩侵入，为短轴背斜隆起 |
| | 21（原编 5 号） | 倒转背斜 | 7400 | 轴向近南北，褶皱核部由$D_2as^{2a}$组成，西翼倒转，东翼正常，东翼倾角65°，西翼倾角70° |
| | 22（原编 4 号） | 倒转向斜 | 1000 | 轴向北东，核部由$D_2as^{2c}$组成，褶皱向南扬起，为斜卧褶皱，西翼正常，东翼倒转，东翼倾角75°，西翼倾角80° |

由于各个褶皱均处于近东西向挤压的局部应力场中，褶皱作用发生于 3 个时期，晚期作用对早期构造形迹产生了叠加改造，即第一期褶皱发生于中泥盆世晚期，形成了阿舍勒组褶皱；第二期褶皱作用发生于晚泥盆世末，产生齐也组褶皱，同生叠加改造第一期褶皱，使早期开阔褶皱强化为紧闭线型同斜倒转褶皱；第三期褶皱作用发生于早石炭世末，褶皱强度较弱，形成开阔正常褶皱，对泥盆纪前两期形成的褶皱改造作用不明显。

## 三、断裂

矿区内断裂构造发育，尤其是玛尔卡库里深大断裂形成于成矿前，并具有多期次活动，受其影响，矿区内发育一系列次级断裂构造，按断裂展布方向可分为南北向、北西向、北东向和东西向 4 组。其中，以南北向断裂为主，次为北西向断裂；其他方向的断裂数量少、规模小，多为晚期形成。各断裂特征综述如下。

### 1. 区域性大断裂

玛尔卡库里深大断裂是贯穿于矿区西南边缘的区域性大断裂，在区域上是琼库尔-阿巴宫褶皱带与额尔齐斯褶皱带的分界线,对区域性构造均具明显的控制作用。该断裂控制了早—中泥盆世不同的沉积建造类型,其西侧为托克萨雷组滨海—浅海相滨岸带—陆棚环境的陆源碎屑建造,北东侧为阿舍勒组深海—次深海相火山岩建造,二者属同时异相关系。因此,该断裂属于基底断裂,具有以下特征:断裂总体走向330°,倾向60°,倾角50°～70°。该断裂在矿区地表出露长度约4.7km,并多隐伏于第四系之下,破碎带宽100～150m。该断裂具有继承性活动,控制了区域构造线的展布,并对两侧构造形迹有明显影响。该断裂形成于中泥盆世以前,属成矿前断裂,并对阿舍勒陆缘裂陷槽的形成有重要控制作用。该断裂位于1:20万重力梯度带上,分割了不同性质的磁场,为一条区域性深大断裂构造。

### 2. 南北向断裂组

该组断裂走向近南北,多呈南北向平行展布,局部可见小角度彼此截切现象,但其规模相差悬殊,长者达5km以上,短者仅400m左右,倾向东,倾角一般65°以上。其形成有早晚之别:早期形成的断裂规模大,延伸长,并伴有平行密集的片理,总体具挤压结构面特征,局部兼有走滑特征,表现为多期活动特点,普遍有破碎带,宽数米至数十米不等;晚期形成的断裂规模小,延伸短,断裂线较直,呈断续分布。矿区内发育的南北向断裂有18条,其中代表性的早期南北向断裂为22号断裂、18号断裂、东大沟断裂。

除上述3条南北向主要断裂之外,还有2号、3号、4号、5号、6号、7号、11号、12号、17号、18号、22号、25号、26号、27号、33号,共15条南北向次级断裂,其规模大多较小,最小者长度仅300m左右,一般1km左右,但6号、12号断裂规模较大,长度近2km。这些断裂的形成时代一般较晚。

### 3. 北西向断裂组

矿区的北西向断裂有1号、13号、14号、15号、16号、19号、21号、24号、35号、37号、38号,共11条,它们多呈北西向平行展布,倾向北东,倾角50°～85°,具有左行逆断层特征。只有15号、21号断裂略呈北北西向,与北西向断裂有一定交角。断裂规模大小不一,最大者为北北西向玛尔卡库里断裂,在矿区长达10km以上,两端均延出矿区外;最小者仅长300m左右。

### 4. 北东向断裂及东西向断裂组

北东向断裂不甚发育,区内仅见8号、9号、10号、23号、29号、30号、34号断裂,共7条。总体走向北东,倾向北西西,倾角60°。

东西向断裂,在矿区内仅见20号、28号、31号、36号断裂,共4条。总体走向东西,倾向不一,倾角75°以上。它们均属晚期断裂。

综合矿区断裂构造特征:就方向性而言,以南北向断裂为主,北西向次之。就断裂发育的部位而言,矿区中部最发育,密度大,其余部位相对不发育,即阿舍勒组中最发育,齐也组中发育程度较差,红山嘴组中最不发育。就褶皱与断裂构造关系而言,断裂属褶皱构造的伴生产物,是塑性变形进一步发展导致其脆性变形而产生的,所以南北向断裂主要分布于向斜与背斜构造之间的部位。就断裂倾向而言,北西向断裂主要倾向北东,南北向断裂都向东倾斜,而且它们都具有逆冲性质,说明主应力主要来自东部。另外,规模较大的断裂,明显穿过矿区各时代的地层,说明断裂具多期性与继承性;规模较小的断裂,多局限于小范围地层中,多是晚期断裂或大断裂的伴生断裂。

矿区主要断裂的特征见表 3-2。

表 3-2 阿舍勒矿区主要断裂特征一览表

| 断裂组 | 编号 | 断面产状 | 性质 | 长度/m | 特征 |
|---|---|---|---|---|---|
| 南北向 | 2 | 倾向 90°,倾角 80° | 压性 | 1200 | 断面平直,两侧岩石破碎,不规则裂隙发育,具绢云母化、绿泥石化 |
| | 3-1 | 倾向 90°,倾角 65°~70° | 压性 | 1780 | 地貌上为沟谷,断面平直,两侧岩石破碎,片理化发育,高岭土化、绢云母化常见 |
| | 4 | 倾向 80°,倾角 70° | 压性 | 大于1100 | 地貌上为沟谷,两侧岩石破碎,并有绿泥石化、绢云母化,局部见碳酸盐矿物呈细网脉状产出 |
| | 5 | 倾向 70°~100°,倾角 65°~75° | 压性兼扭性 | 大于5000 | 平面上波状弯曲,断裂两侧发育片理、片麻理、透入性流劈理、小型牵引褶曲、糜棱岩化、构造角砾岩、绢云母化、硅化、褐铁矿化常见 |
| | 6 | 倾向 85°~110°,倾角 60°~75° | 压性兼扭性 | 2400 | 地貌上为线性沟谷,两侧破碎蚀变,流劈理、片理发育,高岭土、绢云母化、绿泥石化常见,局部有褐铁矿化。可见碳酸盐矿物呈细网脉状平行断裂分布,既切割了 5 号断裂,又受其制约 |
| | 12 | 倾向 80°~90°,倾角 70°~85° | 压性 | 大于3000 | 平面上略呈向西凸出的弧形,两侧岩石较破碎,局部片理化,南端延出区外 |
| | 15 | 倾向 85°,倾角 70° | 压性 | 780 | 地貌上为一线性沟谷,两侧岩石较破碎,片理化发育,绿泥石化、绢云母化、高岭土化常见 |
| | 17 | 倾向 90°,倾角 80° | 压性 | 850 | 断面平直,两侧岩石破碎,绿泥石化、绢云母化常见,受限于 3 号断裂 |
| | 18 | 倾向 80°~90°,倾角 65°~70° | 压性兼扭性 | 大于3000 | 平面上呈舒缓波状,地貌为线性沟谷,两侧断续有泉眼分布,岩石片理、片麻理、流劈理发育,局部见宽数米的绢云母、高岭土化蚀变带 |
| | 22 | 倾向 90°,倾角 65°~80° | 压性 | 大于3500 | 平面上略呈波状弯曲,南端隐伏于新生界之下。两侧岩石十分破碎,局部有断层泥,高岭土化、绢云母化显著 |
| | 25 | 倾向 95°,倾角 75° | 压性 | 大于1300 | 两侧岩石片理化强烈,沿断裂有破碎带分布,并有石英脉贯入,北端受限于 20 号断裂,并被 19 号断裂所切,南端隐伏于新生界之下 |
| | 26 | 倾向 65°~85°,倾角 75° | 压性兼扭性 | 大于1500 | 平面上呈略向西凸出的弧形。两侧岩石较破碎,局部有绢云母化、高岭土化及硅化 |

续表 3-2

| 断裂组 | 编号 | 断面产状 | 性质 | 长度/m | 特征 |
|---|---|---|---|---|---|
| 北西向 | 3 | 倾向 60°～80°，倾角 75° | 左行压扭性 | 大于 2800 | 平面上略呈向西凸出的弧形，北端延伸出区外，两侧岩石较破碎，具高岭土化、绢云母化及绿泥石化。两侧牵引褶曲发育 |
| | 7 | 倾向 60°，倾角 50° | 左行压扭性 | 大于 1000 | 两侧岩石较破碎，见高岭土、绢云母、绿泥石化，片理、劈理发育 |
| | 13 | 倾向 50°，倾角 45°～60° | 左行压扭性 | 大于 2000 | 北西端延出区外，南东端隐伏于新生界之下，地貌上北东高、南西低，二者高差 5～10m，两侧岩石破碎，破碎带宽约数十米，局部有较强的硅化、绢云母化、糜棱岩化等现象 |
| | 14 | 倾向 50°，倾角 65° | 左行压扭性 | 1300 | 两侧岩石较破碎，局部可见泥化 |
| | 16 | 倾向 50°，倾角 65° | 左行压扭性 | 大于 450 | 两侧岩石较破碎，见有断层泥 |
| | 19 | 倾向 50°，倾角 80° | 左行压扭性 | 450 | 两侧岩石破碎，玄武岩被左行错断，局部有强烈绢云母化、高岭土化、硅化等蚀变现象 |
| | 21 | 倾向 50°，倾角 85° | 左行压扭性 | 680 | 平面波状延伸，两侧岩石较破碎，局部见泥化 |
| | 24 | 倾向 45°，倾角 60° | 左行压扭性 | 480 | 两侧岩石较破碎，南端有反牵引挠曲，南东端受限于 18 号断裂 |
| | 27 | 倾向 70°，倾角 70° | 左行压扭性 | 850 | 两侧岩石较破碎，并伴有绢云母化、高岭土化 |
| | 32 | 倾向 60°，倾角 60° | 左行压扭性 | 560 | 两侧岩石强烈破碎，局部有硅化与褐铁矿化 |
| | 33 | 倾向 80°，倾角 70° | 左行压扭性 | 大于 600 | 两侧岩石较破碎，见有硅化、高岭土化、绢云母化，断裂南端隐伏于新生界之下 |
| | 35 | 倾向 55°，倾角 60° | 左行压扭性 | 大于 900 | 地表出露长 900m，推测为一北段隐伏于新生界下的区域性大断裂，属玛尔卡库里断裂带。两侧岩石破碎强烈，破碎带宽 150～200m，并伴有黄铁矿化、绢云母化、硅化等蚀变 |
| | 37 | 倾向 230°，倾角 50° | 左行压扭性 | 大于 350 | 两侧岩石较破碎，局部有硅化与褐铁矿化 |
| | 38 | 倾向 40°，倾角 45° | 左行压扭性 | 1100 | 平面略呈向南西凸出的弧形，两侧岩石强烈破碎，伴有硅化、褐铁矿化 |

续表 3-2

| 断裂组 | 编号 | 断面产状 | 性质 | 长度/m | 特征 |
|---|---|---|---|---|---|
| 北东向 | 9 | 倾向 320°，倾角 55° | 右行压扭性 | 600 | 平面上较平直，断面上有倾伏方向为北东的擦线，两侧岩石较破碎，偶见硅化及碳酸盐化 |
| | 10 | 倾向 320°，倾角 50° | 右行压扭性 | 1250 | 平面上略呈向西凸出的弧形，特征同9号断裂，其对6号向斜东翼有较大的破坏作用，使岩层产状紊乱，片理化、碎裂岩化、绢云母化较发育 |
| | 11 | 倾向 290°，倾角 60° | 右行压扭性 | 2400 | 平面上略呈向东南凸出的弧形，特征同10号断裂 |
| | 23 | 倾向 300°，倾角 70° | 右行压扭性 | 850 | 两侧岩石破碎，硅化与褐铁矿化显著，局部有小型牵引褶曲 |
| | 29 | 倾向 310°，倾角 60° | 右行压扭性 | 780 | 两侧岩石稍有破碎，褐铁矿化显著 |
| | 34 | 倾向 320°，倾角 55° | 右行压扭性 | 大于600 | 平面上略呈向西凸出的弧形，北东端隐伏于新生界之下。两侧岩石较破碎，伴有高岭土化、绢云母化、硅化蚀变。局部见有泥化 |
| | 30 | 倾向 120°，倾角 60° | 右行压扭性 | 860 | 两侧岩石强烈破碎，局部有断层泥，限制了东西向31号断裂 |
| 东西向 | 8 | 倾向 350°，倾角 60° | 张性 | 600 | 断面较平直，断裂带中有断层角砾岩。东端为南北向4号断裂限制，同时对性质不明的断裂起限制作用 |
| | 20 | 倾向 360°，倾角 70° | 张性 | 430 | 沿断裂为沟谷地貌。张性角砾岩较发育，并有硫酸盐矿物呈网脉状分布 |
| | 28 | 倾向 360°，倾角 75° | 张性 | 510 | 平面上呈舒缓波状，可能是张性"追踪"表现。总体向北倾斜，北盘下降现象明显 |
| | 31 | 倾向 360°，倾角 75° | 张性 | 330 | 断面平直，其南盘下降，张性角砾岩发育 |
| | 36 | 倾向 170°，倾角 65° | 张性 | 470 | 平面上略呈向北凸出的弧形，两侧有平行于断裂的小石英脉分布，局部可见张性角砾岩 |

## 四、断裂与褶皱的关系

由于东西向主应力作用，形成了矿区内十分紧闭的南北向线型倒转褶皱。当褶皱作用进一步强化超过岩石破裂极限时，在剪切应力作用下，在褶皱翼部会形成一系列逆冲断裂，尤其在褶皱之间的转折部位极为明显，如11号向斜与12号向斜之间产生的25号断裂，22号向斜与21号背斜之间产生的22号断裂。然而，在矿区西南部靠近玛尔卡库里断裂（带）的东北侧,主要发育北西向褶皱与断裂构造,在空间分布上叠加和斜切了矿区南北向褶皱与断裂构造。显然晚于南北向构造的形成,它们之间的生成关系和上述南北向褶皱、断裂构造形成情况类似,仍然是在向斜、背斜之间的转折部位发育一系列北西向断裂构造,如矿区的13、14号北西向断裂,其形成主应力方向主要是北东-南西向。这些北西向断裂规模较大,具多期活动的特点,常常可见塑性变形与韧性剪切带特征。另外,矿区发育的东西向、北东向断裂,由于它们生成时代较晚且多属张性,与褶皱构造多为横切或斜切关系,应为褶皱期后断裂构造。

### 五、矿区火山机构

火山机构是指一定阶段内,同一火山作用形成的,以火山通道为中心的各种产物的总和,是重要的控岩、控矿条件之一。本区多期次火山活动十分强烈,主要发生于泥盆纪。后期构造变动和长期剥蚀作用的破坏,不仅使火山机构变得十分复杂,而且古火山口、火山锥等形态已荡然无存。因此,识别火山机构十分困难,也造成不同的研究者意见不一。目前初步认为矿区内古火山机构主要有7处(图3-3),除西大沟火山穹隆构造外,其余火山机构的共同特征是:均为近圆形或椭圆形的负向火山洼地,规模大小不一,一般直径大于1km;层状火山岩向中心倾斜,不同岩相大致呈环状分布;破火山的中心部位往往有潜火山岩相出露(说明破火山剥蚀程度在中等以上),有火山作用形成的环状、半环状、放射状断裂及沿断裂侵入的晚期脉岩等。

#### 1. 阿舍勒村北火山机构——蝌蚪岩体

该火山机构位于阿舍勒村北1.2km处,为2号向斜轴部,由次火山岩相与粗粒级火山碎屑物组成,具中心式喷发特征。古火山管道由次玄武安山岩体充填,并有分支穿插到围岩内。岩体出露平面形态呈似蝌蚪状,平面直径约250m。岩体内柱状节理发育,岩体内外接触带蚀变及同化混染作用极不明显,无流动构造,表明岩体以机械侵入为主。火山管道周围为一套集块角砾级火山碎屑岩。其喷发相是位于该火山口北部的安山质岩石,岩性为安山岩、安山质角砾熔岩、安山质火山碎屑岩。该火山机构属齐也旋回的古火山机构,与成矿关系不大。

#### 2. 西大沟火山穹隆机构

该火山机构位于Ⅰ号矿床西侧的西大沟,为3号背斜轴部,是阿舍勒旋回目前已知的唯一古火山机构。根据次火山岩相和大量集块角砾级火山碎屑物共生组合分析,该火山机构具明显的中心式喷发特征,而它们的线型展布是后期构造变动所致。该火山中心被次石英钠长斑岩侵位占据,喷出相地层属阿舍勒组,均为英安质火山碎屑岩。近火口相的集块角砾级火山碎屑岩分布于喷发中心附近。远离喷发中心,火山碎屑粒度由粗变细。近火口相岩层在地表出露面积较小。如果将该火山机构恢复至原始状态,则可看出其以次火山岩相为核心,向外依次出现粗粒级火山碎屑岩(集块岩)→细粒级火山碎屑岩(凝灰岩)→沉凝灰岩→玄武岩,呈环带相序。

比火山碎屑岩地层带来非常大的困难。而前人大多误把片理当成地层层理而对地层进行划分对比,这显然不合理。

矿区岩石在区域变形过程中,由于受到强烈挤压而形成(出现)一系列紧闭线型褶皱。伴随褶皱作用出现大量、密集的轴面劈理,即野外见到的片理。轴面劈理的密集程度、产状与岩石的岩性有密切关系。在变晶屑凝灰岩中,轴面劈理的间隔为 1~2mm,轴面劈理与轴面近平行,产状为 60°∠80°;相反,在强弱岩石相间成层、韧性低的岩系里,轴面劈理的间隔变大(>5mm),而且轴面劈理与轴面的关系也较复杂。

地层的包络面主要从 3 个方面体现出来:①岩石成分的变化;②由于成分的差异而导致岩石颜色的变化;③岩石结构的变化。地层层理在区域变形过程中已被轴面劈理(片理)置换殆尽。

层理被轴面劈理(片理)置换大体可分为以下 3 个阶段。

(1)早阶段:褶皱以原始层理 $S_0$ 作为主运动面,并在递进的弯曲褶皱过程中越来越紧闭,进而产生近平行于褶皱轴面的劈理(片理)。这时层理仍大体保持连续性,只显示部分或初步的置换。

(2)中阶段:随着挤压的进一步加强,两翼层理的产状与新生的轴面劈理($S_1$)之间的夹角越来越小,这时原始层理的连续性逐渐丧失,新生的平行面状构造开始取得主导地位。

(3)晚阶段:完全的置换使层理($S_0$)完全被破坏,原有岩性单位与新生面理($S_1$)几乎完全平行,造成了貌似均一的面理或层带,显示区域性正常沉积系列的假象。在褶皱的轴部,劈理(片理)与地层层理呈大角度相交;在褶皱两翼,劈理(片理)与地层层理大致平行。

在区域变形过程中,岩石受变质作用的影响十分明显。岩石普遍重结晶,大部分具鳞片变晶结构,片状构造。新生的鳞片状矿物主要为绿泥石和绢云母。在岩石的岩屑、晶屑、玻屑中均可见绿泥石,而绢云母则主要出现在劈理(片理)裂隙中。特征的临界变质矿物绿泥石和绢云母,分别对应变质带中的绿泥石带和绢云母带,对应变质相中的低绿片岩相。

## 二、动力变质作用

阿舍勒组岩层随褶皱变形普遍具碎裂岩化,自下而上变形程度逐渐减弱。下部的凝灰岩及角砾凝灰岩等片理化强烈,局部可见千枚岩化甚至糜棱岩化,角砾多呈透镜状,长轴方向与片理面一致。中部及中上部片理化明显减弱,其内出现的晶屑凝灰岩中的石英晶屑均出现裂纹,多呈椭圆状,椭圆体长轴方向与片理面一致;上部的玄武岩仅具微弱的片理化;产于中部及中下部的金属硫化物沿片理面呈细脉状或脉线状产出,形成条带状构造,块状硫化物矿体产状与片理面一致,无变形现象。侵位于中部的英安斑岩基本无变形现象,其内的石英斑晶完整,反映矿区强烈的挤压变形在英安斑岩侵位后即已结束。

## 三、接触变质作用

矿区接触变质作用主要表现为中酸性岩体的外接触带形成少量矽卡岩型含铜磁铁矿化。

## 第五节 矿区地球物理特征

本节主要引用《新疆哈巴河县阿舍勒铜矿深部找矿勘查报告》对矿区地球物理特征进行总结。

### 一、电性特征

矿区岩石、矿石标本的小四极电性测定统计分析结果(表3-5)表明,火山碎屑岩,中基性、中酸性岩体的电阻率均大于1000Ω·m,致密块状硫化矿石的电阻率为几至几十欧姆·米,浸染状硫化矿石的电阻率为241～584Ω·m。铜矿石与围岩的极化率差异也很明显,可达几倍至几十倍。铜矿石相对围岩具有低阻、高极化特征。

表 3-5 矿区各类岩石电性参数统计表

| 岩石名称 | 数量/块 | 电阻率/(Ω·m) 变化范围 | 电阻率/(Ω·m) 均值 | 极化率/% 变化范围 | 极化率/% 均值 |
|---|---|---|---|---|---|
| 块状矿石 | 3 | — | 12 | 67～88 | 77 |
| 稠密浸染矿石 | 12 | 1.6～957 | 241 | 22～89 | 60 |
| 稀疏浸染矿石 | 21 | 17～3140 | 584 | 9～78 | 23 |
| 矿化玄武岩 | 6 | 312～4050 | 1985 | 2～39 | 8.4 |
| 英安岩 | 10 | 64～2475 | 1032 | 0.3～19 | 2.1 |
| 凝灰岩 | 22 | 333～30 405 | 8942 | 0.4～13 | 1.6 |
| 石英斑岩 | 11 | 410～7423 | 2441 | 0.2～31 | 4.4 |
| 玄武岩 | 5 | 751～3981 | 1506 | 0.7～1.4 | 1.0 |
| 次生石英岩 | 2 | — | — | 2～2.3 | 2.1 |

### 二、密度特征

矿区出露的岩石类型主要为正常碎屑岩、火山碎屑岩、火山熔岩、侵入岩等。矿区火山碎屑岩(集块岩、火山角砾岩、角砾凝灰岩、凝灰岩)的密度一般为$2.63\times10^3$～$2.65\times10^3 kg/m^3$,糜棱岩化凝灰岩密度最小为$2.52\times10^3 kg/m^3$(表3-6)。

矿区火山熔岩密度从基性岩到酸性岩呈递减变化,如玄武质安山岩、安山岩(西部)、次流纹斑岩的平均密度依次为$2.81\times10^3 kg/m^3$、$2.79\times10^3 kg/m^3$、$2.65\times10^3 kg/m^3$。

矿区次火山岩密度大体按次石英辉绿岩→闪长玢岩→花岗斑岩的顺序呈递减变化,即随着岩石基性程度降低,密度逐渐减小。

从稀疏浸染状矿石、稠密浸染状矿石到块状矿石,随金属硫化物含量增高,矿石密度相应增大(表3-7)。

总体看来,铜矿石与围岩的密度差在 $0.4\times10^3\,kg/m^3$ 以上,铜矿石为高密度体,中基性火山岩为明显的高密度体,而蚀变带、构造破碎岩石为明显的低密度体。

表3-6 矿区岩(矿)石密度统计表

| 地层 | 岩石名称 | 数量/块 | 常见变化范围/ $(\times10^3\,kg\cdot m^{-3})$ | 常见值/ $(\times10^3\,kg\cdot m^{-3})$ | 平均值/ $(\times10^3\,kg\cdot m^{-3})$ |
|---|---|---|---|---|---|
| 齐也组西部 | 英安集块岩 | 21 | 2.67~2.90 | — | 2.77 |
| | 安山质集块岩 | 50 | 2.73~2.85 | 2.77 | — |
| | 火山角砾岩 | 9 | 2.53~2.88 | — | 2.68 |
| | 安山质火山角砾岩 | 5 | 2.74~2.83 | — | 2.78 |
| | 英安质集块角砾熔岩 | 6 | 2.67~2.78 | — | 2.72 |
| | 角砾熔岩 | 7 | 2.61~2.86 | — | 2.75 |
| | 英安质角砾熔岩 | 11 | 2.46~2.93 | — | 2.65 |
| | 含角砾凝灰岩 | 42 | 2.67~2.84 | 2.77 | — |
| | 凝灰岩 | 10 | 2.51~2.87 | — | 2.69 |
| | 熔结凝灰岩 | 8 | 2.67~2.95 | — | 2.78 |
| | 凝灰质角砾岩 | 8 | 2.62~2.93 | — | 2.75 |
| | 凝灰质砂岩 | 20 | 2.56~2.88 | — | 2.73 |
| 齐也组底部 | 英安质集块岩 | 5 | 2.51~2.68 | — | 2.59 |
| | 火山角砾岩 | 12 | 2.53~2.74 | — | 2.63 |
| | 流纹质火山角砾岩 | 124 | 2.62~2.69 | 2.65 | — |
| | 角砾熔岩 | 22 | 2.46~2.68 | — | 2.62 |
| | 安山质角砾熔岩 | 36 | 2.54~2.64 | 2.60 | — |
| | 角砾凝灰岩 | 8 | 2.57~2.90 | — | 2.70 |
| | 凝灰岩 | 12 | 2.48~2.72 | — | 2.61 |
| | 安山质凝灰岩 | 3 | 2.63~2.68 | — | 2.65 |
| | 含角砾凝灰岩 | 160 | 2.59~2.66 | 2.63 | — |
| | 岩屑砂岩 | 12 | 2.64~2.86 | — | 2.71 |
| | 凝灰熔岩 | 5 | 2.55~2.63 | — | 2.61 |
| | 英安岩 | 94 | 2.59~2.65 | 2.62 | — |

续表 3-6

| 地层 | 岩石名称 | 数量/块 | 常见变化范围/($\times 10^3$ kg·m$^{-3}$) | 常见值/($\times 10^3$ kg·m$^{-3}$) | 平均值/($\times 10^3$ kg·m$^{-3}$) |
|---|---|---|---|---|---|
| 阿舍勒组 | 火山角砾岩 | 15 | 2.51~2.67 | — | 2.60 |
| | 含角砾凝灰岩 | 63 | 2.60~2.70 | 2.65 | — |
| | 英安质含集块角砾熔岩 | 30 | 2.62~2.66 | 2.64 | — |
| | 英安质含角砾凝灰岩 | 26 | 2.52~2.87 | 2.63 | — |
| | 硅化凝灰岩 | 35 | 2.58~2.67 | 2.62 | — |
| | 英安质凝灰岩 | 12 | 2.34~2.73 | — | 2.59 |
| | 流纹质凝灰岩 | 26 | 2.58~2.83 | 2.65 | — |
| | 晶屑凝灰岩 | 71 | 2.58~2.69 | 2.63 | — |
| | 沉凝灰岩 | 111 | 2.58~2.66 | 2.62 | — |
| | 凝灰岩 | 44 | 2.61~2.66 | 2.63 | — |
| | 流纹岩 | 9 | 2.60~2.65 | — | 2.62 |
| | 英安岩 | 92 | 2.59~2.66 | 2.63 | — |
| | 次生石英岩 | 17 | 2.46~2.68 | — | 2.56 |
| | 矿化带 | 140 | 2.54~2.65 | 2.60 | — |
| 托克萨雷组 | 糜棱岩 | 13 | 2.32~2.66 | — | 2.52 |
| | 大理岩 | 3 | 2.56~2.71 | — | 2.62 |
| | 变砂岩 | 10 | 2.56~2.78 | — | 2.66 |
| | 千枚岩 | 6 | 2.58~2.69 | — | 2.65 |
| 侵入岩次生火山岩 | 次石英辉绿岩 | 29 | 2.66~2.98 | 2.84 | — |
| | 次辉绿岩 | 9 | 2.62~3.01 | — | 2.71 |
| | 玄武质安山岩 | 10 | 2.63~2.93 | — | 2.81 |
| | 玄武岩 | 12 | 2.61~2.91 | — | 2.72 |
| | 石英霏细岩 | 33 | 2.59~2.65 | 2.62 | — |
| | 闪长玢岩 | 33 | 2.63~2.77 | 2.70 | — |
| | 安山岩(西部) | 7 | 2.58~2.94 | — | 2.79 |
| | 次流纹斑岩 | 42 | 2.58~2.71 | — | 2.65 |
| | 安山岩(东部) | 19 | 2.51~2.75 | — | 2.62 |
| | 次流纹英安斑岩 | 43 | 2.56~2.66 | 2.67 | — |
| | 石英闪长岩 | — | — | — | 2.72 |
| | 花岗斑岩 | — | — | — | 2.64 |
| | 矽卡岩 | 7 | 2.17~3.75 | — | 3.11 |

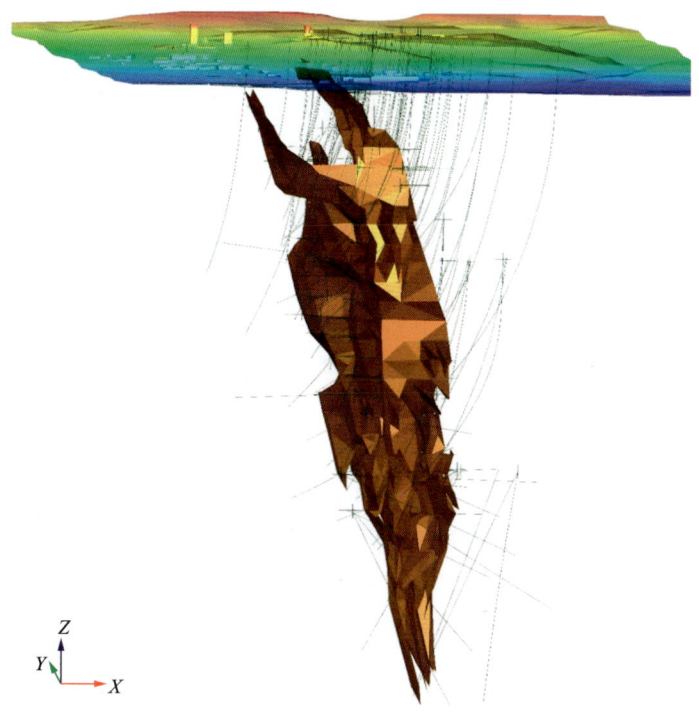

图 4-4　Ⅰ号矿体三维立体模型图

47.3m，平均厚 12.46m，变化系数 73.03%；在倒转翼及喷流通道的矿体呈厚层状或不规则透镜状，厚度多在 40～70m 之间，最小 0.92m，最大 182.97m，平均厚度 52.88m，变化系数 77.11%。厚度均较稳定。

**4. 矿石特征与空间分布**

Ⅰ号矿体中有铜（锌）硫矿石、硫铁矿石两类。其中，铜（锌）硫矿石是矿山唯一利用矿石工业类型。

1）铜（锌）硫矿体（层）

沉积相中的铜（锌）硫矿层主要分布于 8～23 线向斜两翼内侧及回转端。喷流通道相中产出的铜（锌）硫矿层则多分布于回转端下部 150～200m 处，二者仅在 15、19 线呈交错或细脉状相连。分别将赋存于正常翼、倒转翼及喷流通道的铜（锌）硫矿编号为 Ⅰ-1、Ⅰ-2、Ⅰ-3 矿体。

（1）Ⅰ-1 矿体。

Ⅰ-1 矿体（正常翼）赋存于正常翼的铜（锌）硫矿层，主要位于采矿权区，仅在 9～15 线延伸至探矿权区。分布于 8～15 线，平面投影长 350m，沿倾向延伸一般 300～500m，最小为 8 线，仅 95m，最大为 3 线，断续 700m，平均延伸 385m，出露标高 -200～800m。整体呈薄层状，倾向东，倾角变化较大，一般浅部陡，多在 70°以上，个别达 89°，靠近回转端缓，倾角 37°～50°。矿层不甚连续，厚度最小 0.78m，最大 42.82m，平均厚 11.54m，厚大矿层主要分布于 7～9 线 100～200m 标高。

矿石以块状、条带状为主，浸染状次之。参与圈矿的样品 816 件，其中 Cu 品位最小为 0，最大为 10.55%，品位变化系数为 98.97%；Zn 品位最小为 0，最大为 20.95%，变化系数为 199.06%，

S 品位最小为 0.3%,最大为 52.3%,变化系数为 66.27%。单工程 Cu 平均品位最小为 0.57%,最大为 4.49%,平均为 1.51%,品位较高的地段主要分布于 3~5 线 250m 标高附近,其次分布于 11~15 线－200~0m 标高。单工程 Zn 平均品位最小为 0.01%,最大为 3.00%,平均为 0.72%,品位相对较高的地段分布于 1~3 线 350m 标高,其次分布于 2 线 550m 标高。

低品位矿层少见,一般分布于工业矿体边部,多为单工程控制。规模较大的低品位矿层位于 1 线 650~700m 中段,由 700FJSM 及 650KZ1X-1 控制,长条状,走向近南北,倾向东,倾角 70°,长约 100m,平均厚 3.68m,延深 130m,Cu 平均品位 0.49%,Zn 平均品位 0.14%,S 平均品位 6.57%。Ⅰ-1 矿体中估算工业铜(锌)硫矿石 503.25 万 t,Cu 金属量 76 001t,平均品位 1.51%;Zn 金属量 36 381t,平均品位 0.72%;S 平均品位 21.73%。

(2) Ⅰ-2 矿体。

Ⅰ-2 矿体(倒转翼)分布于 8~23 线,平面投影长 750m,整体倾向东,倾角 35°~90°,多在 70°以上,由浅至深逐渐变陡,至回转端个别地段甚至反转。矿层沿倾向延伸多在 600~800m 之间,最小为 8 线,仅 245m,最大为 15 线,断续 1000m,平均延伸 583m,出露标高－305~862m。9 线及以南呈厚层状,11 线及以北 200m 标高以上呈透镜状,以下呈薄层状,至回转端再次膨大。厚度最小 0.48m,最大 100.98m,平均厚 26.68m,厚大矿层主要分布于 1~5 线 400~500m 标高。

矿石以块状为主,条带状、浸染状次之。参与圈矿的样品 5675 件,其中 Cu 品位最低为 0,最高为 16.59%,变化系数为 80.63%;Zn 品位最低为 0,最高为 36.4%,变化系数为 240.30%;S 品位最低为 0.18%,最高为 55.3%,变化系数为 36.11%。单工程 Cu 平均品位最小为 0.63%,最大为 8.74%,平均为 2.52%,品位较高的地段主要分布于 3~5 线 650m 标高附近。单工程 Zn 平均品位最小为 0.02%,最大为 23.1%,平均为 1.49%。

Ⅰ-2 矿体中低品位矿多分布于靠近回转端的附近,一般位于工业矿体边部,个别分布于工业之内形成低品位"夹层",较为常见。规模较大的低品位矿层有 2 条。位于 2~5 线 400~550m 标高的低品位矿层呈带状,平均长约 140m,沿倾向延深 120~230m,平均 170m,由 10 个穿脉工程控制,矿层厚 2.89~18.65m,平均厚 5.37m,Cu 平均品位 0.35%,Zn 平均品位 0.12%,S 平均品位 25.63%;位于 1~4 线 600~700m 标高的低品位矿层呈透镜状,长 150~360m,平均 240m,沿倾向延深 150~260m,平均 196m,由 8 个穿脉工程控制,厚度 4.7~20.79m,平均 8.83m,Cu 平均品位 0.40%,Zn 平均品位 0.20%,S 平均品位 3.96%。

估算铜(锌)硫矿工业矿石量 4 063.69 万 t,Cu 金属量 1 030 352t,平均品位 2.54%;Zn 金属量 507 505t,平均品位 1.25%;S 平均品位 36.94%。

(3) Ⅰ-3 矿体。

Ⅰ-3 矿体(喷流通道)内圈定有编号的铜(锌)硫矿层分布于 9~19 线,平面投影长 250m,整体呈不规则透镜状、厚板状、脉状,分支常见,倾向 84°左右,倾角 74°~89°。沿倾向延伸一般 350~500m,最小在 17 线,仅 320m;最大 640m,在 19 线,平均延伸 460m,出露标高－800~－30m。厚度最小 1.2m,最大 85.97m,平均厚 30.27m,厚大矿层主要分布于 13~19 线－500~－300m 标高。

矿石以浸染状为主,脉状次之,块状可见。Cu 品位最低为 0.01%,最高为 7.85%,品位变化系数为 138.18%;Zn 品位最低为 0,最高为 14.37%,品位变化系数为 322.31%;S 品位

续表 4-3

| 金属矿物及 | 样品编号 | Ag | Sb | Te | As | Se | V | Fe | Co | Ni | Cu | Zn | Au | S | Pb | Mo | Mn | 总计 |
|---|---|---|---|---|---|---|---|---|---|---|---|---|---|---|---|---|---|---|
| 斑铜矿 | 736-1-S1-BN-1 | 0.27 | 0.01 | 0.00 | 0.00 | 0.00 | 0.00 | 12.03 | 0.03 | 0.00 | 61.08 | 0.06 | 0.00 | 25.88 | 0.00 | 0.00 | 0.00 | 99.35 |
| | 736-1-S1-BN-2 | 0.70 | 0.00 | 0.07 | 0.00 | 0.03 | 0.00 | 11.65 | 0.01 | 0.00 | 60.52 | 0.08 | 0.00 | 26.14 | 0.01 | 0.00 | 0.00 | 99.21 |
| | 736-1-S1-BN-3 | 0.50 | 0.00 | 0.02 | 0.00 | 0.06 | 0.00 | 12.18 | 0.00 | 0.00 | 60.28 | 0.07 | 0.01 | 26.20 | 0.00 | 0.00 | 0.00 | 99.32 |
| | 736-1-S1-BN-4 | 0.34 | 0.00 | 0.00 | 0.00 | 0.05 | 0.01 | 11.54 | 0.00 | 0.00 | 62.47 | 0.11 | 0.04 | 26.11 | 0.00 | 0.00 | 0.00 | 100.65 |
| | 736-1-S1-BN-5 | 0.30 | 0.00 | 0.00 | 0.01 | 0.00 | 0.00 | 11.58 | 0.02 | 0.00 | 62.41 | 0.08 | 0.03 | 25.80 | 0.00 | 0.00 | 0.00 | 100.23 |
| | 736-1-S1-BN-6 | 0.45 | 0.00 | 0.00 | 0.00 | 0.00 | 0.00 | 11.95 | 0.01 | 0.00 | 61.57 | 0.06 | 0.00 | 25.96 | 0.00 | 0.00 | 0.00 | 100.00 |
| | 736-1-S1-BN-7 | 0.89 | 0.02 | 0.00 | 0.00 | 0.00 | 0.00 | 11.78 | 0.04 | 0.00 | 60.95 | 0.06 | 0.01 | 26.13 | 0.01 | 0.00 | 0.00 | 99.87 |
| | 736-1-S1-BN-8 | 0.43 | 0.00 | 0.06 | 0.00 | 0.00 | 0.00 | 11.76 | 0.02 | 0.00 | 61.75 | 0.08 | 0.00 | 26.03 | 0.02 | 0.00 | 0.00 | 100.14 |
| | 736-1-S1-BN-9 | 0.39 | 0.00 | 0.00 | 0.06 | 0.00 | 0.00 | 11.76 | 0.01 | 0.00 | 62.37 | 0.04 | 0.07 | 26.12 | 0.00 | 0.00 | 0.00 | 100.85 |
| | 736-1-S1-BN-10 | 0.27 | 0.02 | 0.01 | 0.04 | 0.00 | 0.00 | 11.91 | 0.02 | 0.00 | 61.95 | 0.07 | 0.00 | 25.81 | 0.00 | 0.00 | 0.00 | 100.08 |
| 黝铜矿 | 50-19-EN-1 | 0.01 | 2.03 | 0.00 | 18.07 | 0.00 | 0.00 | 2.12 | 0.02 | 0.00 | 42.43 | 7.09 | 0.00 | 27.61 | 0.00 | 0.00 | 0.00 | 99.37 |
| | 50-19-EN-2 | 0.02 | 2.02 | 0.00 | 17.71 | 0.00 | 0.00 | 2.35 | 0.00 | 0.00 | 42.14 | 7.10 | 0.03 | 27.68 | 0.00 | 0.00 | 0.00 | 99.04 |
| | 50-19-EN-3 | 0.05 | 2.06 | 0.00 | 17.85 | 0.00 | 0.00 | 2.14 | 0.00 | 0.00 | 42.29 | 7.23 | 0.03 | 27.78 | 0.00 | 0.00 | 0.00 | 99.43 |
| | 50-19-EN-4 | 0.01 | 2.17 | 0.00 | 17.76 | 0.00 | 0.00 | 1.89 | 0.00 | 0.00 | 42.59 | 7.19 | 0.01 | 27.37 | 0.00 | 0.00 | 0.00 | 98.99 |
| | 50-19-EN-5 | 0.02 | 2.08 | 0.00 | 17.71 | 0.00 | 0.00 | 2.32 | 0.01 | 0.00 | 42.29 | 7.26 | 0.00 | 27.41 | 0.00 | 0.00 | 0.00 | 99.10 |
| | 736-1-S1-EN-1 | 0.08 | 2.42 | 0.00 | 17.43 | 0.00 | 0.00 | 0.27 | 0.01 | 0.00 | 43.27 | 8.24 | 0.10 | 27.36 | 0.00 | 0.00 | 0.00 | 99.18 |
| | 736-1-S1-EN-2 | 0.06 | 2.30 | 0.00 | 17.22 | 0.00 | 0.00 | 0.19 | 0.02 | 0.00 | 43.22 | 8.33 | 0.04 | 27.25 | 0.00 | 0.00 | 0.00 | 98.62 |
| | 736-1-S1-EN-3 | 0.19 | 2.27 | 0.00 | 16.71 | 0.00 | 0.00 | 0.77 | 0.02 | 0.00 | 42.47 | 8.11 | 0.04 | 27.26 | 0.00 | 0.00 | 0.00 | 97.84 |
| | 736-1-S1-EN-4 | 0.21 | 2.10 | 0.00 | 16.38 | 0.00 | 0.00 | 0.97 | 0.00 | 0.00 | 43.33 | 7.86 | 0.00 | 27.58 | 0.00 | 0.00 | 0.00 | 98.43 |
| | 736-1-S1-EN-5 | 0.05 | 2.35 | 0.00 | 17.22 | 0.00 | 0.00 | 0.30 | 0.00 | 0.00 | 43.13 | 8.30 | 0.00 | 27.26 | 0.00 | 0.00 | 0.00 | 98.63 |

## 2. 黄铜矿（Ccp）

黄铜矿主要分布在铜硫矿石和铜锌硫矿石中，铜黄色，局部可见锖色，反射率较高，弱非均质性，无内反射，可见双晶，他形粒状，常见填隙结构和穿插结构，呈填隙状分布在黄铁矿颗粒或裂隙间（图 4-13a，图 4-13b，图 4-14a，图 4-14b）。颗粒大小悬殊，一般粒径小于 0.6mm，部分颗粒 1～2mm，常与黝铜矿、方铅矿等伴生，形成共结边结构（图 4-13c，图 4-13d）。黄铜矿主要沿周缘或裂隙交代黄铁矿（图 4-13e，图 4-14c，图 4-14d），也常被闪锌矿交代（图 4-13f）。此外，在黄铜矿中可见少量辉铜矿伴生（图 4-14e，图 4-14f）。

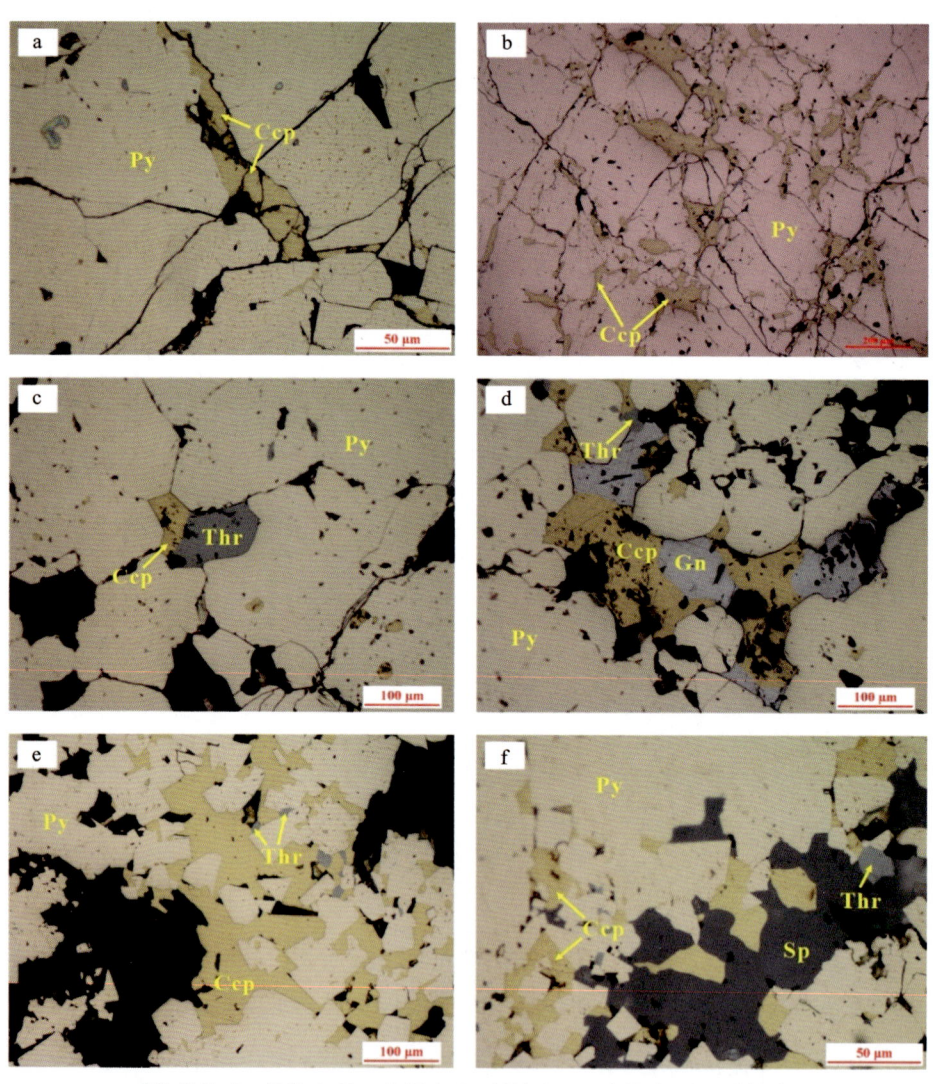

矿物代号：Py. 黄铁矿；Ccp. 黄铜矿；Sp. 闪锌矿；Gn. 方铅矿；Thr. 黝铜矿。

图 4-13　阿舍勒铜锌矿床黄铜矿形态特征（反射光）

a. 黄铜矿填隙结构；b. 黄铜矿穿插结构；c. 黄铜矿与黝铜矿共结边结构；d. 黄铜矿与方铅矿共结边；e. 黄铜矿沿周缘或裂隙交代黄铁矿；f. 黄铜矿被闪锌矿交代

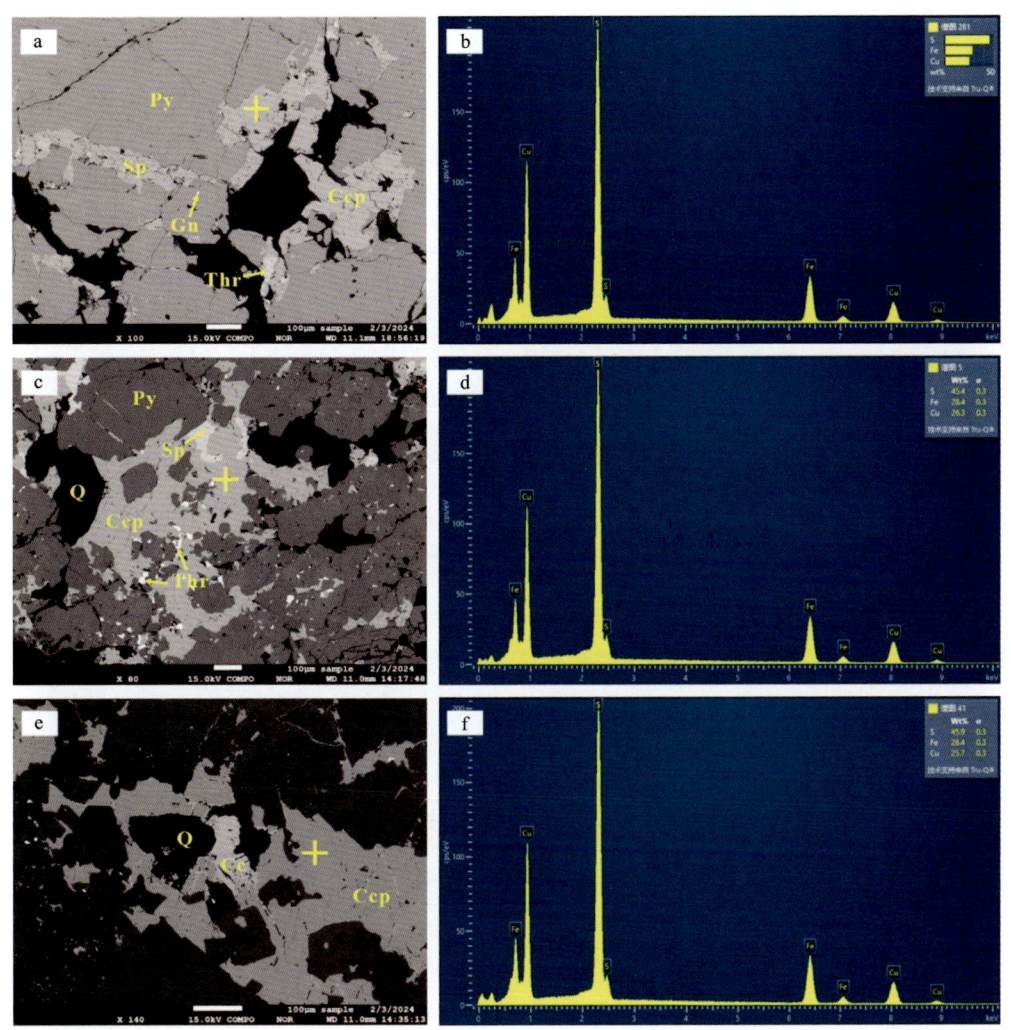

矿物代号：Py. 黄铁矿；Ccp. 黄铜矿；Cc. 辉铜矿；Sp. 闪锌矿；Gn. 方铅矿；Thr. 黝铜矿；Q. 石英。

图 4-14　阿舍勒铜锌矿床黄铜矿的扫描电镜图像（左）和能谱图像（右）

a～b. 黄铜矿充填结构；c～d. 黄铜矿交代黄铁矿；e～f. 黄铜矿交代石英，伴生少量辉铜矿

黄铜矿主要元素为 S、Cu 和 Fe，含有少量的 Co、Zn、Se、Au 等元素，其他元素含量一般低于检出限。S 元素含量为 34.46%～34.79%，Cu 元素含量为 34.01%～34.76%，Fe 元素含量为 30.38%～30.81%，Co 元素含量为 0.03%～0.07%，Zn 元素含量为 0.01%～0.07%（表 4-3）。

### 3. 闪锌矿（Sp）

闪锌矿的含量仅低于黄铁矿、黄铜矿，主要分布于铜锌硫矿石中。灰色，多呈他形微细粒状集合体，偶见四面体晶形，反射率较低，均质，内反射显著，多呈灰白色或浅黄绿色，易磨光，硬度较低。他形粒状，粒径主要集中在 0.05～0.20mm。部分颗粒较粗大呈团状，部分呈填

隙状分布在黄铁矿和黄铜矿中(图4-15a,图4-16a,图4-16b),多与黄铁矿、黄铜矿、方铅矿和黝铜矿连生,并可见与黄铜矿和黝铜矿形成共结边结构(图4-15b,图4-16e、图4-16f)。闪锌矿内部常包含大量黄铁矿(图4-15c,图4-16c、图4-16d),部分被方铅矿交代(图4-15d)。局部可见溶蚀现象,这与闪锌矿结晶后的流体交代活动有关(图4-15e、图4-15f)。

闪锌矿主要元素为Zn和S,含有少量的Fe、Cu、Mo、Pb等元素,其他元素含量一般低于检出限。Zn元素含量为65.57%～67.21%,S元素含量为32.77%～33.27%,Fe元素含量为0.15%～1.00%,Cu元素含量为0～0.48%(表4-3)。

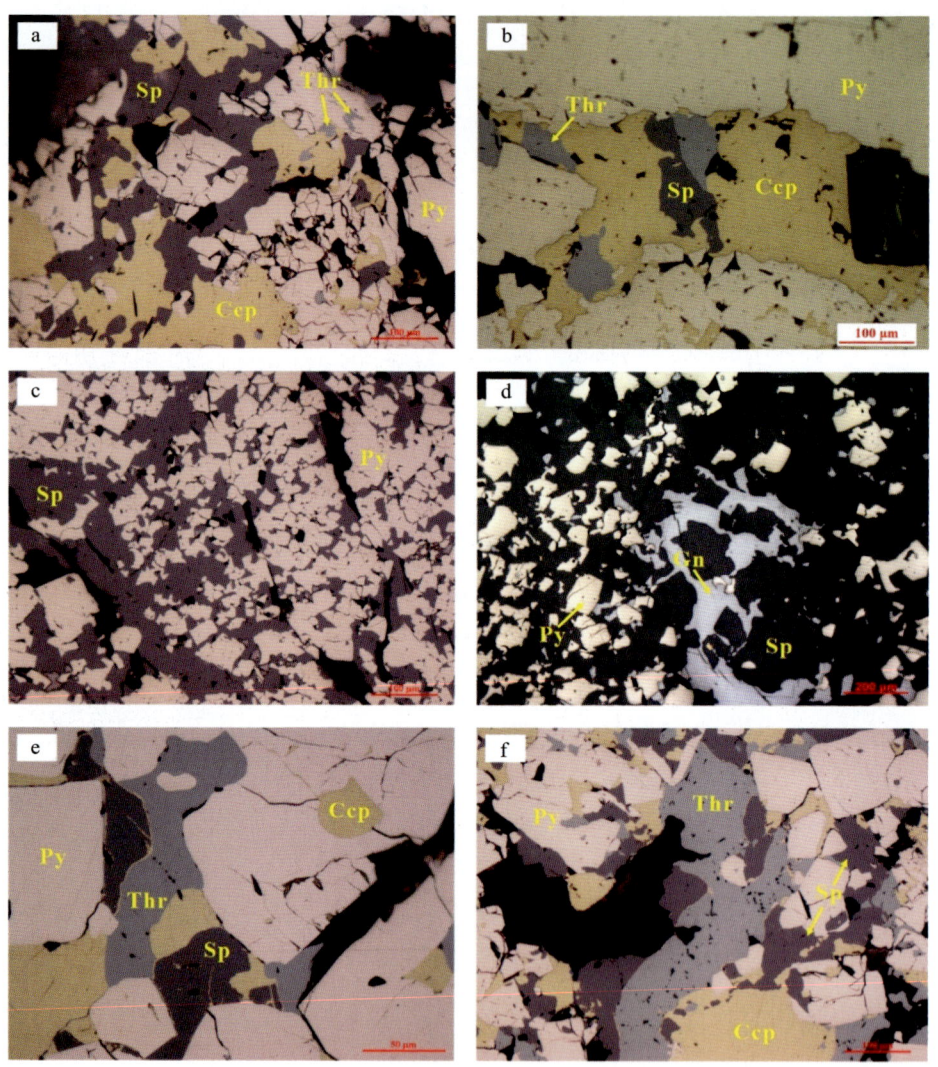

矿物代号:Py.黄铁矿;Ccp.黄铜矿;Sp.闪锌矿;Gn.方铅矿;Thr.黝铜矿。

图4-15 阿舍勒铜锌矿床闪锌矿形态特征(反射光)

a.闪锌矿填隙状结构;b.闪锌矿与黄铜矿、黝铜矿共结边;c.闪锌矿交代黄铁矿集合体;d.闪锌矿被方铅矿后期交代;e～f.闪锌矿溶蚀边结构

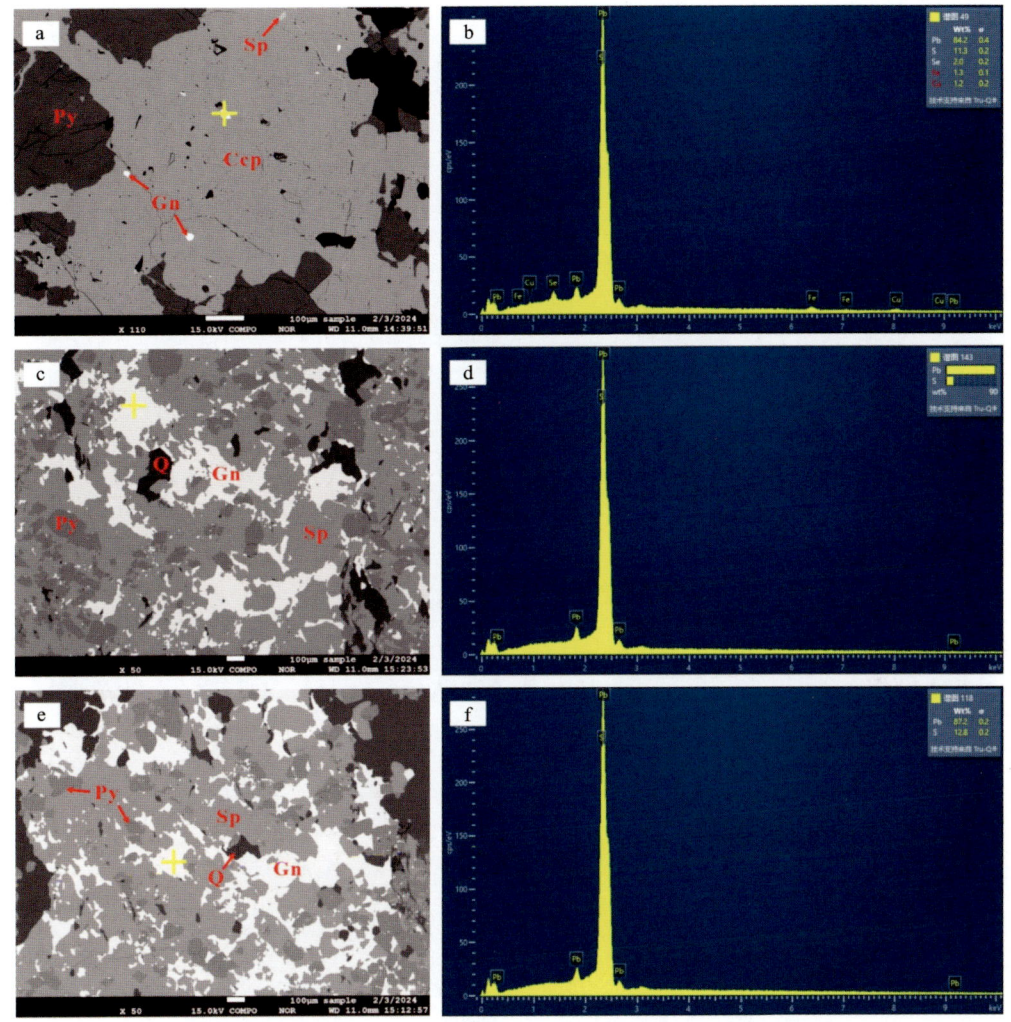

矿物代号：Py. 黄铁矿；Ccp. 黄铜矿；Sp. 闪锌矿；Gn. 方铅矿；Q. 石英。

图 4-18　阿舍勒铜锌矿床方铅矿的扫描电镜图像（左）和能谱图像（右）

a～b. 方铅矿包含结构；c～d. 方铅矿填隙结构；e～f. 方铅矿交代闪锌矿

与铜针相当，具充填结构（图 4-19b）和包含结构（图 4-19c，图 4-20a，图 4-20b），常呈填隙状分布在黄铁矿中。部分与黄铜矿、闪锌矿、方铅矿连生或共边，为同时形成的共生矿物对（图 4-19d、图 4-19e，图 4-20c～图 4-20f）。此外，可见部分黝铜矿沿边缘交代黄铁矿（图 4-19f）。

黝铜矿主要组成元素为 Cu、S、As、Zn 和 Sb，含有少量的 Fe、Ag、Au 等元素，其他元素含量一般低于检出限。Cu 含量为 42.14%～43.33%，S 含量为 27.25%～27.78%，As 含量为 16.38%～18.07%，Zn 含量为 7.09%～8.33%，Sb 含量为 2.02%～2.42%，Fe 含量为 0.19%～2.35%（表 4-3）。

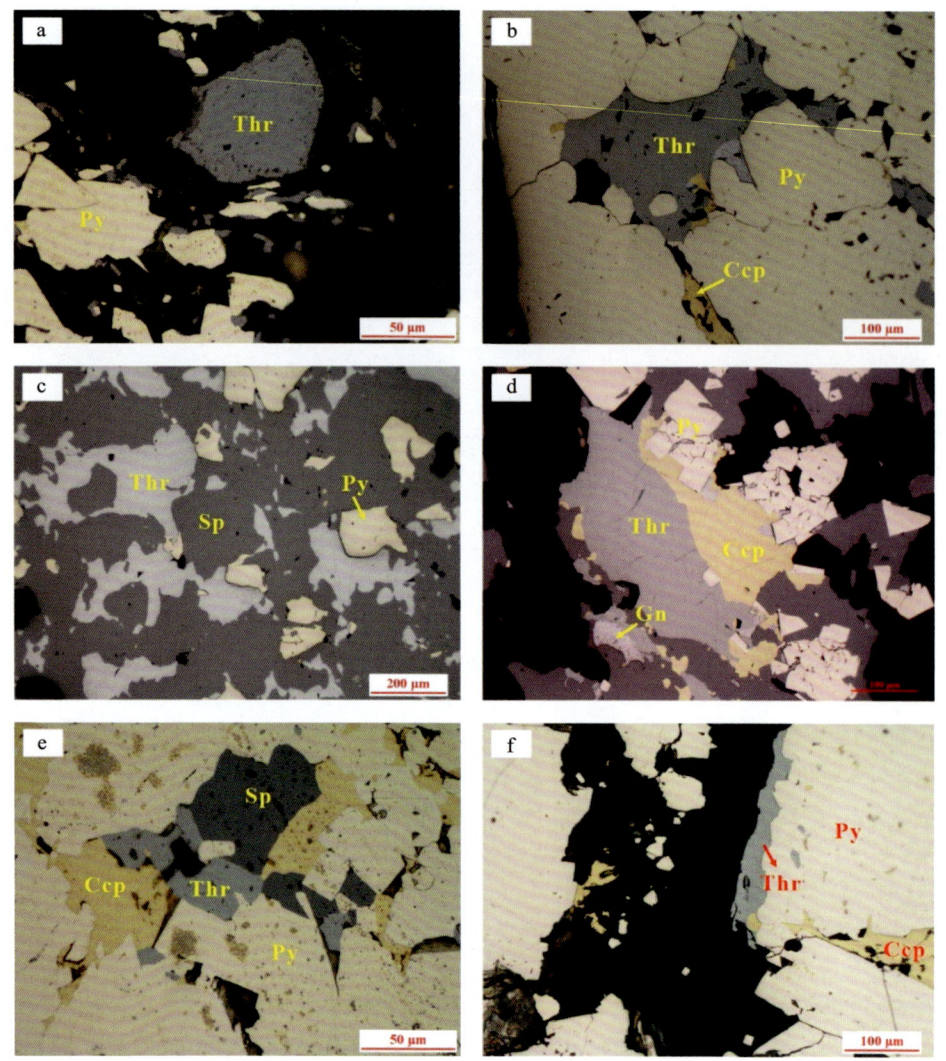

矿物代号：Py. 黄铁矿；Ccp. 黄铜矿；Sp. 闪锌矿；Gn. 方铅矿；Thr. 黝铜矿。

图 4-19　阿舍勒铜锌矿床黝铜矿形态特征（反射光）

a. 黝铜矿自形晶；b. 黝铜矿充填结构；c. 黝铜矿包含结构；d~e. 黝铜矿与黄铁矿、方铅矿、闪锌矿共边；f 黝铜矿沿边缘交代黄铁矿

## 6. 斑铜矿（Bn）

斑铜矿在矿石中含量较低。反射光下呈暗铜红色，低反射率，均质，无内反射，他形粒状，磨光较好，硬度较小，常见填隙结构（图 4-21a、图 4-21b，图 4-22a、图 4-22b），常呈填隙状分布黄铁矿裂隙中。部分与黄铁矿、黝铜矿呈共结边或连生（图 4-21c~图 4-21e，图 4-22c、图 4-22d），且常沿周缘交代与其共生的矿物（图 4-21f，图 4-22e、图 4-22f）。此外，偶见边缘发生氧化现象，呈斑状锖色（图 4-21d）。

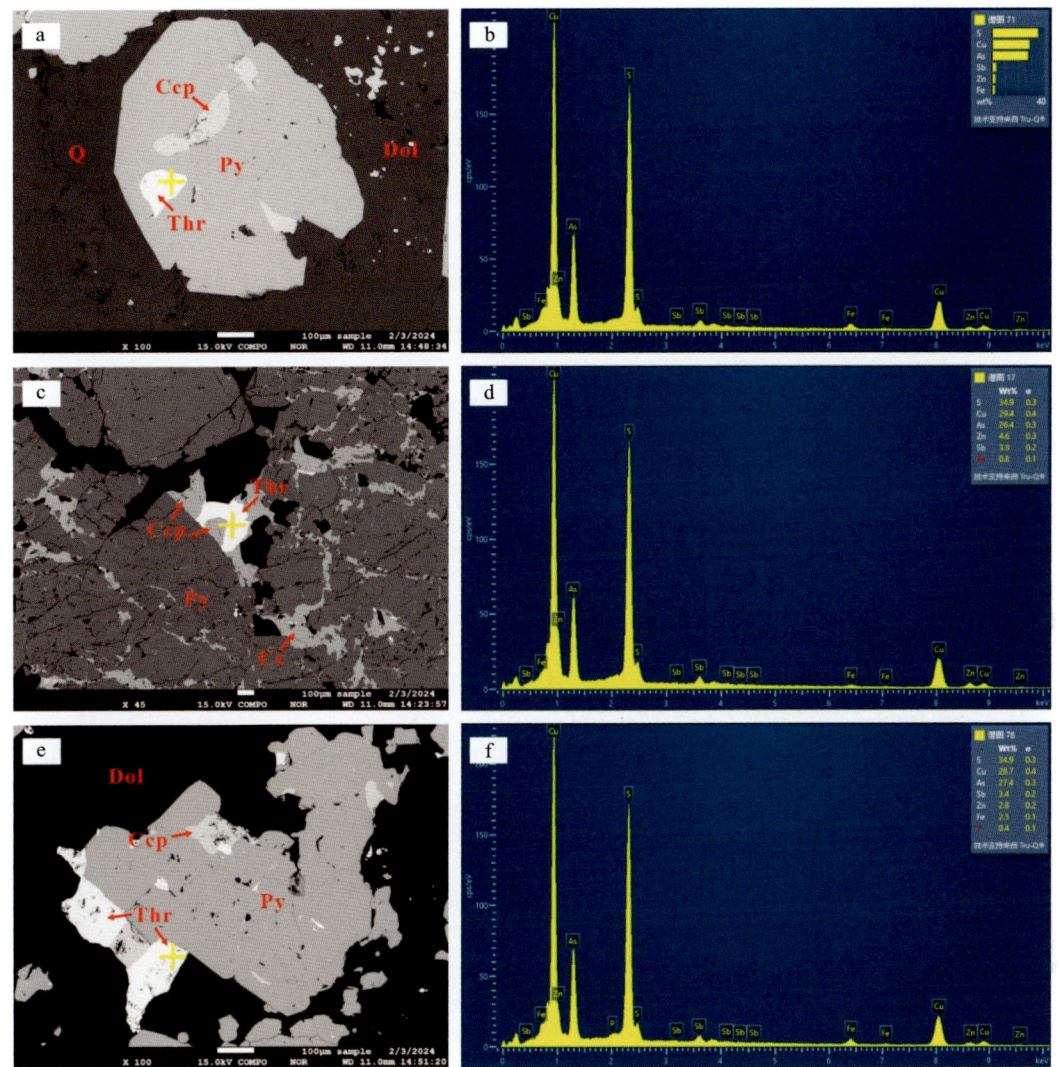

矿物代号：Py.黄铁矿；Ccp.黄铜矿；Cc.辉铜矿；Thr.黝铜矿；Q.石英；Dol.白云石。

图 4-20　阿舍勒铜锌矿床黝铜矿的扫描电镜图像（左）和能谱图像（右）

a～b.黝铜矿包含结构；c～d.黝铜矿与黄铜矿连生；e～f.黝铜矿与黄铜矿共边

斑铜矿主要组成元素为 Cu、S 和 Fe，含有少量的 Ag、Zn、Au、Te 等元素，其他元素含量一般低于检出限。Cu 含量为 60.28%～62.47%，S 含量为 25.80%～26.20%，Fe 含量为 11.54%～12.18%，Ag 含量为 0.27%～0.89%，Zn 含量为 0.04%～0.11%（表 4-3）。

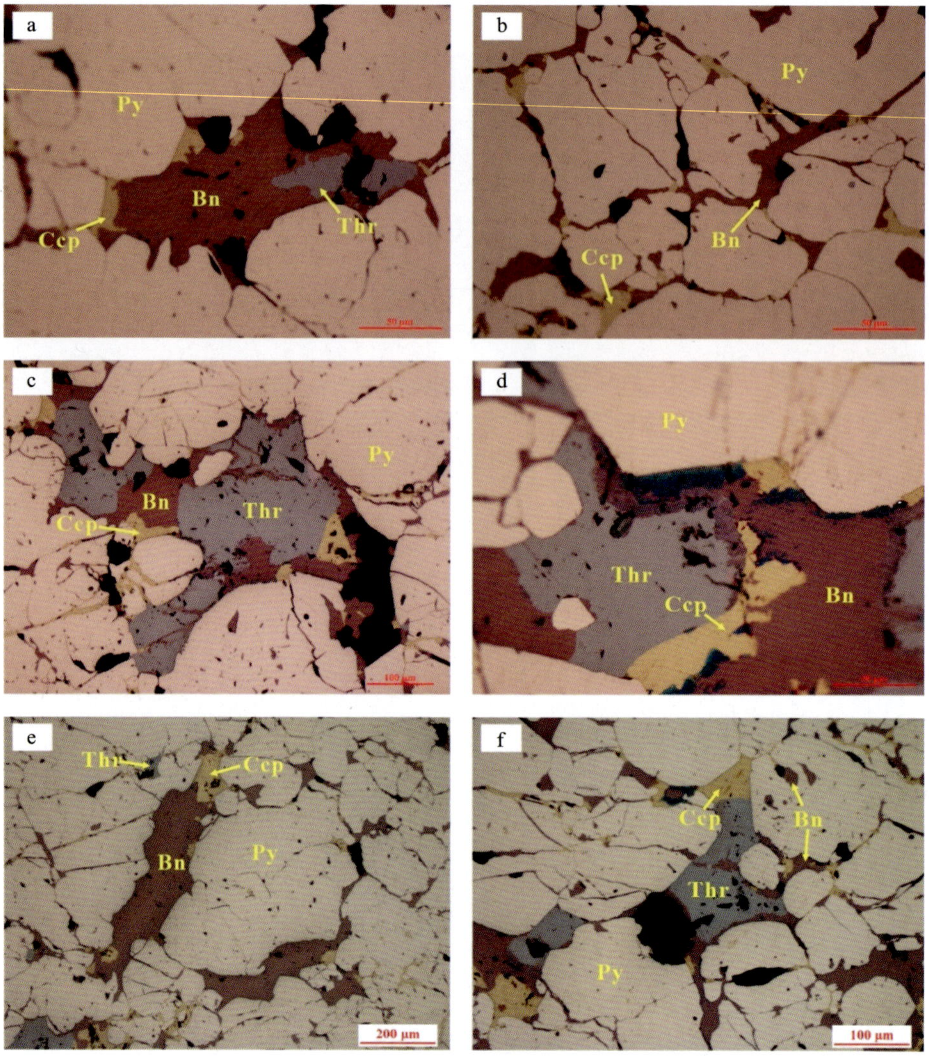

矿物代号：Py. 黄铁矿；Ccp. 黄铜矿；Thr. 黝铜矿；Bn. 斑铜矿。

图 4-21  阿舍勒铜锌矿床斑铜矿形态特征（反射光）

a～b. 斑铜矿填隙结构；c～e. 斑铜矿与黄铜矿、黝铜矿连生；f. 斑铜矿沿边缘交代黄铜矿、黝铜矿

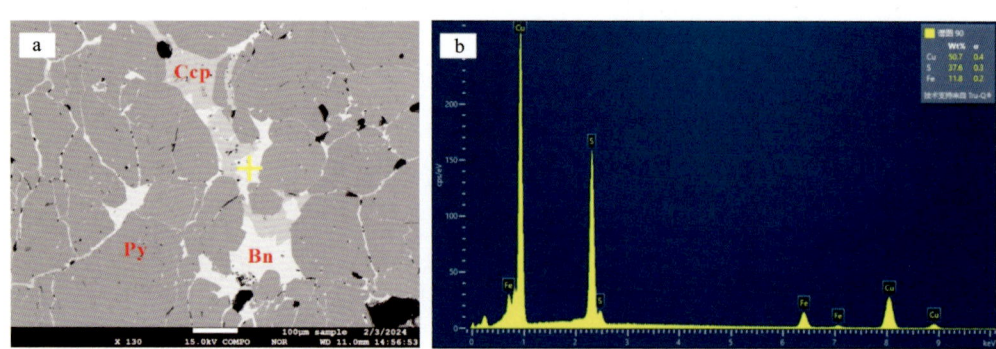

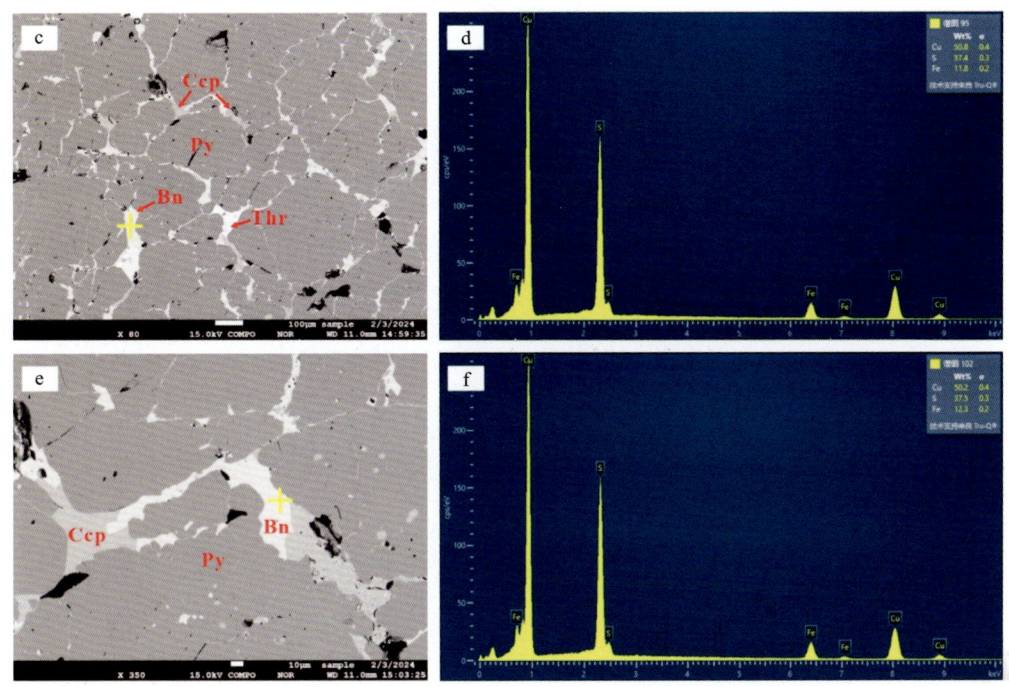

矿物代号：Py.黄铁矿；Ccp.黄铜矿；Thr.黝铜矿；Bn.斑铜矿。

图 4-22　阿舍勒铜锌矿床斑铜矿的扫描电镜图像（左）和能谱图像（右）

a～b.斑铜矿填隙结构；c～d.斑铜矿与黄铜矿、黝铜矿共生；e～f.斑铜矿交代黄铁矿、黄铜矿

## 第四节　围岩蚀变特征

矿区内围岩蚀变广泛而强烈，主要发生在沉积相层状矿体的下盘，通道相发生在热液流体通道的周围，与脉状、网脉状矿体相伴，主要蚀变类型有硅化、黄铁矿化、绿泥石化和绢云母化，次有重晶石化、碳酸盐化，局部发育有钠长石化、高岭土化、褐铁矿化、绿帘石化、钾长石化、明矾石化，偶见阳起石化、透闪石化、次闪石化、石榴子石化等（图 4-23）。

硅化是矿区内广泛发育的最主要的蚀变类型，可分为以下 3 种。

（1）在地表主要形成次生石英岩（为硅质彻底交代原岩的产物），他形粒状结构，广泛发育于地表硅化带中，通常与褐铁矿化共生。

（2）常见于井下坑道的通道相中，通常硅质不完全交代原岩而形成硅化岩石，呈面状分布于凝灰岩中，可见凝灰岩残留体，脉状、网脉状的石英可能为含矿热液的通道，一般越接近层状矿体硅化越强，且蚀变带矿化越好，可与黄铁矿、闪锌矿、方铅矿共生形成多金属脉状矿化。

（3）区域变质期的硅化以石英细脉、网脉或碳酸盐石英脉充填于围岩的裂隙中，为线状硅化，为成矿后的产物。蚀变岩石类型有硅化凝灰岩、黄铁绢英岩、次生石英岩等。

黄铁矿化在矿体附近同样广泛发育。在通道相普遍伴随硅化、绿泥石化和绢云母化出现，有时与黄铜矿、闪锌矿、方铅矿共生。黄铁矿一般呈半自形—自形，粒径一般小于 3mm，

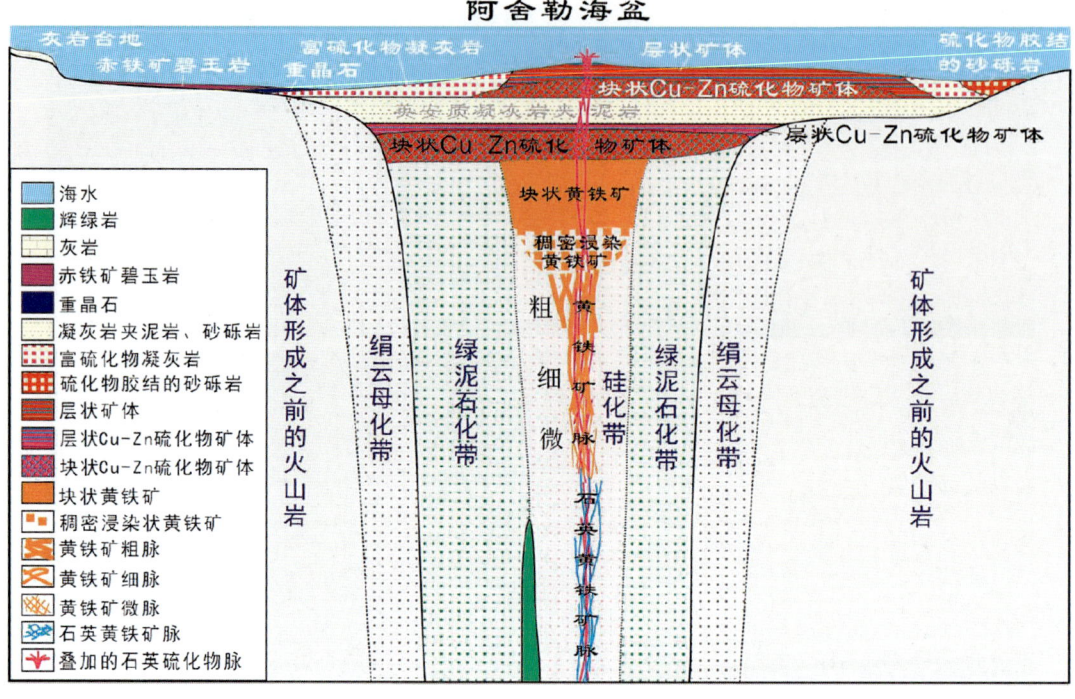

图 4-23　阿舍勒喷流成矿系统结构模型示意图(牛磊等,2023)

呈条带状、条带浸染状、浸染状、星点状等分布于蚀变火山岩中,或以含黄铁矿石英脉形式呈脉状产出。

褐铁矿化通常为黄铁矿就地氧化而成,黄铁矿化由于剥蚀隆升作用出露于地表或近地表处,氧化作用使蚀变岩石染成锈黄色或褐红色,仅保留黄铁矿假象或淋失成空洞,此外,褐铁矿化还有由含铁碳酸盐化引起的和由淋滤形成的铁质薄膜两种成因。

绿泥石化与成矿作用关系同样较为密切,仅次于硅化,也是一种重要的蚀变。它主要发育在矿体下盘的通道相中,与黄铁矿化相伴而生。以发育绿泥石化为主的绿泥石化带一般处于硅化带与绢云母化带之间,并与硅化、绢云母化呈反消长关系。绿泥石化越强,则蚀变岩石颜色越深,但与硅化叠加时岩石变浅,硬度增加。绿泥石化较弱者呈灰绿色,凝灰结构等原岩结构得以保留,也可形成青磐岩化等;而绿泥石化较强的岩石呈暗绿色,原岩结构不易识别,绿泥石含量达90%可形成绿泥石岩。

绢云母化与成矿作用关系同样较为密切。在通道相内,绢云母化大部分伴随硅化、绿泥石化出现,并与二者的强弱呈反消长关系。以发育绢云母化为主的绢云母化带通常远离层状矿体,且主要与星点状黄铁矿伴生,通常不具有工业品位;而与动力变质作用有关的绢云母化多产于断裂带中,伴随碎裂岩化及高岭土化,定向构造明显,呈鳞片变晶结构,分布比较均匀。蚀变类型有绢云母千枚岩、黄铁绢英岩化、绢云母化凝灰岩等。

此外,还有沿岩石片理、裂隙呈浸染状、脉状交代的碳酸盐化,呈细脉状沿蚀变岩石的裂隙分布的明矾石化,沿断裂带发育的高岭土化,矿体上盘玄武岩中的绿帘石化、青磐岩化、形成重晶石矿石或呈浸染状、条带状、脉状的重晶石化等蚀变。

续表 5-2

| 样品编号 | 矿物 | δD/‰ | $\delta^{18}O_{矿物}$/‰ | $\delta^{18}O_{H_2O}$/‰ | 温度/℃ | 数据来源 |
|---|---|---|---|---|---|---|
| ZK105 202.5 | 石英 | — | 14.28 | −1.44 | 17.5 | 汪玉珍等,1992 |
| ZK105 205 | 石英 | — | 11.31 | −6.78 | 123.6 | |
| ZK903 392 | 石英 | — | 11.6 | −0.17 | 147.5 | |
| ZK105 355 | 石英 | — | 11.8 | −6.34 | 123.6 | |
| ZK107 385 | 石英 | — | 11.2 | −3.17 | 163.8 | |

成矿流体的氢氧同位素投影点大部分分布在岩浆水与变质水范围的下部(图 5-1),表明成矿流体可能主要来源于岩浆水。成矿流体的 δD 值较低,可能与岩浆脱气有关。大部分样品的 $\delta^{18}O_{H_2O}$ 值与海水接近,表明成矿流体有海水的参与。因此阿舍勒矿床的成矿流体可能来源于岩浆水与海水的混合。

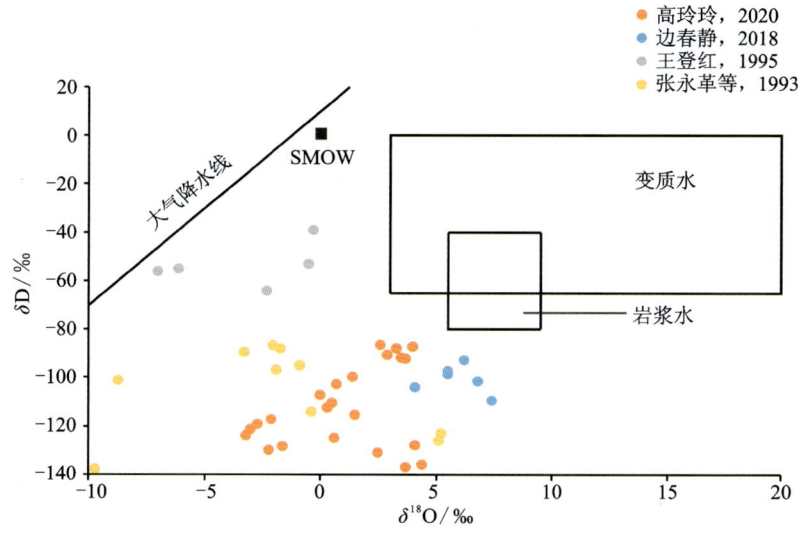

图 5-1　阿舍勒成矿流体的 $\delta D$-$\delta^{18}O$ 图

## 二、铅同位素特征

自然界中的 Pb 以 $^{204}Pb$、$^{206}Pb$、$^{207}Pb$ 和 $^{208}Pb$ 4 种同位素的形式存在,不同放射成因类型的铅同位素反映了不同的地质环境和物质组成。

前人对阿舍勒矿区不同类型硫化物的铅同位素组成进行了分析,从表 5-3 可以看出,铅同位素组成变化范围较大,$^{206}Pb/^{204}Pb=17.466\sim18.606$,平均 17.923;$^{207}Pb/^{204}Pb=15.285\sim15.801$,平均 15.520;$^{208}Pb/^{204}Pb=36.670\sim38.648$,平均 37.807。喷流沉积期与变质改造期和热液叠加期的硫化物铅同位素组成基本一致,表明后期变质作用和热液叠加对矿石的改造作用有限。

**表 5-3　阿舍勒铜矿矿石的铅同位素组成**

| 样品编号 | 矿物 | $^{206}Pb/^{204}Pb$ | $^{207}Pb/^{204}Pb$ | $^{208}Pb/^{204}Pb$ | 资料来源 |
|---|---|---|---|---|---|
| ZK105(291.11~294.1m) | 黄铁矿 | 17.847 | 15.462 | 37.614 | 陈毓川等,1996 |
| ZK105(303.4~311.4m) | 黄铁矿 | 17.754 | 15.536 | 38.019 | |
| ZK107(505.2~511.1m) | 黄铁矿 | 17.870 | 15.456 | 37.565 | |
| ZK401(191.0~194.0m) | 黄铁矿 | 18.005 | 15.626 | 38.119 | |
| ZK502(420~424m) | 黄铁矿 | 17.466 | 15.470 | 38.057 | |
| ZK502(598~604m) | 黄铁矿 | 17.866 | 15.482 | 37.650 | |
| ZK503(507~511m) | 黄铁矿 | 17.715 | 15.514 | 38.085 | |
| ZK503(549~569m) | 黄铁矿 | 17.901 | 15.582 | 38.041 | |
| ZK105(364.9~368.1m) | 黄铁矿 | 17.914 | 15.522 | 37.757 | |
| ZK104(301.3m) | 黄铁矿 | 17.850 | 15.454 | 37.542 | |
| ZK107(404~445.6m) | 黄铁矿 | 17.958 | 15.609 | 38.092 | |
| ZK404(228.3~234.7m) | 黄铁矿 | 17.963 | 15.589 | 37.989 | |
| ZK503(481~489m) | 黄铁矿 | 17.893 | 15.471 | 36.670 | |
| 1线(H1-5) | 黄铁矿 | 18.002 | 15.592 | 38.066 | 张永革,1990 |
| 8线(H8-3) | 黄铁矿 | 18.009 | 15.475 | 37.815 | |
| ZK107(AT1) | 黄铁矿+黄铜矿 | 17.698 | 15.456 | 37.766 | |
| ZK109(AT10) | 黄铁矿+黄铜矿 | 17.880 | 15.499 | 37.687 | |
| 采矿坑(85K5-TD1) | 方铅矿 | 17.703 | 15.285 | 37.007 | |
| 采矿坑(89K10-3) | 方铅矿 | 17.885 | 15.510 | 37.727 | |
| 采矿坑(89K10-3) | 方铅矿 | 17.939 | 15.584 | 37.980 | |
| 8线(H8-8) | 铁帽 | 17.965 | 15.573 | 37.997 | |
| 8线(H8-4) | 铁帽 | 17.854 | 15.475 | 37.644 | |
| 12线(H12-3) | 铁帽 | 17.869 | 15.466 | 37.836 | |
| 8线(H8-9) | 铁帽 | 18.032 | 15.520 | 37.755 | |
| 24线(H24-8) | 铁帽 | 18.258 | 15.516 | 37.992 | |
| 24线(H24-11) | 铁帽 | 17.956 | 15.531 | 37.957 | |
| 24线(H24-7) | 铁帽 | 18.238 | 15.801 | 38.032 | |
| 8线(H8-14) | 全岩 | 17.871 | 15.496 | 37.752 | |
| 8线(H8-1) | 全岩 | 17.893 | 15.504 | 37.803 | |
| 24线(H24-14) | 全岩 | 17.977 | 15.633 | 38.214 | |
| 24线(H24-16) | 全岩 | 17.921 | 15.683 | 38.056 | |
| 24线(H24-3) | 全岩 | 18.118 | 15.532 | 38.061 | |
| 24线(H24-1) | 全岩 | 18.253 | 15.523 | 37.903 | |

续表 5-3

| 样品编号 | 矿物 | $^{206}Pb/^{204}Pb$ | $^{207}Pb/^{204}Pb$ | $^{208}Pb/^{204}Pb$ | 资料来源 |
|---|---|---|---|---|---|
| ZK503(AT8) | 黄铁矿 | 18.606 | 15.696 | 38.648 | 张永革,1990 |
| 地表(85K5-TD2) | 方铅矿 | 17.926 | 15.547 | 37.813 | |
| ZK803(AT11) | 方铅矿 | 17.840 | 15.458 | 37.557 | |
| 地表(89K10-2) | 方铅矿 | 17.933 | 15.638 | 38.413 | |
| 地表(89K10-1) | 方铅矿 | 17.974 | 15.584 | 37.880 | |
| ZK503(800178) | 全岩 | 17.986 | 15.532 | 38.026 | |
| 蝌蚪岩体(890025) | 全岩 | 17.789 | 15.519 | 37.968 | |
| 环形断裂(800554) | 全岩 | 17.904 | 15.516 | 37.746 | |
| ASL-1-1 | 黄铁矿 | 17.908 | 15.527 | 37.787 | 高玲玲,2020 |
| ASL-1-2 | 黄铜矿 | 17.899 | 15.518 | 37.792 | |
| ASL-2-1 | 黄铁矿 | 17.916 | 15.532 | 37.804 | |
| ASL-2-2 | 黄铜矿 | 17.908 | 15.53 | 37.764 | |
| ASL-3-1 | 黄铁矿 | 17.867 | 15.486 | 37.685 | |
| ASL-3-2 | 闪锌矿 | 17.876 | 15.489 | 37.701 | |
| ASL-7-1 | 黄铁矿 | 17.895 | 15.486 | 37.699 | |
| ASL-7-2 | 黄铁矿 | 17.884 | 15.493 | 37.708 | |
| ASL-8-1 | 黄铁矿 | 17.906 | 15.496 | 37.731 | |
| ASL-8-2 | 黄铜矿 | 17.879 | 15.509 | 37.742 | |
| ASL-9-1 | 黄铁矿 | 17.909 | 15.505 | 37.760 | |
| ASL-9-2 | 闪锌矿 | 17.886 | 15.499 | 37.745 | |
| 907555 | 闪锌矿 | 17.817 | 15.460 | 37.523 | 王登红,1995 |
| 111571 | 凝灰岩 | 18.248 | 15.478 | 37.635 | |
| 242 | 凝灰岩 | 18.083 | 15.512 | 38.059 | |
| 108482x | 黄铁矿 | 17.811 | 15.423 | 37.446 | |
| 111528 | 闪锌矿 | 17.854 | 15.467 | 37.594 | |
| 510HSp | 闪锌矿 | 17.818 | 15.422 | 37.454 | |
| 504477.5 | 黄铜矿 | 17.813 | 15.482 | 37.680 | |
| 7-80468 | 黄铜矿 | 17.816 | 15.472 | 37.625 | |

从铅同位素图解(图 5-2)中可以看出,阿舍勒矿区硫化物的铅同位素组成变化较大,大部分样品投点落于造山带演化线与地幔演化线之间,表明铅可能来源于地幔和造山带的混合。将矿石中硫化物的铅同位素与矿区火山岩的铅同位素对比可知,二者较为相似,表明成矿物质与赋矿围岩的成岩物质可能具有相同的来源,都与喷流沉积作用有关。

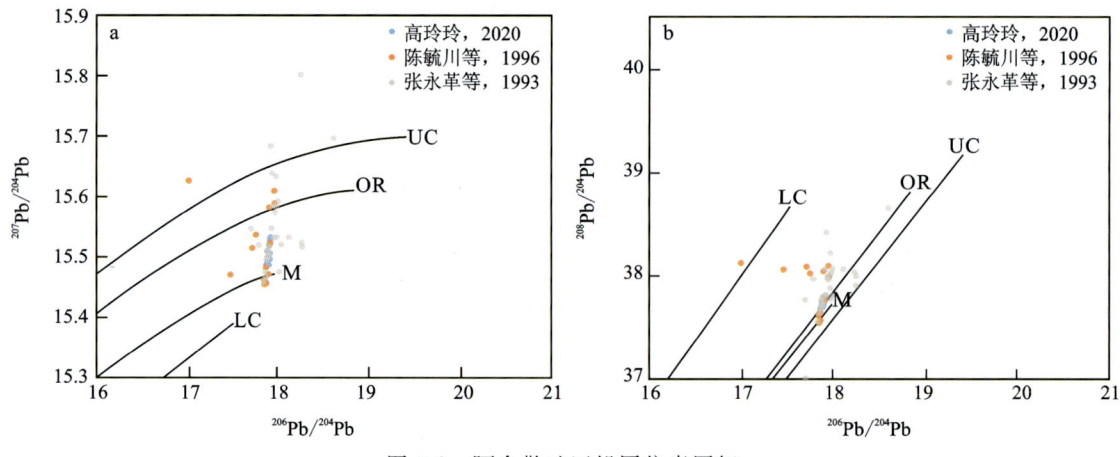

图 5-2　阿舍勒矿区铅同位素图解

## 三、硫同位素特征

热液矿床中发育的硫矿物的硫同位素组成,与成矿溶液的硫同位素组成、成矿温度、成矿溶液的 pH 值和氧逸度等因素有关。研究表明,热液矿床中的硫来源有:幔源硫,$\delta^{34}S$ 值介于 $-3‰\sim+3‰$ 之间,且变化范围较小;海水硫,现代海水的 $\delta^{34}S$ 值近似于 20‰;沉积物中的还原硫,其 $\delta^{34}S$ 值通常为较大的负值。

阿舍勒矿区不同硫化物的 $\delta^{34}S$ 值变化范围很大,在 $-13.7‰\sim25.54‰$ 之间(图 5-3,表 5-4)。但大部分矿物的 $\delta^{34}S$ 值比较集中,变化于 $0\sim10‰$ 之间,表明矿床中的硫可能主要来源于地幔,与岩浆活动有关,偏大的 $\delta^{34}S$ 值可能与后期热液活动有关。重晶石的 $\delta^{34}S$ 值大部分高于 15‰,表明其中的硫可能来源于海水硫酸盐。

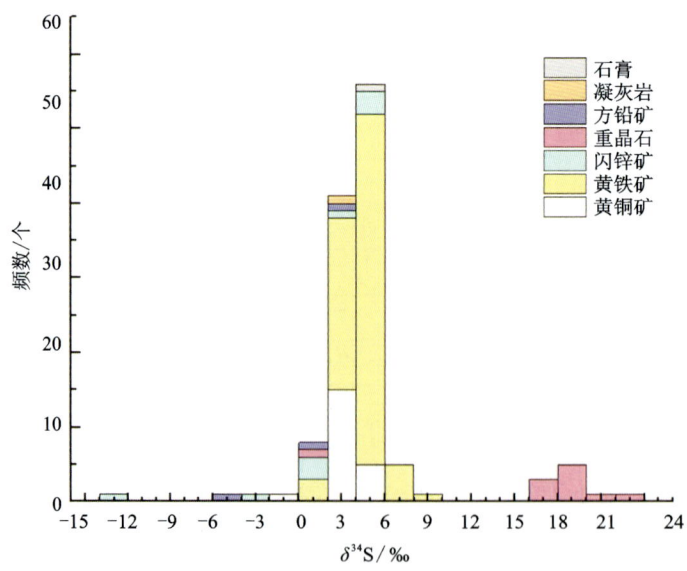

图 5-3　阿舍勒矿床 $\delta^{34}S$ 分布直方图

表 5-4 阿舍勒矿区硫同位素分析结果

| 样品编号 | 矿物 | $\delta^{34}S/‰$ | 资料来源 | 样品编号（取样深度） | 矿物 | $\delta^{34}S/‰$ | 资料来源 |
|---|---|---|---|---|---|---|---|
| ASL101 | 黄铁矿 | 3.9 | 边春静,2018 | ZK111(476.3m) | 黄铁矿 | 5.8 | 张永革等,1993 |
| ASL102 | 黄铁矿 | 3.3 | | ZK111(476.3m) | 黄铜矿 | 3.7 | |
| ASL302 | 黄铁矿 | 3.7 | | ZK111(558.3m) | 黄铁矿 | 5.3 | |
| ASL305 | 黄铁矿 | 3.8 | | ZK106(251.0m) | 黄铁矿 | 4.4 | |
| ASL303 | 黄铁矿 | 3.9 | | ZK106(263.9m) | 黄铁矿 | 2.8 | |
| AS304 | 重晶石 | 17.8 | | ZK106(269.0m) | 黄铁矿 | 4.5 | |
| AS302 | 重晶石 | 19.2 | | ZK106(293.7m) | 黄铁矿 | 3.9 | |
| AS404 | 重晶石 | 19.2 | | ZK903(155.7m) | 黄铁矿 | 2.6 | |
| ASL-1-1 | 黄铁矿 | 5.9 | 高玲玲,2020 | ZK903(174.0m) | 黄铁矿 | 5.8 | |
| ASL-1-2 | 黄铜矿 | 5.7 | | ZK903(333.4m) | 黄铁矿 | 5.9 | |
| ASL-2-1 | 黄铁矿 | 4.2 | | ZK903(847.3m) | 黄铁矿 | 4.4 | |
| ASL-2-2 | 黄铜矿 | 5.6 | | ZK903(857m) | 黄铁矿 | 2.9 | |
| ASL-3-1 | 黄铁矿 | 4.8 | | ZK905(857m) | 黄铁矿 | 2.8 | |
| ASL-3-2 | 闪锌矿 | 5.4 | | ZK903(874.5m) | 黄铁矿 | 3.2 | |
| ASL-7-1 | 黄铁矿 | 3.5 | | ZK903(874.5m) | 黄铁矿 | 2.4 | |
| ASL-7-2 | 黄铁矿 | 3 | | ZK903(898.7m) | 黄铁矿 | 3.4 | |
| ASL-8-1 | 黄铁矿 | 3.2 | | ZK903(898.7m) | 黄铁矿 | 2.2 | |
| ASL-8-2 | 黄铜矿 | 2.8 | | ZK801(260m) | 黄铜矿 | 4.7 | |
| ASL-9-1 | 黄铁矿 | 3.5 | | ZK801(270m) | 黄铁矿 | 3.5 | |
| ASL-9-2 | 闪锌矿 | 3.1 | | ZK802(298.5m) | 黄铜矿 | 2.5 | |

续表 5-4

| 样品编号 | 矿物 | $\delta^{34}S$/‰ | 资料来源 |
|---|---|---|---|
| II矿带采坑 | 方铅矿 | -3.34 | 陈毓川等,1996 |
| II矿带采坑 | 黄铜矿 | -0.38 | |
| ZK503(584.96~590.3m) | 黄铁矿 | 4.27 | |
| ZK503(584.96~590.3m) | 黄铜矿 | 3.52 | |
| ZK503(584.96~590.3m) | 方铅矿 | 1.36 | |
| ZK503(584.96~590.3m) | 闪锌矿 | 0.75 | |
| ZK507(188~189m) | 黄铜矿 | 4.52 | |
| ZK507(188~189m) | 方铅矿 | 3.35 | |
| ZK507(188~189m) | 黄铁矿 | 5.27 | |
| ZK507(188~189m) | 闪锌矿 | 4.23 | |
| ZK1203(142.30m) | 闪锌矿 | -2.77 | |
| ZK402(341.10m) | 重晶石 | 23.54 | |
| I矿带16线重晶石采坑 | 重晶石 | 19.07 | |
| I矿带16线重晶石采坑 | 重晶石 | 17.65 | |
| ZK503(652.2m) | 黄铜矿 | 2.25 | |
| ZK503(652.2m) | 黄铁矿 | 3.37 | |
| ZK503(652.2m) | 黄铜矿 | 3.49 | |
| ZK503(652.2m) | 黄铁矿 | 4.51 | |
| ZK901(724.6m) | 黄铜矿 | 4.02 | |
| ZK503(497.5~498.76m) | 黄铜矿 | 4.1 | |
| ZK503(497.5~498.76m) | 黄铁矿 | 4.92 | |
| ZK104(296m) | 黄铜矿 | 3.5 | 张永革等,1993 |
| ZK105(458.7m) | 黄铁矿 | 3.4 | |
| ZK104(367.8m) | 黄铜矿 | 4.2 | |
| ZK104(367.8m) | 黄铁矿 | 2.9 | |
| ZK104(396.8m) | 黄铁矿 | 4.5 | |
| ZK802(298.5m) | 黄铁矿 | 4.3 | |
| ZK102(30.6m) | 黄铜矿 | 4.1 | |
| ZK105(291.11~294.1m) | 黄铁矿 | 5 | |
| ZK502(420~424m) | 黄铁矿 | 5.2 | |
| ZK302(91m) | 黄铁矿 | 4.5 | |
| ZK901(77.8m) | 黄铁矿 | 4.07 | |
| ZK100(665m) | 黄铁矿 | 5.32 | |
| ZK109(598.2m) | 黄铁矿 | 7.63 | |
| ZK403(588m) | 黄铁矿 | 7.25 | |
| ZK105(364.9~368.1m) | 黄铜矿 | 3.8 | 程忠富,1990 |
| ZK104(301.3m) | 黄铁矿 | 5.8 | |
| ZK503(481~489m) | 黄铁矿 | 5.2 | |
| ZK111(356.8m) | 黄铁矿 | 5.6 | |
| ZK111(356.8m) | 黄铁矿 | 4.2 | |
| ZK903(782.77m) | 黄铁矿 | 4.2 | |
| ZK903(912.0m) | 黄铁矿 | 5.7 | |

续表 5-4

| 样品编号 | 矿物 | δ³⁴S/‰ | 资料来源 | 样品编号(取样深度) | 矿物 | δ³⁴S/‰ | 资料来源 |
|---|---|---|---|---|---|---|---|
| ZK503(551~557m) | 黄铁矿 | 4.42 | 陈毓川等,1996 | ZK104(84.5~88m) | 黄铁矿 | 6 | 汪玉珍等,1992 |
| ZK503(551~557m) | 黄铜矿 | 3.27 | | ZK107(417~420m) | 黄铁矿 | 6 | |
| ZK503(458m) | 黄铁矿 | 4 | | ZK105(136.93~139.5m) | 黄铁矿 | 5.4 | |
| ZK503(477.5m) | 黄铁矿 | 4.82 | | ZK105(183~190m) | 黄铁矿 | 5.6 | |
| ZK503(722.5m) | 黄铁矿 | 5.91 | | ZK102(79.6~80m) | 黄铁矿 | 5.2 | |
| ZK101(112.21m) | 重晶石 | 4 | | ZK102(274.4~274.8m) | 黄铁矿 | 6.2 | |
| TC8 | 重晶石 | 20.3 | 刘瑛等,1983 | ZK701(94m) | 黄铁矿 | 1.3 | |
| I矿带重晶石采坑 | 重晶石 | 16.4 | | ZK701(176m) | 黄铁矿 | 5.3 | |
| (A10804-2) | 闪锌矿 | 4.34 | | ZK701(183.75m) | 黄铁矿 | 5.4 | |
| 重晶石采坑 | 重晶石 | 18.89 | | ZK1601(82.5m) | 黄铁矿 | 5.1 | |
| 16线重晶石采坑 | 重晶石 | 19.43 | | ZK503(149m) | 黄铁矿 | 8.17 | |
| ZK111(487.7m) | 黄铁矿 | 4 | 张永革等,1993 | 300~1203m | 黄铁矿 | 4.2 | 王登红,1995 |
| ZK111(487.7m) | 黄铁矿 | 3 | | 117~802m | 石膏 | 5.4 | |
| ZK107(404~445.6m) | 黄铁矿 | 4.7 | | 108~482m | 黄铁矿 | 1.7 | |
| ZK107(505.2~511.1m) | 黄铁矿 | 3.9 | | 111~528m | 闪锌矿 | 0.5 | |
| ZK502(598~604m) | 黄铁矿 | 3.3 | | 111~571m | 凝灰岩 | 4.8 | |
| ZK404(191~194m) | 黄铁矿 | 3.7 | | 477.5~504m | 黄铁矿 | 0.2 | |
| ZK404(228.3~234.7m) | 黄铁矿 | 4 | | 420~502m | 黄铁矿 | 4.2 | |
| ZK503(543~569m) | 黄铁矿 | 4.3 | | 555~907m | 闪锌矿 | 1.8 | |
| ZK111(398.6m) | 黄铁矿 | 3.3 | | 555.6~907m | 黄铜矿 | 2.5 | |
| ZK111(398.6m) | 黄铜矿 | 2.7 | | 510m | 闪锌矿 | −13.7 | |
| | | | | 510m | 重晶石 | 1.5 | |

## 四、铜同位素特征

铜在自然界有 $^{65}Cu(30.826\%)$ 和 $^{63}Cu(69.174\%)$ 2个同位素。自然界 Cu 同位素组成存在明显的差异,岩浆-热液过程或者流体混合等过程均能造成 Cu 同位素的分馏。

前人的实验和实测研究均表明铜同位素可以指示成矿温度、流体出溶过程、源区变化和矿化过程等与成矿相关的信息。具体表现在:低温环境下形成的矿物比高温环境下形成的矿物具有更大的铜同位素组成变化范围;流体出溶过程中,铜同位素会发生分馏,早期出溶的流体富集铜的轻同位素,晚期出溶的流体富集铜的重同位素;同一矿化集中区内,根据同类型矿床间的铜同位素分布特征可以判别出其是否为同一矿化事件的产物;热液萃取源区铜的过程中,铜的重同位素优先从源区中淋滤出来,此外,在成矿体系中,淋滤帽富集轻同位素的特征可能暗示其下部存在铜矿化富集带。

不同类型的矿床,铜同位素的组成范围不一样。岩浆矿床中铜同位素数值主要位于零值附近,其平均值和地球的平均值较为相近;铜同位素在斑岩型矿床和矽卡岩矿床的值为 $-1.29‰\sim2.98‰$,VMS型矿床中铜同位素值主要集中在 $-0.62‰\sim0.34‰$ 之间,热液脉型矿床的铜同位素值范围是 $-3.70‰\sim2.42‰$。铜同位素值在热液脉型矿床及矽卡岩矿床中具有较大的变化范围。

影响铜同位素分馏可能的原因包括气-液分离、多级平衡过程、氧化还原、生物作用等。样品采自钻孔深部,未受到后期氧化作用,因此排除氧化-还原作用引起铜同位素分馏的可能。热液系统中铜同位素分馏也许是成矿过程中的活化、运移、不同时间沉淀造成的。许多证据证明 Cu 在热液矿床中主要是在气相中富集运移,本书通过对阿舍勒脉状石英中流体包裹体的同步辐射 X 射线荧光微探针研究成果也能说明这一点。流体出溶过程中 $^{63}Cu$ 优先进入富气相流体,所以较早出溶流体富集 $^{63}Cu$,较晚出溶流体相对富集 $^{65}Cu$。这应该是引起矿床内黄铜矿铜同位素分馏的主要因素。

边春静(2018)对阿舍勒铜锌矿床和周边地区的 VMS 型矿床的铜同位素进行了研究。克兰盆地内的铁木尔特金矿化与萨热阔布金矿床 $\delta^{65}Cu$ 值范围分别是 $-0.14‰\sim0.02‰$ 和 $-0.28‰\sim0.12‰$,与热液脉型矿床铜同位素均值接近,可认为金矿化属于造山型成因。阿舍勒矿床内晚期含黄铜矿-黝铜矿石英脉(ASL02,$0.232‰\sim0.234‰$)的 $\delta^{65}Cu$ 值比浸染状黄铜矿矿石($0.554‰\sim0.583‰$)低,反映前者具热液叠加特征,而后者更符合 VMS 矿床 $\delta^{65}Cu$ 的特点。萨尔朔克铜锌(金)矿床黄铜矿 $\delta^{65}Cu$ 值范围为 $0.388‰\sim0.805‰$,更接近 VMS 矿床的铜同位素值范围(表 5-5)。

从空间尺度上看,阿尔泰地区从南东到北西向,克兰盆地内矿床的 $\delta^{65}Cu$ 值、冲乎尔盆地内克因布拉克矿床的 $\delta^{65}Cu$ 值、阿舍勒盆地内 $\delta^{65}Cu$ 值逐渐升高,但总体都在 VMS 矿床的 $\delta^{65}Cu$ 值范围内,表明克兰盆地与阿舍勒盆地的成矿物质来源存在区域性的成因联系。前人研究表明,热液型矿床的 $\delta^{65}Cu$ 值范围总体比 VMS 矿床的 $\delta^{65}Cu$ 值范围要低一些(图 5-4)。阿尔泰南缘的几个研究矿床中,铁木尔特矿床中脉状金矿化、萨热阔布金矿床的 $\delta^{65}Cu$ 值相对较低,可能反映了较强的热液叠加作用特点,而克因布拉克矿床、阿舍勒矿床和萨尔朔克矿床 $\delta^{65}Cu$ 值逐渐增高,更多反映的是海相火山沉积(VMS)继承的 $\delta^{65}Cu$ 值特点,热液叠加作用相对较弱(图 5-5)。

表 5-5　阿舍勒及周边矿床黄铜矿 Cu 同位素组成特征（边春静，2018）

| 矿床名称 | 样品编号 | 样品特征 | $\delta^{65}Cu/‰$ | 2sd/‰ |
| --- | --- | --- | --- | --- |
| 阿舍勒铜锌矿床 | ASL02 | 晚期含黄铜矿-黝铜矿矿石石英脉，穿插块状硫化物矿石 | 0.232 | 0.059 |
|  | ASL302 | 块状黄铜矿、黄铁矿矿石 | 0.234 | 0.064 |
|  | ASL305 | 浸染状黄铁矿矿石 | 0.554 | 0.067 |
|  | ASL305 | 浸染状黄铁矿矿石 | 0.583 | 0.074 |
| 萨尔朔克铜锌（金）矿床 | SE104 | 细脉浸染状黄铜矿矿石 | 0.646 | 0.090 |
|  | SE106 | 黄铜矿矿石 | 0.388 | 0.051 |
|  | SE107 | 黄铜矿矿石 | 0.805 | 0.046 |
| 克因布拉克铜锌矿床 | KY103 | 含黄铁矿化浸染状黄铜矿 | 0.081 | 0.059 |
|  | KY110 | 黄铜矿矿石 | −0.021 | 0.064 |
|  | KY111 | 浸染状黄铜矿矿石 | 0.297 | 0.067 |
|  | KY111 | 浸染状黄铜矿矿石 | 0.369 | 0.073 |

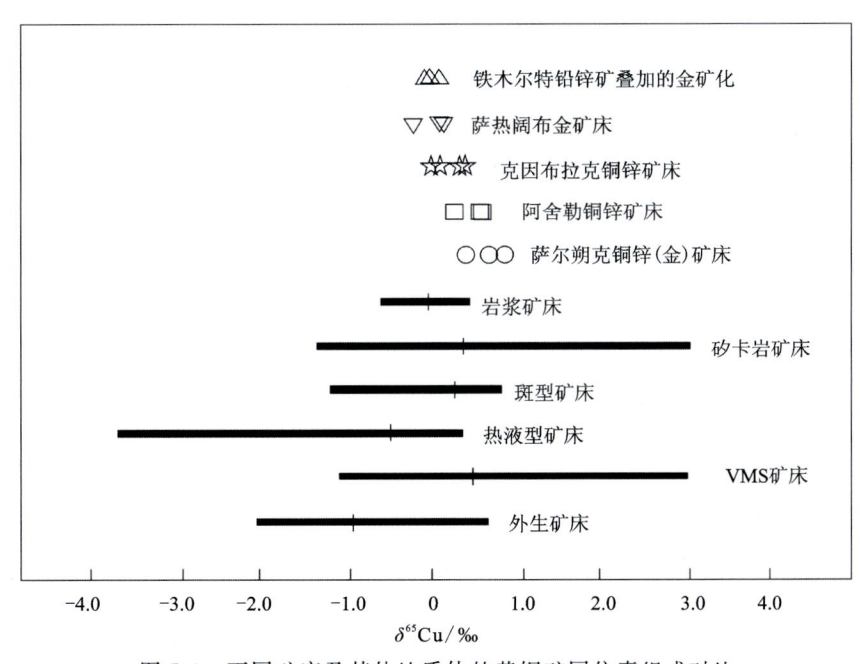

图 5-4　不同矿床及其他地质体的黄铜矿同位素组成对比

## 五、锌同位素特征

锌在自然界有 $^{64}Zn$（48.63%）、$^{66}Zn$（27.90%）、$^{67}Zn$（4.10%）、$^{68}Zn$（18.75%）和 $^{70}Zn$（0.62%）5 个稳定同位素。Zn 主要赋存在闪锌矿及菱锌矿中，是矿床学研究的重要金属元素。

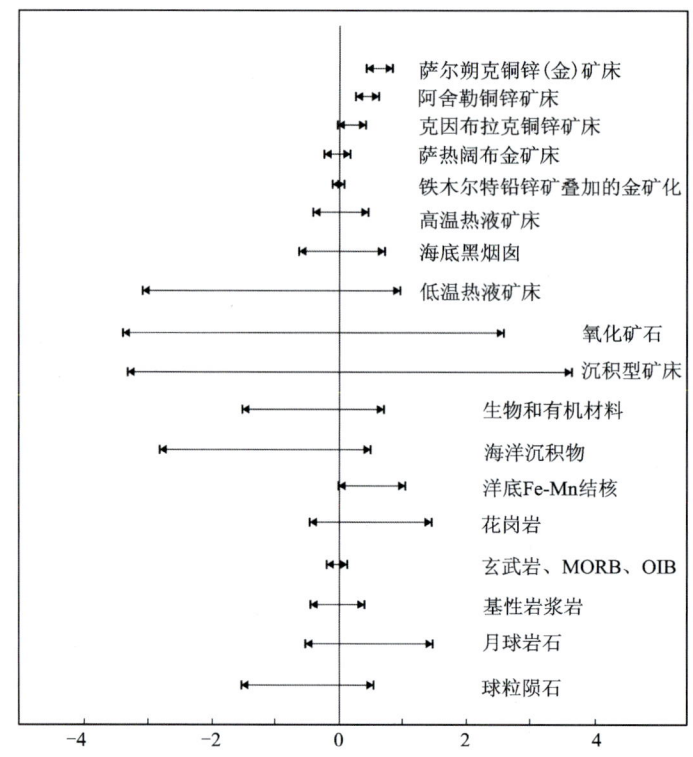

图 5-5 矿区黄铜矿和其他地质体的铜同位素组成对比

不同成矿环境的矿床之间锌同位素组成特征为：MVT 型铅锌矿床（主要与碳酸盐岩有关）的 $\delta^{66}Zn$ 值为 $-0.73‰\sim0.47‰$；沉积喷流型矿床（SEDEX）$\delta^{66}Zn$ 值为 $0\sim0.6‰$；火山岩赋矿的块状硫化物矿床（VMS）的 $\delta^{66}Zn$ 值为 $-0.51‰\sim0.23‰$。

锌同位素的分馏主要受到 3 种不同的因素控制：矿物学的分馏，二次改变（再次沉淀和淋滤）和沉淀作用。

边春静（2018）对阿舍勒及周边矿床的锌同位素组成进行了研究。萨尔朔克矿床与克因布拉克矿床样品测试结果（表 5-6）显示 $\delta^{68}Zn$ 与 $\delta^{66}Zn$ 的比值接近 2∶1（图 5-6），在理论比值的误差范围内，说明未受到同位素的干扰。

由锌同位素测试结果可知，萨尔朔克铜锌（金）矿床闪锌矿 $\delta^{68}Zn$ 值在 $-0.003‰\sim0$ 之间，平均值为 $-0.002‰$，较接近零值。克因布拉克铜锌矿床闪锌矿 $\delta^{68}Zn$ 值在 $0.064‰\sim0.093‰$ 之间，平均值为 $0.07‰$（表 5-6）。同一矿床不同样品之间差值较小，造成所测闪锌矿同位素组成具有均一性的原因可能为小尺度上的热液流体具有均一性，所以闪锌矿几乎是同一时间结晶沉淀。两个矿床 $\delta^{66}Zn$ 值范围和 VMS 型块状硫化物矿床相近，与克兰盆地内的塔拉特铅锌矿床、大东沟铅锌矿床以及铁木尔特铅锌矿床所测闪锌矿 $\delta^{66}Zn$ 值的范围也较一致（图 5-7），说明矿床内闪锌矿主要是在海相火山沉积期形成的。克因布拉克矿床较萨尔朔克铜锌（金）矿床更富集重同位素，与塔拉特矿床、大东沟矿床闪锌矿 $\delta^{66}Zn$ 值较接近。

表 5-6　萨尔朔克矿床及克因布拉克矿床黄铜矿锌同位素组成特征

| 矿床名称 | 样品编号 | 样品特征 | 位置 | $\delta^{66}Zn/‰$ | 2sd/‰ | $\delta^{68}Zn/‰$ | 2sd/‰ |
|---|---|---|---|---|---|---|---|
| 萨尔朔克铜锌(金)矿床 | SE102 | 铅锌矿石,闪锌矿呈浅色+深色 | 900~950m 中段矿石 | −0.002 | 0.074 | −0.007 | 0.088 |
|  | SE103 | 层状铅锌矿石 | 900~950m 中段矿石 | −0.003 | 0.067 | −0.005 | 0.084 |
|  | SE107 | 黄铜矿矿石 | 900~950m 中段矿石 | 0.000 | 0.070 | −0.009 | 0.073 |
| 克因布拉克铜锌矿床 | KY111 | 浸染状黄铜矿矿石 | 四号、五号矿石堆,标高 1347m | 0.093 | 0.069 | 0.177 | 0.071 |
|  | KY118 | 浸染状黄铁矿、黄铜矿蚀变岩 | 2号矿体,标高 1210m | 0.073 | 0.081 | 0.128 | 0.090 |
|  | KY118 | 浸染状黄铁矿、黄铜矿蚀变岩 | 2号矿体,标高 1210m | 0.064 | 0.076 | 0.117 | 0.084 |

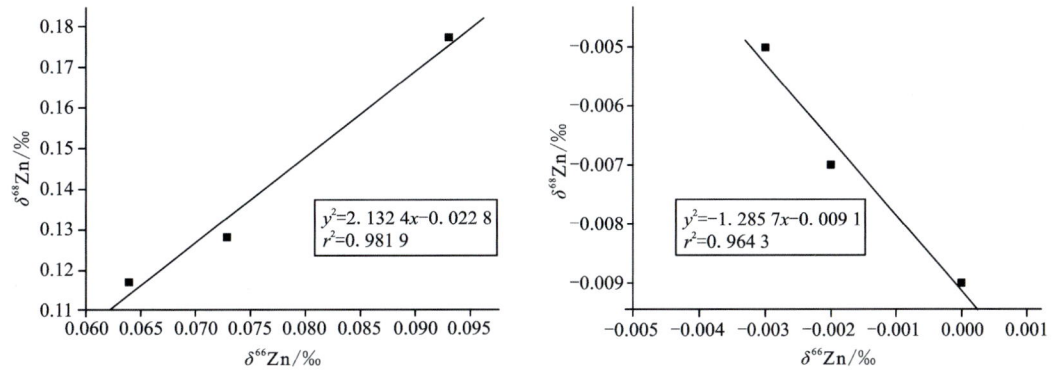

图 5-6　萨尔朔克矿床(左)和克因布拉克矿床(右)的 $\delta^{68}Zn$、$\delta^{66}Zn$ 相关性分析

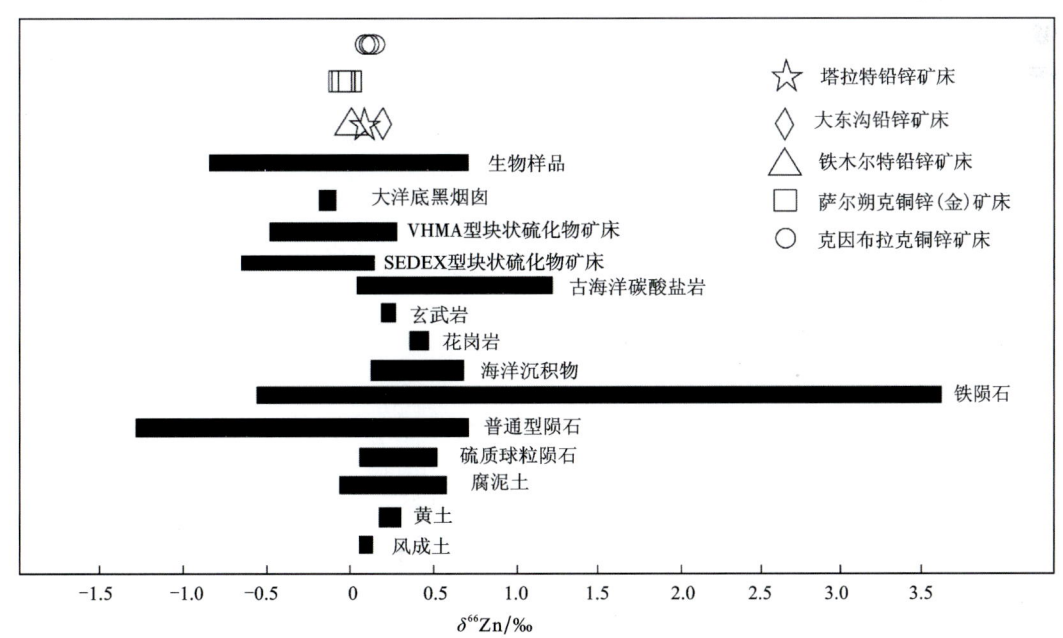

图 5-7　阿尔泰南缘主要矿床与其他地质体的锌同位素组成对比

## 第三节 矿床成因与成矿模式

阿舍勒铜锌矿床形成于古亚洲洋向西伯利亚陆地板块俯冲的构造背景下,产在阿舍勒盆地火山机构边缘的洼地中,赋矿地层属于早中泥盆世—早石炭世阿舍勒组,岩性为中酸性—中基性火山岩,夹灰岩透镜体,是典型的海相火山沉积矿床。阿舍勒铜锌矿床成矿流体主要来自岩浆热液,又因为成矿作用发生在海底,所以成矿流体中不同程度地含有海水,不仅是典型的海相火山沉积矿床,还具有大量的变质热液叠加改造特征的晚期石英脉和脉状矿化。不同学者对阿舍勒矿床的成矿过程有一些不同的认识,但总体差别不大。根据最新的研究成果,阿舍勒铜锌矿床的成矿作用过程大致可分为 4 期,分别为海相火山喷流沉积期、区域变质热液叠加成矿期、剪切变形期、表生氧化期。现将各成矿期的特征分述如下。

### 一、海相火山喷流沉积期

海相火山喷流沉积期处于早—中泥盆世(402~375Ma),额尔齐斯古亚洲洋洋壳俯冲到西伯利亚板块之下,俯冲至上地幔,导致阿尔泰南缘弧后盆地的形成,伴随岛弧环境下的火山喷发,形成阿舍勒组火山岩系,构成"双峰式"火山岩,形成英安质火山碎屑岩系。此后,中酸性火山岩向基性火山岩喷溢演化,铜、锌、铅、硫等金属及非金属从岩浆中分离出来沿断层通道喷流出地表富集,沉淀形成矿床。被浅部岩浆(约 3km)加热的循环海水不断淋滤海底地层,造成 Cu、Zn 等金属离子加入,形成含矿热液,当含矿热液与冷的海水混合时,由于物理化学条件的改变,导致硫化物沉淀,从而形成大规模矿化,再经后期不断富集,逐渐形成铜锌矿体,而在海底的含矿热液补给通道中形成脉状—网脉状矿体(图 5-8a)。阿舍勒组第五段的上盘玄武岩可能标志着成矿事件的结束。玄武岩相对不透水,阻止了成矿流体从下伏含矿岩石向上运移,有助于下伏含矿岩石中硫化物的保存。

喷流沉积期与海底火山喷流有关,该期矿物组合最为丰富,矿石类型最为齐全,穿切关系最为复杂,是阿舍勒矿床主要的成矿期,考虑到后期变质与热液事件的影响,识别难度较大,成矿流体存在多期叠加作用(陈毓川等,1996)。海底喷流形成的沉积相的层纹(条纹)状、致密块状硫化物矿石与其下部的补给通道相的脉状、网脉状和浸染状矿石同属于喷流沉积期,只是位于不同的矿化部位,使矿床具有双层结构(图 5-8b),二者紧密相伴。同时由于海水淋滤作用,围岩具有强烈的硅化,发育绿泥石化、绢云母化和黄铁矿化。

### 二、区域变质热液叠加成矿期

阿舍勒矿床形成后至少经历了 3 次构造变动,分别为阿舍勒组沉积结束后、齐也组沉积结束后和早石炭世末,其中前两期构造变动较强,并伴有次火山岩侵入,导致阿舍勒组火山岩、矿体发生变形变质作用。其中与矿体和地层同步褶曲、矿体发生倒转关系最为密切的是阿舍勒组沉积结束后发生的褶皱,该褶皱发生于阿舍勒组之后、齐也组(377Ma)之前,褶皱中心在矿体一侧(图 5-8b)造成现今玄武岩上下两盘矿体厚薄不一(图 5-8c),随后断层将英安斑岩侵入体抬升至矿体附近(图 5-8d)。之后,在二叠纪期间阿舍勒组火山岩又经历了强烈的区域热动力变质作用,其峰期温度为 580~670℃,压力为 400~500MPa。

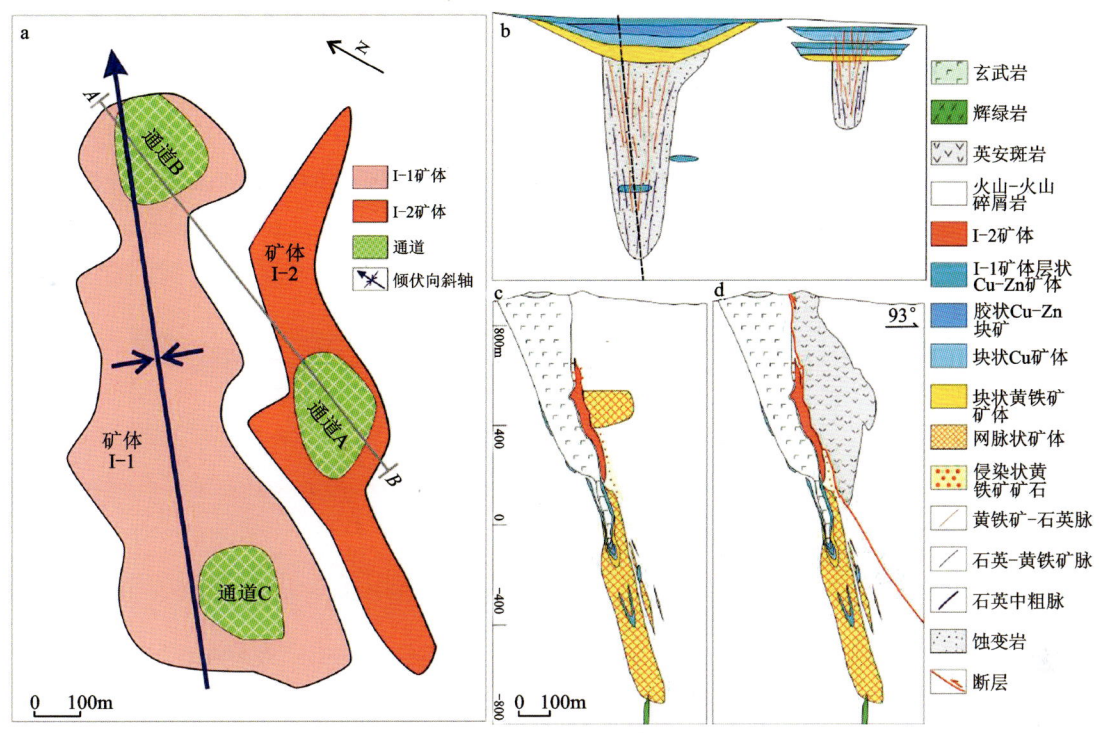

图 5-8　阿舍勒矿床构造演化模式示意图（牛磊等，2023）

a.阿舍勒矿床喷流沉积期沉积相与通道相关示意图；b.喷流沉积期矿体位置与矿石特征剖面示意图；c.矿体褶皱示意图；d.英安斑岩侵入示意图

在变质变形过程中，地层发生褶皱，并产生一系列北西向挤压断裂，含矿变质流体（富 $CO_2$、低盐度、中低温度）沿剪切带向地壳浅部运移，随着流体物理化学条件变化（如温度降低、$H_2S$ 活度降低等因素），导致含矿流体沉淀成矿。在变质过程中，早期形成的矿石组构、矿石矿物成分等发生变化，脆性矿物碎裂，如黄铁矿颗粒发生重结晶、破碎、自形加大或呈挤压透镜体形成压力影，绢云母、绿泥石等塑性矿物呈小透镜体状定向排列，新生的黄铁矿、绢云母、石英等矿物沿片理裂隙分布。此外，该期使矿体发生明显的构造改造：矿体与次生石英脉发生透镜体化，矿体整体被弯曲变形，硫化物与围岩均被构造强烈改造成透镜体-缩颈状矿体。强烈变形的发生矿化的岩体主要集中在凝灰质糜棱岩-超糜棱岩中，玄武质糜棱岩中仅存在少量的黄铁矿矿化，条带状矿体被构造变形成挠曲状，部分细粒的矿体被改造成透镜体状矿体。陈毓川等（1996）对变质改造期的一系列现象具有较为全面的总结。

变质热液叠加成矿期的热液叠加现象可能与中酸性—酸性次火山岩的侵入活动有关，在矿化蚀变围岩中形成一系列方解石脉、石英脉，以及含硫化物、方解石的石英脉填充在裂隙中。这些热液脉旁常伴有硅化、绿泥石化等热液蚀变现象，偶见碳酸盐化，蚀变宽度仅 1cm 至数厘米。可见一些矿物（如闪锌矿）穿切片理，一些矿物发生塑性流动，如方铅矿的揉皱结构，黄铜矿呈脉状沿矿石裂隙穿插，使成矿物质发生活化、迁移、再富集。但热液叠加的脉体较难与变质热液脉区分开，变质热液叠加期的成矿过程需要进一步细化研究。

## 三、变质变形改造期

该期发生于早三叠世,层状、似层状矿体等所有矿体和围岩一起受构造强烈挤压后,矿体发生强烈变形,甚至部分矿体发生了重新就位或塑性流动(图5-9),使得早期沉积的Ⅰ号矿体沿挤压形成的向斜核部发生撕裂或流动;控矿构造上,其主要受倒转向斜控制,向斜从南往

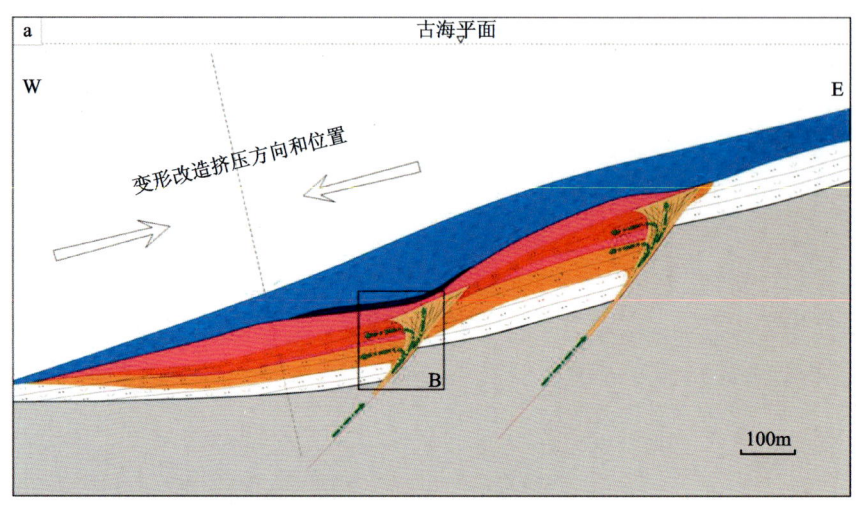

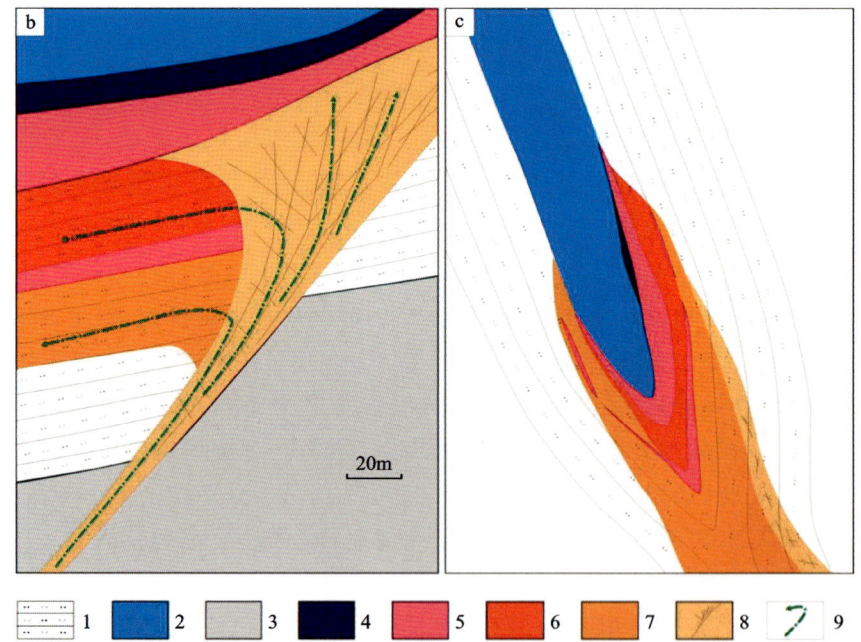

1.凝灰岩;2.玄武岩;3.盆地基地;4.喷流岩(重晶石岩、硅质岩等);5.细粒致密块状矿石;6.粗粒块状矿石;7.浸染状—条带状矿石;8.角砾状—网脉状矿石;9.热水流动方向。

图5-9 阿舍勒铜矿成矿及变形改造过程示意图

a.阿舍勒铜矿喷流沉积期成因模式示意图;b.喷流沉积同生断层/喷流通道成矿模式局部放大示意图;c.矿体变形改造模式示意图

# 第六章 阿依托汗矿区岩石地球化学异常特征

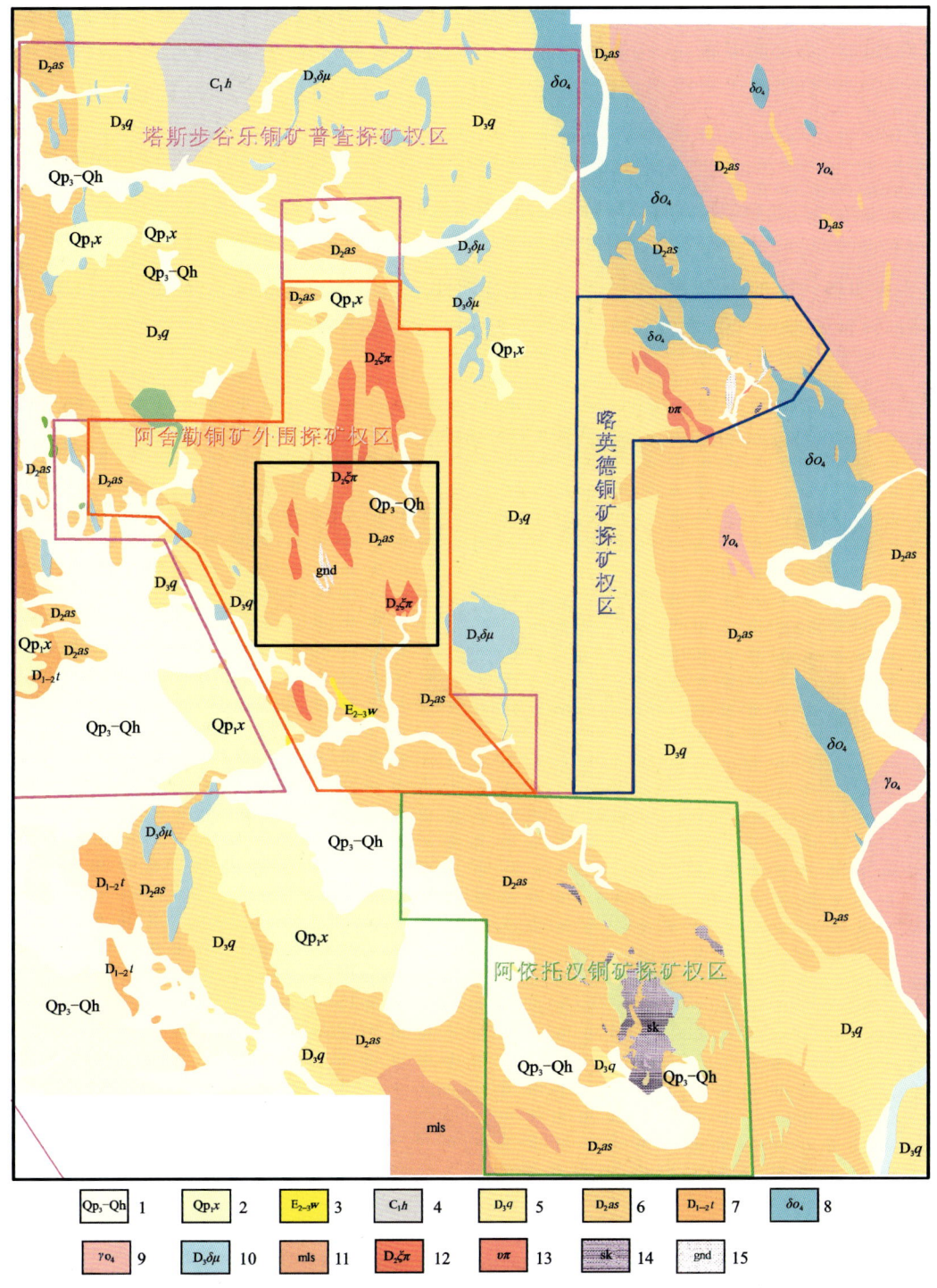

1.第四系上更新统—全新统；2.第四系下更新统西域组；3.古近系始—渐新统乌伦古河组；4.下石炭统红山嘴组；5.齐也组；6.阿舍勒组；7.托克萨勒组；8.海西中期辉长岩（局部相变为纤闪石岩）；9.海西早—中期斜长花岗岩、斜长花岗斑岩；10.次闪长（玢）岩、次（钠长）闪长岩；11.泥晶灰岩；12.正长斑岩；13.霏细斑岩；14.矽卡岩；15.铁帽。

图 6-1 阿依托汗、喀英德、塔斯步谷乐矿区位置示意图

异常下限为经过迭代处理后数列的平均值加两倍标准差。异常下限是分辨地球化学背景与异常的一个量值界限,从这个数值起,所有的高含量都可认为是地球化学异常,低于这个数值的所有含量则属于地球化学背景范围。从异常下限来看,Pb 元素在阿依托汉铜矿中异常下限最高,其次是 Cu 元素和 Ni 元素。

## 第二节　元素空间分布特征

为查明各元素的分布特征,利用 MapGIS 软件绘制了各元素的单元素异常图。以一倍异常下限(异常外带)、二倍异常下限(异常中带)和四倍异常下限(异常外带)作为平面等值线图的步长。

根据各元素的单元素异常图(图 6-2)可以发现,Ag、As、Au、Sb 主要分布在研究区西南部,Co、Ni 主要分布在研究区东南部,Cu、Mo、Pb、Zn 主要分布在研究区西北部和南部。

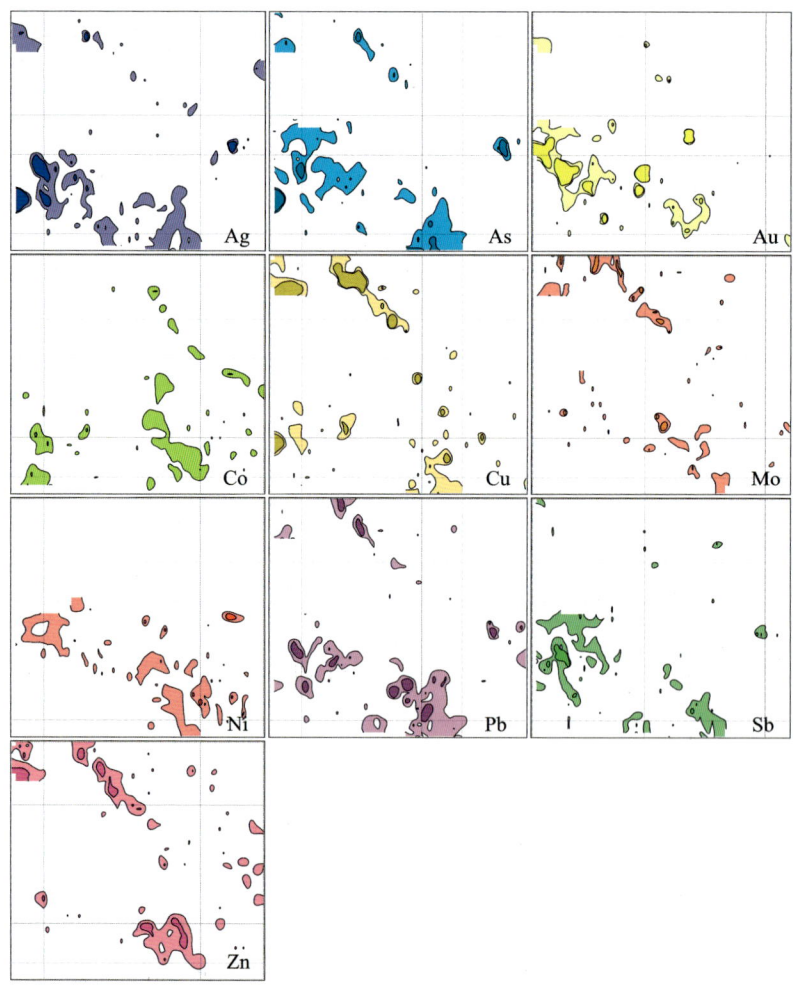

图 6-2　单元素异常图

## 第三节 元素组合特征

为了研究新疆阿依托汉铜矿各元素组合特点,查明各元素间的相关关系和亲疏程度,对研究区各元素进行了 R 型聚类分析(图 6-3)。

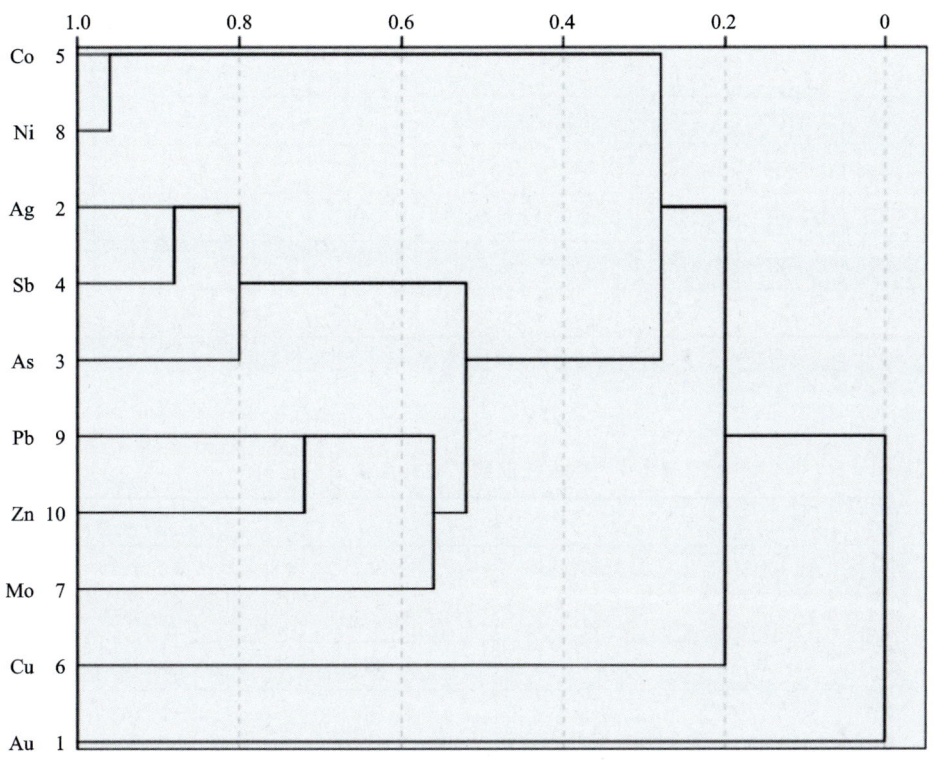

图 6-3 阿依托汉铜矿 R 型聚类分析谱系图

从聚类分析结果可以看出,以相似性水平为 0.6 划分,将研究区元素分为 3 组,其中 Co、Ni 为一组,Ag、Sb、As、Pb、Zn、Mo 为一组,Cu、Au 为一组。

应用 SPSS 软件对阿依托汉铜矿中 10 种元素进行因子分析,首先得到 Bartlett 球状检验和 KMO 检验分析表、阿依托汉铜矿元素相关系数表以及旋转因子载荷矩阵表,结果详见表 6-2～表 6-4。

表 6-2 阿依托汉铜矿 Bartlett 球状检验和 KMO 检验分析表

| | |
|---|---|
| KMO 值 | 0.732 |
| Bartlett 球状检验统计值 | 10 013.047 |
| 自由度 | 45 |
| 概率 $P$ 值 | 0.000 |

表 6-3 阿依托汉矿区元素相关系数

| 元素 | Au | Ag | As | Sb | Co | Cu | Mo | Ni | Pb | Zn |
|---|---|---|---|---|---|---|---|---|---|---|
| Au | 1 | | | | | | | | | |
| Ag | 0.038* | 1 | | | | | | | | |
| As | 0.043* | 0.498** | 1 | | | | | | | |
| Sb | 0.052** | 0.587** | 0.540** | 1 | | | | | | |
| Co | 0.022 | 0.150** | 0.275** | 0.229** | 1 | | | | | |
| Cu | 0.004 | 0.310** | 0.177** | 0.068** | 0.118** | 1 | | | | |
| Mo | 0.023 | 0.283** | 0.446** | 0.262** | 0.160** | 0.183** | 1 | | | |
| Ni | 0.026 | 0.130** | 0.281** | 0.260** | 0.642** | 0.048** | 0.156** | 1 | | |
| Pb | 0.020 | 0.552** | 0.458** | 0.375** | 0.195** | 0.137** | 0.335** | 0.170** | 1 | |
| Zn | 0.019 | 0.272** | 0.366** | 0.256** | 0.272** | 0.223** | 0.426** | 0.145** | 0.482** | 1 |

注:"**"表示相关系数在 0.01 级别(双尾检验),相关性显著。"*"表示相关系数在 0.05 级别(双尾检验),相关性显著。

表 6-4 阿依托汉铜矿旋转后的成分矩阵

| 元素 | F1 | F2 | F3 |
|---|---|---|---|
| Au | 0.256 | 0.007 | −0.483 |
| Ag | 0.817 | −0.019 | 0.098 |
| As | 0.739 | 0.237 | 0.136 |
| Sb | 0.782 | 0.188 | −0.168 |
| Co | 0.124 | 0.884 | 0.123 |
| Cu | 0.171 | −0.011 | 0.617 |
| Mo | 0.463 | 0.112 | 0.473 |
| Ni | 0.133 | 0.894 | −0.028 |
| Pb | 0.700 | 0.071 | 0.261 |
| Zn | 0.434 | 0.178 | 0.572 |

注:公因子提取方法为主成分分析法,旋转方法为凯撒正态化最大方差法。

由表 6-2 可以看出,阿依托汉铜矿 KMO 值为 0.732,变量间相关性较强。概率 $P$ 值越小(小于 0.05),表明越有可能存在有意义的相关关系,阿依托汉铜矿 Bartlett 球状检验统计值为 10 013.047,在自由度为 45 的条件下,概率 $P$ 值为 0.000,达到显著水平。

由表 6-3 可以看出,Ag-As、Ag-Sb、Ag-Cu、Ag-Pb、As-Sb、As-Mo、Sb-Pb、Co-Ni、Pb-Mo、Pb-Zn 等元素之间具有较强的相关性。

结合旋转后的成分矩阵(表 6-4),选取 4 个公因子进行分析,采用凯撒正态化最大方差法进行因子正交旋转,变量累计方差贡献率达到 58.732%。

根据旋转后的成分矩阵(表 6-4)可知,阿依托汉矿区内地球化学元素可分为 3 种元素组合:F1——Au、Ag、As、Sb、Pb;F2——Co、Ni;F3——Cu、Mo、Zn。因子方差贡献分别为 28.455%、17.234%和 13.043%。累计方差贡献分别为 28.455%、45.689%和 58.732%。特征值分别为 2.846、1.723 和 1.304。

F1 地球化学异常(表 6-5,图 6-4):以异常面积大于 0.01km² 为标准,圈定 Au 元素异常 8 处、Ag 元素异常 14 处、As 元素异常 12 处、Sb 元素异常 9 处、Pb 元素异常 14 处。

表 6-5  Au、Ag、As、Sb、Pb 元素地球化学异常特征

| 编号 | 面积/km² | 浓集中心数量 | 异常特点 | 异常分带性 |
| --- | --- | --- | --- | --- |
| Au-1 | 0.035 9 | 0 | 不规则状、不封闭 | 1 级分带 |
| Au-2 | 0.389 2 | 4 | 不规则状、不封闭 | 2 级分带 |
| Au-3 | 0.012 9 | 1 | 水滴状、封闭 | 2 级分带 |
| Au-4 | 0.021 4 | 1 | 葫芦状、封闭 | 2 级分带 |
| Au-5 | 0.034 4 | 1 | 不规则状、封闭 | 2 级分带 |
| Au-6 | 0.018 2 | 1 | 水滴状、封闭 | 2 级分带 |
| Au-7 | 0.011 2 | 1 | 不规则状、封闭 | 2 级分带 |
| Au-8 | 0.121 8 | 4 | 不规则状、封闭 | 2 级分带 |
| Ag-1 | 0.082 1 | 1 | 不规则状、不封闭 | 2 级分带 |
| Ag-2 | 0.012 0 | 1 | 不规则状、封闭 | 2 级分带 |
| Ag-3 | 0.013 4 | 0 | 不规则状、不封闭 | 1 级分带 |
| Ag-4 | 0.024 7 | 0 | 半圆状、不封闭 | 1 级分带 |
| Ag-5 | 0.010 6 | 0 | 椭圆状、封闭 | 1 级分带 |
| Ag-6 | 0.010 3 | 0 | 水滴状、封闭 | 1 级分带 |
| Ag-7 | 0.018 7 | 1 | 不规则状、封闭 | 2 级分带 |
| Ag-8 | 0.043 9 | 1 | 半圆状、封闭 | 2 级分带 |
| Ag-9 | 0.195 0 | 3 | 不规则状、封闭 | 2 级分带 |
| Ag-10 | 0.029 1 | 1 | 不规则状、封闭 | 2 级分带 |
| Ag-11 | 0.091 8 | 2 | 不规则状、封闭 | 2 级分带 |
| Ag-12 | 0.070 8 | 1 | 不规则状、不封闭 | 2 级分带 |
| Ag-13 | 0.032 8 | 0 | 不规则状、不封闭 | 1 级分带 |
| Ag-14 | 0.222 5 | 0 | 不规则状、不封闭 | 1 级分带 |
| As-1 | 0.039 0 | 1 | 半圆状、不封闭 | 2 级分带 |
| As-2 | 0.037 4 | 1 | 长条状、封闭 | 2 级分带 |
| As-3 | 0.017 6 | 1 | 椭圆状、封闭 | 2 级分带 |

续表 6-5

| 编号 | 面积/km² | 浓集中心数量 | 异常特点 | 异常分带性 |
|---|---|---|---|---|
| As-4 | 0.200 1 | 1 | 不规则状、不封闭 | 2级分带 |
| As-5 | 0.021 4 | 0 | 不规则状、不封闭 | 1级分带 |
| As-6 | 0.187 6 | 1 | 不规则状、封闭 | 2级分带 |
| As-7 | 0.038 8 | 1 | 不规则状、封闭 | 2级分带 |
| As-8 | 0.032 6 | 1 | 半圆状、不封闭 | 2级分带 |
| As-9 | 0.018 7 | 0 | 长条状、封闭 | 1级分带 |
| As-10 | 0.027 3 | 0 | 不规则状、封闭 | 1级分带 |
| As-11 | 0.011 6 | 1 | 水滴状、封闭 | 2级分带 |
| As-12 | 0.242 7 | 3 | 不规则状、不封闭 | 2级分带 |
| Sb-1 | 0.194 6 | 1 | 不规则状、不封闭 | 2级分带 |
| Sb-2 | 0.143 5 | 3 | 不规则状、封闭 | 2级分带 |
| Sb-3 | 0.011 9 | 0 | 椭圆状、封闭 | 1级分带 |
| Sb-4 | 0.012 1 | 0 | 不规则状、封闭 | 1级分带 |
| Sb-5 | 0.013 6 | 0 | 椭圆状、封闭 | 1级分带 |
| Sb-6 | 0.018 7 | 1 | 不规则状、封闭 | 2级分带 |
| Sb-7 | 0.021 5 | 0 | 不规则状、不封闭 | 1级分带 |
| Sb-8 | 0.011 1 | 0 | 椭圆状、不封闭 | 1级分带 |
| Sb-9 | 0.123 6 | 1 | 不规则状、不封闭 | 2级分带 |
| Pb-1 | 0.040 5 | 1 | 锥状、不封闭 | 2级分带 |
| Pb-2 | 0.021 1 | 0 | 不规则状、不封闭 | 1级分带 |
| Pb-3 | 0.039 4 | 1 | 不规则状、封闭 | 2级分带 |
| Pb-4 | 0.013 3 | 0 | 不规则状、封闭 | 1级分带 |
| Pb-5 | 0.024 9 | 2 | 不规则状、封闭 | 2级分带 |
| Pb-6 | 0.012 2 | 1 | 椭圆状、封闭 | 2级分带 |
| Pb-7 | 0.070 3 | 1 | 爱心状、封闭 | 2级分带 |
| Pb-8 | 0.113 9 | 3 | 不规则状、封闭 | 2级分带 |
| Pb-9 | 0.011 8 | 0 | 长条状、封闭 | 1级分带 |
| Pb-10 | 0.017 9 | 0 | 半圆状、不封闭 | 1级分带 |
| Pb-11 | 0.010 9 | 0 | 半圆状、不封闭 | 1级分带 |
| Pb-12 | 0.044 0 | 1 | 不规则状、封闭 | 2级分带 |
| Pb-13 | 0.049 2 | 0 | 不规则状、不封闭 | 1级分带 |
| Pb-14 | 0.416 4 | 9 | 不规则状、不封闭 | 2级分带 |

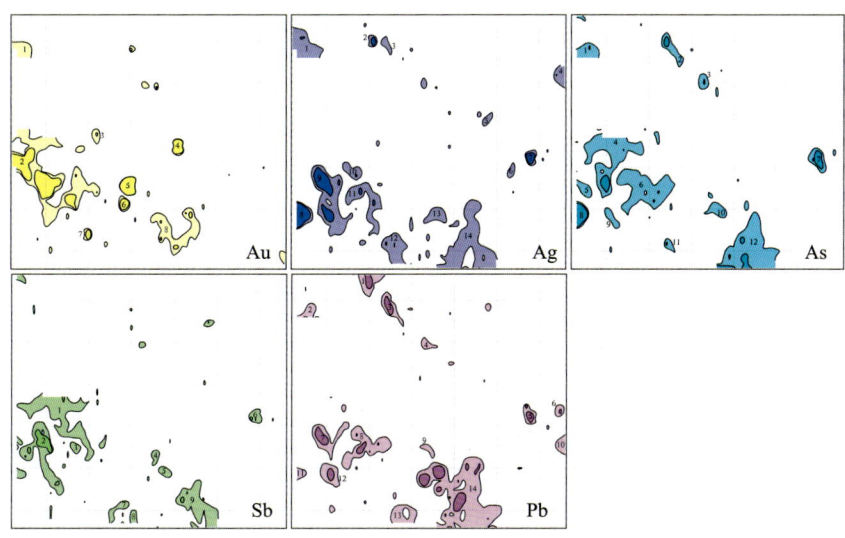

图 6-4　Au、Ag、As、Sb、Pb 元素地球化学异常图

F2 地球化学异常(表 6-6,图 6-5):以异常面积大于 $0.01km^2$ 为标准,圈定 Co 元素异常 11 处、Ni 元素异常 10 处。

表 6-6　Co、Ni 元素地球化学异常特征

| 编号 | 面积/km² | 浓集中心数量 | 异常特点 | 异常分带性 |
| --- | --- | --- | --- | --- |
| Co-1 | 0.018 2 | 1 | 水滴状、封闭 | 2 级分带 |
| Co-2 | 0.013 8 | 0 | 水滴状、封闭 | 1 级分带 |
| Co-3 | 0.020 0 | 0 | 长条状、封闭 | 1 级分带 |
| Co-4 | 0.053 7 | 0 | 不规则状、封闭 | 1 级分带 |
| Co-5 | 0.032 6 | 1 | 不规则状、封闭 | 2 级分带 |
| Co-6 | 0.067 3 | 2 | 不规则状、封闭 | 2 级分带 |
| Co-7 | 0.016 8 | 1 | 不规则状、封闭 | 2 级分带 |
| Co-8 | 0.238 5 | 1 | 不规则状、封闭 | 2 级分带 |
| Co-9 | 0.061 4 | 0 | 不规则状、不封闭 | 1 级分带 |
| Co-10 | 0.012 1 | 0 | 椭圆状、封闭 | 1 级分带 |
| Co-11 | 0.018 7 | 0 | 不规则状、封闭 | 1 级分带 |
| Ni-1 | 0.167 1 | 0 | 不规则状、不封闭 | 1 级分带 |
| Ni-2 | 0.026 5 | 0 | 半圆状、不封闭 | 1 级分带 |
| Ni-3 | 0.026 3 | 1 | 椭圆状、封闭 | 2 级分带 |
| Ni-4 | 0.080 9 | 1 | 不规则状、封闭 | 2 级分带 |
| Ni-5 | 0.019 2 | 0 | 不规则状、封闭 | 1 级分带 |

续表 6-6

| 编号 | 面积/km² | 浓集中心数量 | 异常特点 | 异常分带性 |
|---|---|---|---|---|
| Ni-6 | 0.125 8 | 0 | 不规则状、不封闭 | 1级分带 |
| Ni-7 | 0.076 4 | 2 | 不规则状、封闭 | 2级分带 |
| Ni-8 | 0.012 7 | 0 | 长条状、封闭 | 1级分带 |
| Ni-9 | 0.011 6 | 1 | 椭圆状、封闭 | 2级分带 |
| Ni-10 | 0.011 6 | 1 | 长条状、封闭 | 2级分带 |

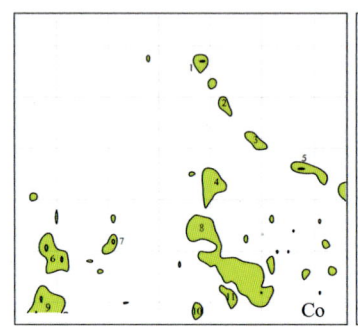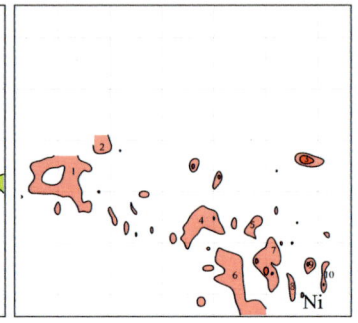

图 6-5　Co、Ni 元素地球化学异常图

F3 地球化学异常(表 6-7,图 6-6):以异常面积大于 0.01 km² 为标准,圈定 Cu 元素异常 11 处、Mo 元素异常 12 处、Zn 元素异常 15 处。

表 6-7　Cu、Mo、Zn 元素地球化学异常特征

| 编号 | 面积/km² | 浓集中心数量 | 异常特点 | 异常分带性 |
|---|---|---|---|---|
| Cu-1 | 0.020 5 | 0 | 不规则状、不封闭 | 1级分带 |
| Cu-2 | 0.094 5 | 1 | 不规则状、不封闭 | 2级分带 |
| Cu-3 | 0.219 5 | 4 | 不规则状、不封闭 | 2级分带 |
| Cu-4 | 0.014 4 | 1 | 椭圆状、封闭 | 2级分带 |
| Cu-5 | 0.016 3 | 0 | 椭圆状、封闭 | 1级分带 |
| Cu-6 | 0.012 8 | 1 | 椭圆状、封闭 | 2级分带 |
| Cu-7 | 0.031 2 | 1 | 半圆状、不封闭 | 2级分带 |
| Cu-8 | 0.047 1 | 0 | 不规则状、封闭 | 1级分带 |
| Cu-9 | 0.045 2 | 1 | 不规则状、封闭 | 2级分带 |
| Cu-10 | 0.010 2 | 1 | 椭圆状、封闭 | 2级分带 |
| Cu-11 | 0.125 8 | 2 | 不规则状、不封闭 | 2级分带 |
| Mo-1 | 0.011 7 | 1 | 不规则状、不封闭 | 2级分带 |
| Mo-2 | 0.073 6 | 2 | 不规则状、不封闭 | 2级分带 |

续表 6-7

| 编号 | 面积/km² | 浓集中心数量 | 异常特点 | 异常分带性 |
|---|---|---|---|---|
| Mo-3 | 0.010 0 | 0 | 椭圆状、封闭 | 1级分带 |
| Mo-4 | 0.037 1 | 0 | 不规则状、不封闭 | 1级分带 |
| Mo-5 | 0.016 3 | 2 | 椭圆状、封闭 | 2级分带 |
| Mo-6 | 0.062 8 | 2 | 不规则状、封闭 | 2级分带 |
| Mo-7 | 0.031 0 | 2 | 不规则状、封闭 | 2级分带 |
| Mo-8 | 0.018 8 | 0 | 不规则状、封闭 | 1级分带 |
| Mo-9 | 0.021 5 | 0 | 长条状、封闭 | 1级分带 |
| Mo-10 | 0.017 2 | 0 | 不规则状、封闭 | 1级分带 |
| Mo-11 | 0.013 4 | 1 | 不规则状、封闭 | 2级分带 |
| Mo-12 | 0.041 2 | 0 | 不规则状、不封闭 | 1级分带 |
| Zn-1 | 0.033 6 | 1 | 不规则状、不封闭 | 2级分带 |
| Zn-2 | 0.056 8 | 1 | 不规则状、不封闭 | 2级分带 |
| Zn-3 | 0.081 3 | 1 | 不规则状、不封闭 | 2级分带 |
| Zn-4 | 0.175 6 | 4 | 不规则状、封闭 | 2级分带 |
| Zn-5 | 0.011 6 | 1 | 椭圆状、封闭 | 2级分带 |
| Zn-6 | 0.013 5 | 0 | 水滴状、封闭 | 1级分带 |
| Zn-7 | 0.018 1 | 0 | 不规则状、不封闭 | 1级分带 |
| Zn-8 | 0.012 6 | 1 | 椭圆状、封闭 | 2级分带 |
| Zn-9 | 0.011 1 | 0 | 椭圆状、封闭 | 1级分带 |
| Zn-10 | 0.014 4 | 0 | 水滴状、不封闭 | 1级分带 |
| Zn-11 | 0.013 0 | 0 | 椭圆状、封闭 | 1级分带 |
| Zn-12 | 0.022 5 | 1 | 水滴状、封闭 | 2级分带 |
| Zn-13 | 0.014 5 | 0 | 椭圆状、不封闭 | 1级分带 |
| Zn-14 | 0.294 3 | 3 | 不规则状、封闭 | 2级分带 |
| Zn-15 | 0.012 8 | 0 | 椭圆状、封闭 | 1级分带 |

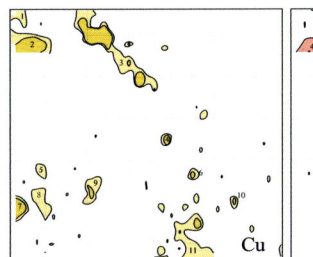 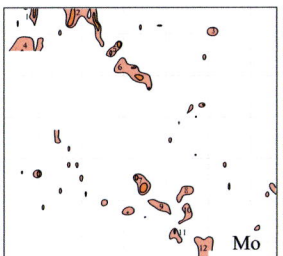 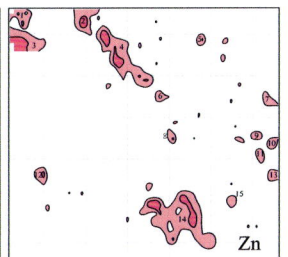

图 6-6　Cu、Mo、Zn 元素地球化学异常图

## 第四节　综合异常圈定

根据单元素异常图和组合异常图分析结果，结合研究区地质条件，初步圈定 8 处综合异常：Hy-1、Hy-2、Hy-3、Hy-4、Hy-5、Hy-6、Hy-7、Hy-8（图 6-7）。

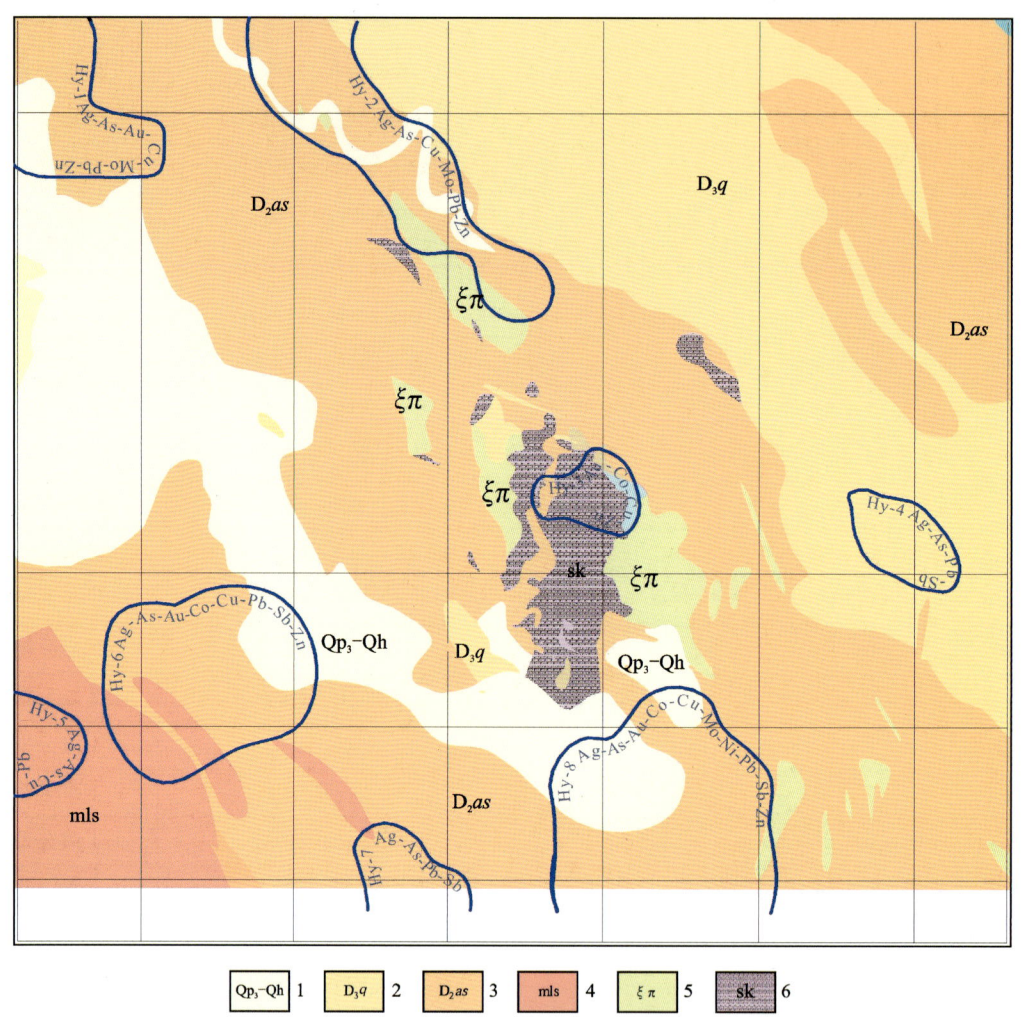

图 6-7　阿依托汗铜矿综合异常图

1.第四系上更新统—全新统；2.齐也组；3.阿舍勒组；4.泥晶灰岩；5.正长斑岩；6.矽卡岩。

Hy-1：异常位于研究区西北部，异常元素组合为 Ag-As-Au-Cu-Mo-Pb-Zn。异常面积 0.178 7km$^2$，样品数量 29，综合异常强度为 1.22。异常区内出露地层为第四系上更新统—全新统和中泥盆统阿舍勒组，主要岩性为结晶灰岩，东北部发育有一条断层。异常面积中等，Cu、Zn 异常强度较高，具有一定的 Cu-Zn 找矿潜力。综合异常剖析图见图 6-8，综合异常特征见表 6-8。

Hy-6：异常位于研究区西北部，异常元素组合为 Ag-As-Au-Co-Cu-Pb-Sb-Zn。异常面积 0.342 3km²，样品数量 171，综合异常强度为 1.71。异常区内出露地层为第四系下更新统西域组、中泥盆统阿舍勒组和第四系全新统，主要岩性为火山岩、英安岩、凝灰岩。异常面积较大，Ag、Au、Pb 异常强度较高，各元素异常套合较好，Ag、As、Au、Pb、Sb 异常面积较大，具有一定的 Ag-Au 找矿潜力。综合异常剖析图见图 6-13，综合异常特征见表 6-13。

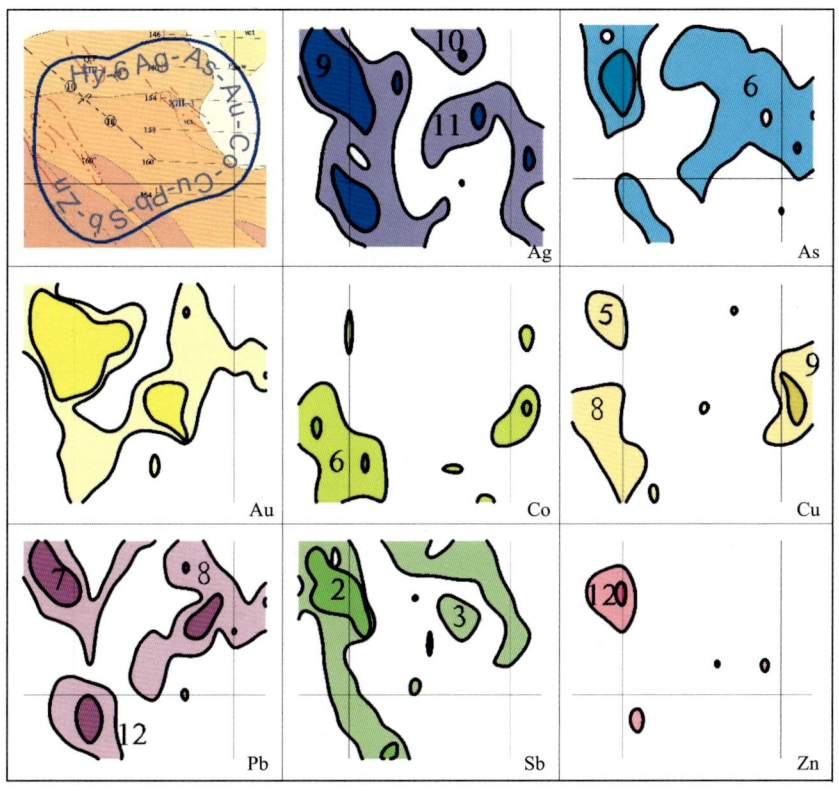

图 6-13　Hy-6 综合异常剖析图

表 6-13　Hy-6 综合异常特征

| 元素 | 最小值 | 最大值 | 平均值 | 异常衬度 | 异常规模 | 浓度分带 |
| --- | --- | --- | --- | --- | --- | --- |
| Ag | 0.022 | 1.47 | 0.44 | 4.11 | 1.406 9 | 2 级分带 |
| As | 1.2 | 73.77 | 14.86 | 1.79 | 0.612 7 | 2 级分带 |
| Au | 0.2 | 1.1 | 0.5 | 0.30 | 0.102 7 | 2 级分带 |
| Co | 0.97 | 13.25 | 7.60 | 0.41 | 0.140 3 | 2 级分带 |
| Cu | 4.1 | 242.8 | 54.85 | 1.43 | 0.489 5 | 2 级分带 |
| Pb | 1.7 | 36.4 | 14.35 | 0.72 | 0.246 5 | 2 级分带 |
| Sb | 0.15 | 1.1 | 0.43 | 0.61 | 0.208 8 | 2 级分带 |
| Zn | 4.32 | 112.85 | 62.01 | 0.46 | 0.157 5 | 2 级分带 |

Hy-7：异常位于研究区北部，异常元素组合为 Ag-As-Pb-Sb。异常面积 0.075 9km², 样品数量32，综合异常强度为1.31。异常区内出露地层为中泥盆统阿舍勒组，主要岩性为流纹岩。异常面积较小，各元素异常强度均不高，Ag 异常面积较大，具有一定的 Ag 找矿潜力。综合异常剖析图见图 6-14，综合异常特征见表 6-14。

图 6-14　Hy-7 综合异常剖析图

表 6-14　Hy-7 综合异常特征

| 元素 | 最小值 | 最大值 | 平均值 | 异常衬度 | 异常规模 | 浓度分带 |
| --- | --- | --- | --- | --- | --- | --- |
| Ag | 0.02 | 1.65 | 0.16 | 1.50 | 0.113 9 | 2级分带 |
| As | 0.47 | 142.24 | 9.20 | 1.11 | 0.084 2 | 2级分带 |
| Pb | 2.4 | 416.6 | 24.25 | 1.21 | 0.091 8 | 1级分带 |
| Sb | 0.08 | 22.95 | 0.96 | 1.37 | 0.104 0 | 1级分带 |

Hy-8：异常位于研究区北部，异常元素组合为 Ag-As-Au-Co-Cu-Mo-Ni-Pb-Sb-Zn。异常面积 0.431 4km²，样品数量190，综合异常强度为0.78。异常区内出露地层为第四系上全新统，主要岩性为流纹岩。异常面积较大，Pb、Zn 异常强度较大，元素种类较多且各元素异常面积均较大，套合良好，具有一定的 Ag、Pb、Zn 找矿潜力。综合异常剖析图见图 6-15，综合异常特征见表 6-15。

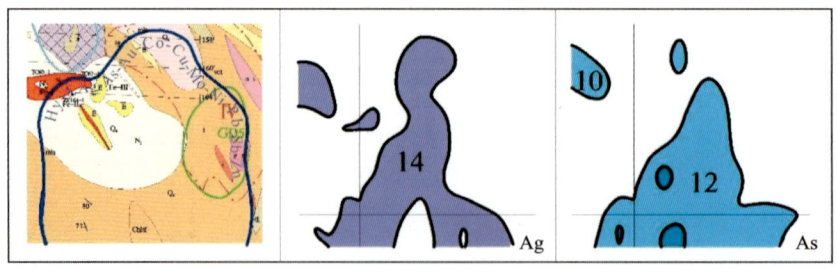

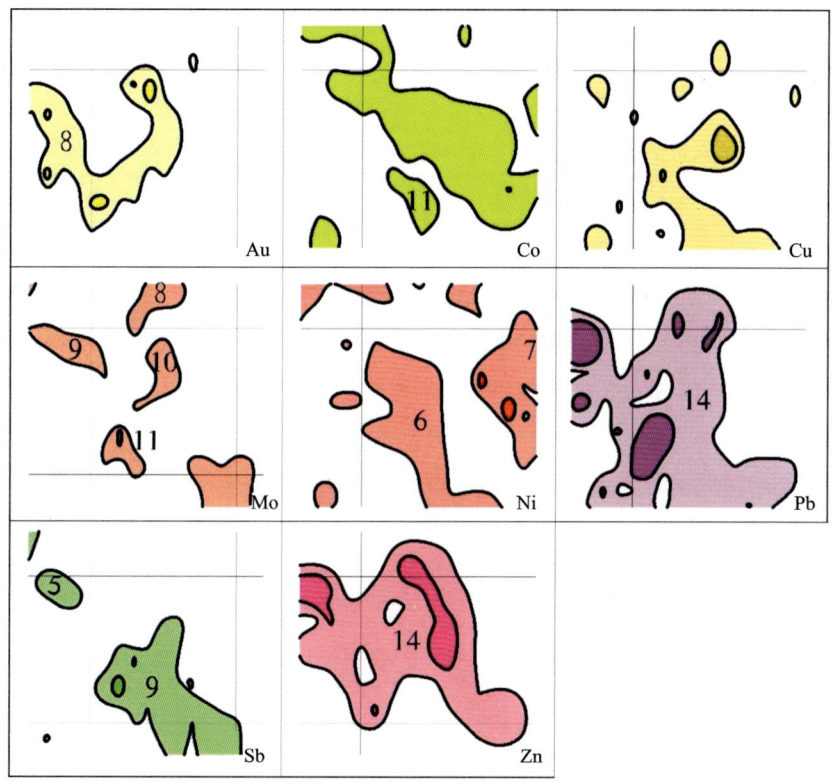

图 6-15 Hy-8 综合异常剖析图

表 6-15 Hy-8 综合异常特征

| 元素 | 最小值 | 最大值 | 平均值 | 异常衬度 | 异常规模 | 浓度分带 |
|---|---|---|---|---|---|---|
| Ag | 0.041 | 0.43 | 0.13 | 1.21 | 0.522 0 | 1 级分带 |
| As | 1.38 | 47.8 | 6.85 | 0.83 | 0.358 1 | 2 级分带 |
| Au | 0.2 | 4.9 | 0.77 | 0.47 | 0.202 8 | 2 级分带 |
| Co | 1.89 | 15.85 | 9.14 | 0.49 | 0.211 4 | 1 级分带 |
| Cu | 5.4 | 77.5 | 27.66 | 0.72 | 0.310 6 | 2 级分带 |
| Mo | 0.4 | 2.50 | 0.91 | 0.53 | 0.228 6 | 2 级分带 |
| Ni | 2.57 | 31.32 | 12.90 | 0.43 | 0.185 5 | 2 级分带 |
| Pb | 4.6 | 79.5 | 22.28 | 1.12 | 0.483 2 | 2 级分带 |
| Sb | 0.22 | 1.1 | 0.67 | 0.96 | 0.414 1 | 2 级分带 |
| Zn | 7.78 | 249.1 | 82.29 | 0.61 | 0.263 2 | 2 级分带 |

按照异常分类原则(表 6-16)将所圈定的综合异常分为 A、B、C 3 类。其中,对于 A 类异常,优先安排查证工作;对于 B 类异常,在有条件的情况下安排查证工作;对于 C 类异常,因其找矿前景难以确定,需要进一步研究其成矿潜力。

表 6-16 综合异常分类原则

| 分类类型 | 异常分类原则 |
|---|---|
| A | ①为多元素组合异常 |
| | ②单元素的异常强度高,存在异常内带 |
| | ③异常面积较大,区域连续性较好 |
| | ④异常元素容易成矿 |
| B | ①一般多为元素组合异常 |
| | ②单元素的异常强度较高,存在异常中带或内带 |
| | ③异常面积相对较大,具有一定的连续性 |
| C | ①多为元素组合异常或单元素异常 |
| | ②组合异常中的单个元素强度较弱,一般为外带异常 |
| | ③单元素异常强度较强,为中带异常 |
| | ④异常面积相对较大 |

研究区内 8 处综合异常的元素组合、异常面积和主要特征见表 6-17。

表 6-17 综合异常特征

| 异常编号 | 异常分类 | 异常元素组合 | 异常面积/$km^2$ | 异常特征 |
|---|---|---|---|---|
| Hy-1 | B | Ag-As-Au-Cu-Mo-Pb-Zn | 0.178 7 | Cu、Zn 具有明显的浓集中心,Ag、Cu、Mo、Zn 异常面积较大 |
| Hy-2 | A | Ag-As-Cu-Mo-Pb-Zn | 0.303 6 | Cu、Mo、Zn 具有明显的浓集中心,Cu、Mo、Pb、Zn 异常面积较大 |
| Hy-3 | C | Au-Co-Cu-Zn | 0.064 0 | Au、Cu 具有明显的浓集中心,但元素种类较少,各元素异常面积偏小 |
| Hy-4 | C | Ag-As-Pb-Sb | 0.077 2 | Ag、As、Pb 具有明显的浓集中心,As 异常面积较大,但元素种类较少 |
| Hy-5 | B | Ag-As-Cu-Pb | 0.063 2 | Ag、As、Cu 具有明显的浓集中心,且异常面积较大 |
| Hy-6 | A | Ag-As-Au-Co-Cu-Pb-Sb-Zn | 0.342 3 | Ag、Au、Pb 具有明显的浓集中心,Ag、As、Au、Pb、Sb 异常面积较大 |
| Hy-7 | C | Ag-As-Pb-Sb | 0.075 9 | 各元素异常强度均较小,且元素种类偏少,Ag、Pb 异常面积偏大 |
| Hy-8 | B | Ag-As-Au-Co-Cu-Mo-Ni-Pb-Sb-Zn | 0.431 4 | Pb、Zn 异常强度较大,Ag、As、Co、Pb、Zn 异常面积较大 |

续表 7-8

| 编号 | 面积/km² | 浓集中心数量 | 异常特点 | 异常分带性 |
|---|---|---|---|---|
| Mo-21 | 0.018 5 | 1 | 椭圆形、封闭 | 2级分带 |
| Mo-22 | 0.013 7 | 0 | 不规则形、不封闭 | 1级分带 |
| Pb-1 | 0.070 3 | 4 | 长条形、封闭 | 2级分带 |
| Pb-2 | 0.015 7 | 0 | 水滴形、封闭 | 1级分带 |
| Pb-3 | 0.043 6 | 0 | 不规则形、封闭 | 1级分带 |
| Pb-4 | 0.021 5 | 1 | 不规则形、封闭 | 2级分带 |
| Pb-5 | 0.100 7 | 4 | 不规则形、封闭 | 2级分带 |
| Pb-6 | 0.033 2 | 0 | 不规则形、封闭 | 1级分带 |
| Pb-7 | 0.029 2 | 0 | 锥形、封闭 | 1级分带 |
| Pb-8 | 0.017 3 | 1 | 水滴形、封闭 | 2级分带 |
| Pb-9 | 0.093 6 | 1 | 不规则形、不封闭 | 2级分带 |
| Pb-10 | 0.044 0 | 1 | 长条形、封闭 | 2级分带 |
| Pb-11 | 0.025 6 | 0 | 不规则形、封闭 | 1级分带 |
| Pb-12 | 0.215 3 | 2 | 不规则形、封闭 | 2级分带 |
| Pb-13 | 0.027 6 | 1 | 长条形、封闭 | 2级分带 |
| Pb-14 | 0.014 3 | 0 | 长条形、封闭 | 1级分带 |
| Pb-15 | 0.041 7 | 1 | 不规则形、封闭 | 2级分带 |
| Pb-16 | 0.018 8 | 0 | 水滴形、封闭 | 1级分带 |
| Pb-17 | 0.015 7 | 1 | 水滴形、封闭 | 2级分带 |
| Pb-18 | 0.092 0 | 1 | 不规则形、不封闭 | 2级分带 |
| Pb-19 | 0.058 0 | 1 | 不规则形、不封闭 | 2级分带 |
| Pb-20 | 0.094 9 | 3 | 长条形、封闭 | 2级分带 |
| Pb-21 | 0.011 9 | 1 | 椭圆形、封闭 | 2级分带 |
| Pb-22 | 0.013 4 | 0 | 椭圆形、不封闭 | 1级分带 |
| Pb-23 | 0.025 5 | 0 | 长条形、封闭 | 1级分带 |
| Pb-24 | 0.028 2 | 2 | 不规则形、封闭 | 2级分带 |
| Pb-25 | 0.010 1 | 0 | 水滴形、封闭 | 1级分带 |
| Pb-26 | 0.011 7 | 0 | 椭圆形、封闭 | 1级分带 |
| Pb-27 | 0.028 9 | 1 | 不规则形、不封闭 | 2级分带 |
| Pb-28 | 0.075 6 | 2 | 不规则形、不封闭 | 2级分带 |
| Pb-29 | 0.083 8 | 1 | 不规则形、不封闭 | 2级分带 |

续表 7-8

| 编号 | 面积/km² | 浓集中心数量 | 异常特点 | 异常分带性 |
|---|---|---|---|---|
| Pb-30 | 0.028 8 | 0 | 椭圆形、封闭 | 1级分带 |
| Pb-31 | 0.043 7 | 1 | 长条形、封闭 | 2级分带 |
| Pb-32 | 0.022 6 | 1 | 不规则形、封闭 | 2级分带 |
| Pb-33 | 0.036 3 | 0 | 不规则形、封闭 | 1级分带 |
| Pb-34 | 0.013 5 | 1 | 不规则形、不封闭 | 2级分带 |
| Pb-35 | 0.016 4 | 0 | 水滴形、封闭 | 1级分带 |
| Pb-36 | 0.038 5 | 0 | 不规则形、不封闭 | 1级分带 |
| Zn-1 | 0.011 2 | 1 | 椭圆形、封闭 | 2级分带 |
| Zn-2 | 0.039 2 | 1 | 不规则形、封闭 | 2级分带 |
| Zn-3 | 0.021 0 | 0 | 椭圆形、封闭 | 1级分带 |
| Zn-4 | 0.057 3 | 2 | 不规则形、不封闭 | 2级分带 |
| Zn-5 | 0.014 8 | 0 | 椭圆形、封闭 | 1级分带 |
| Zn-6 | 0.438 9 | 5 | 不规则形、封闭 | 2级分带 |
| Zn-7 | 0.024 6 | 0 | 不规则形、封闭 | 1级分带 |
| Zn-8 | 0.144 9 | 3 | 不规则形、封闭 | 2级分带 |
| Zn-9 | 0.082 5 | 2 | 不规则形、不封闭 | 2级分带 |
| Zn-10 | 0.032 5 | 2 | 不规则形、封闭 | 2级分带 |
| Zn-11 | 0.013 8 | 0 | 椭圆形、封闭 | 1级分带 |
| Zn-12 | 0.152 8 | 2 | 不规则形、不封闭 | 2级分带 |
| Zn-13 | 0.039 6 | 3 | 长条形、封闭 | 2级分带 |
| Zn-14 | 0.021 8 | 0 | 水滴形、封闭 | 1级分带 |
| Zn-15 | 0.014 7 | 1 | 水滴形、封闭 | 2级分带 |
| Zn-16 | 0.012 6 | 0 | 椭圆形、封闭 | 1级分带 |
| Zn-17 | 0.065 9 | 0 | 不规则形、不封闭 | 1级分带 |
| Zn-18 | 0.060 2 | 0 | 火焰形、不封闭 | 1级分带 |
| Zn-19 | 0.304 5 | 2 | 不规则形、不封闭 | 2级分带 |
| Zn-20 | 0.020 5 | 1 | 水滴形、封闭 | 2级分带 |
| Zn-21 | 0.022 9 | 1 | 椭圆形、封闭 | 2级分带 |
| Zn-22 | 0.179 7 | 2 | 不规则形、不封闭 | 2级分带 |
| Zn-23 | 0.020 3 | 0 | 不规则形、不封闭 | 1级分带 |
| Zn-24 | 0.021 9 | 1 | 不规则形、不封闭 | 2级分带 |

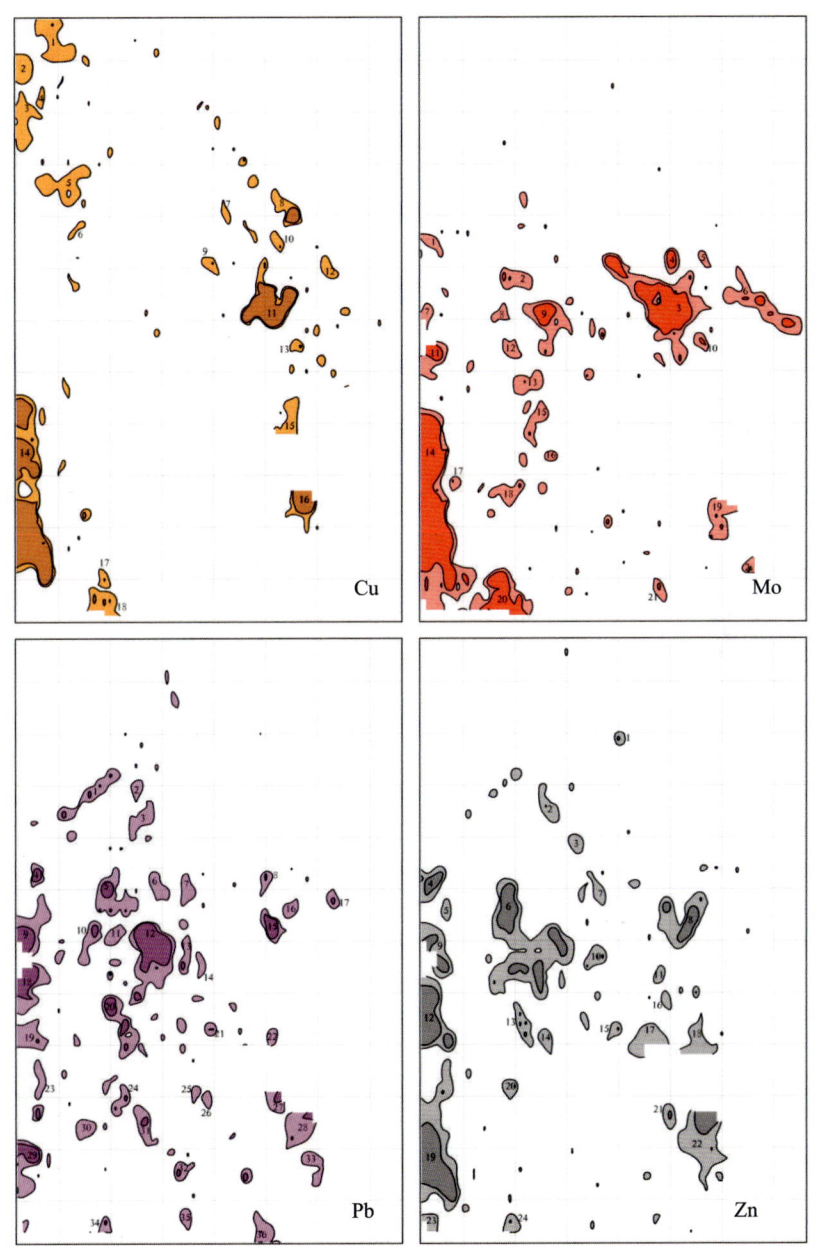

图 7-6  Cu、Mo、Pb、Zn 元素地球化学异常图

## 第四节  综合异常圈定

根据单元素异常图和组合异常图分析结果,结合研究区地质条件,初步圈定出 8 处综合异常:Hy-1、Hy-2、Hy-3、Hy-4、Hy-5、Hy-6、Hy-7、Hy-8(图 7-7)。

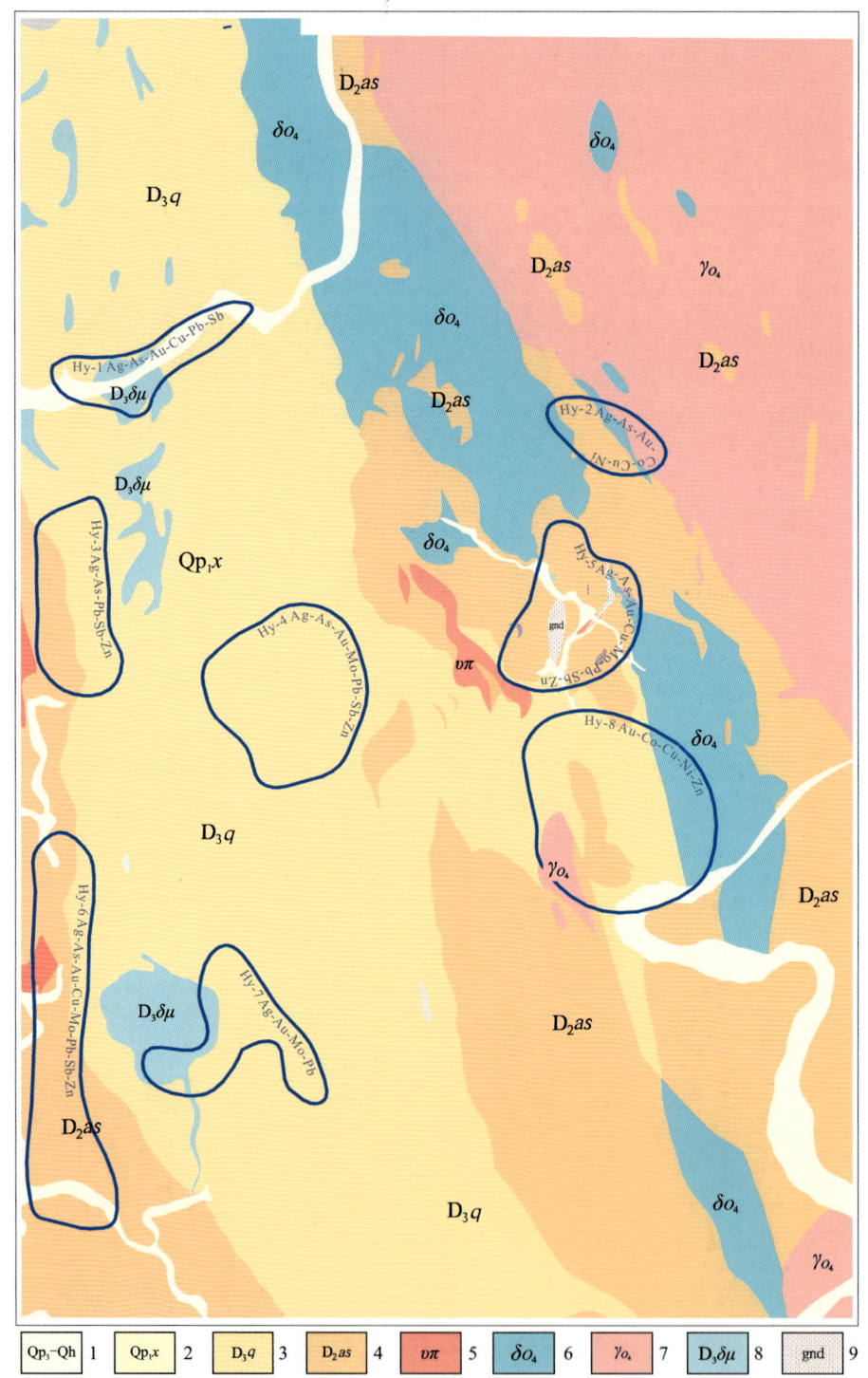

1.第四系上更新统—全新统;2.第四系下更新统四域组;3.齐也组;4.阿舍勒组;5.霏细斑岩;6.海西中期辉长岩(局部相变为纤闪石岩);7.海西早—中期斜长花岗岩、斜长花岗斑岩;8.次闪长(玢)岩、次(钠长)闪长岩;9.铁帽。

图 7-7 喀英德铜矿综合异常图

Hy-1:异常位于研究区西北部,呈东西向展布,异常元素组合为 Ag-As-Au-Cu-Pb-Sb。异常面积 0.175 2km$^2$,样品数量 76,综合异常强度为 1.41。异常区内出露地层为上泥盆统齐也组和第四系上更新统—全新统,东侧发育有北北东向断层,主要岩性为次闪长(玢)岩、次(钠长)闪长岩。该异常面积较小,As、Au、Pb 异常强度较高,具有一定的 Au 找矿潜力。综合异常剖析图见图 7-8,综合异常特征见表 7-9。

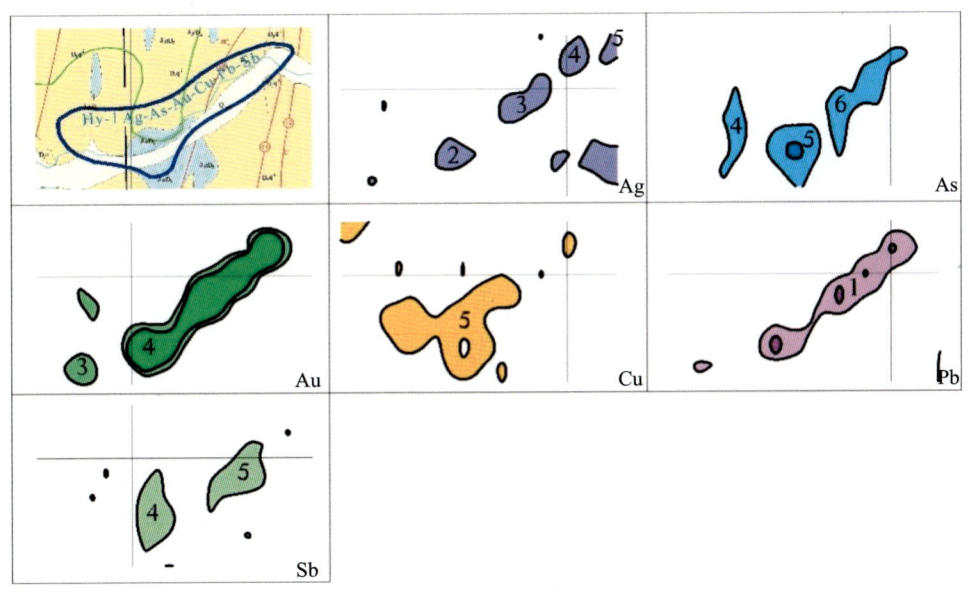

图 7-8　Hy-1 综合异常剖析图

表 7-9　Hy-1 综合异常特征

| 元素 | 最小值 | 最大值 | 平均值 | 异常衬度 | 异常规模 | 浓度分带 |
| --- | --- | --- | --- | --- | --- | --- |
| Ag | 0.02 | 0.275 | 0.086 | 0.86 | 0.150 7 | 1 级分带 |
| As | 0.89 | 22.4 | 5.77 | 1.00 | 0.157 2 | 2 级分带 |
| Au | 0.3 | 32 | 4.39 | 2.73 | 0.478 3 | 2 级分带 |
| Cu | 16.03 | 115.1 | 57.8 | 1.04 | 0.182 2 | 1 级分带 |
| Pb | 1.658 | 61.328 | 15.01 | 0.93 | 0.162 9 | 2 级分带 |
| Sb | 0.1 | 1.05 | 0.35 | 0.90 | 0.157 7 | 1 级分带 |

Hy-2:异常位于研究区东南角,异常元素组合为 Ag-As-Au-Co-Cu-Ni。异常面积 0.123 7km$^2$,样品数量 61,综合异常强度为 13.67。异常区内出露地层为阿舍勒组,发育 3 条北北东向断层,主要岩性为辉长岩,局部相变为纤闪石岩。该异常面积较小,Ag、As、Au、Cu 异常强度较高,具有一定的 Ag-Au-Cu 找矿潜力。综合异常剖析图见图 7-9,综合异常特征见表 7-10。

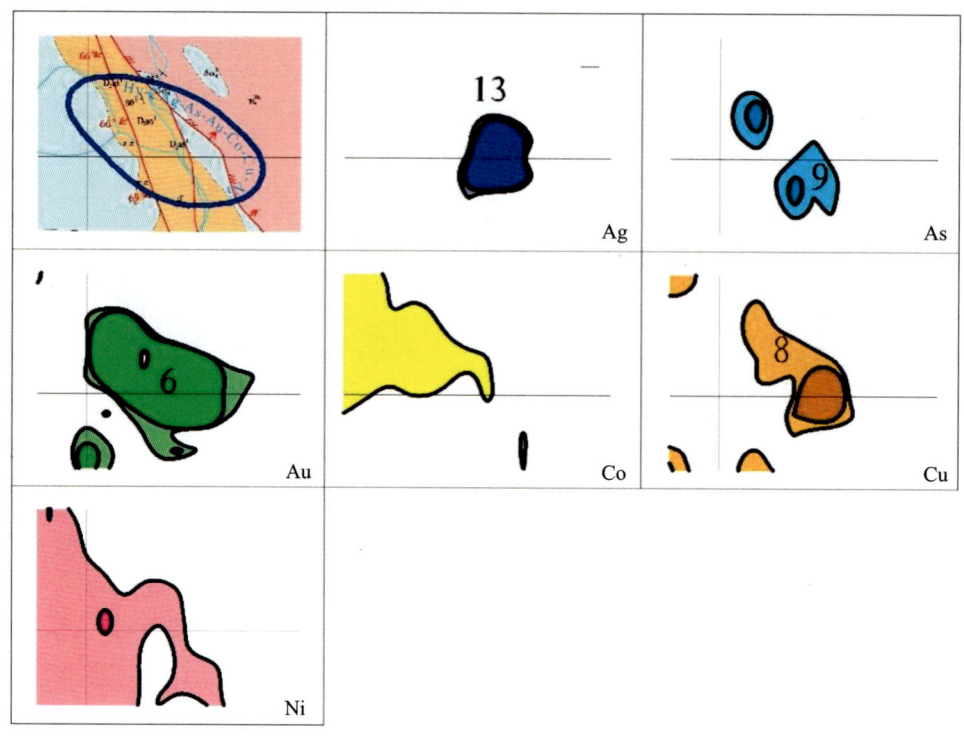

图 7-9　Hy-2 综合异常剖析图

表 7-10　Hy-2 综合异常特征

| 元素 | 最小值 | 最大值 | 平均值 | 异常衬度 | 异常规模 | 浓度分带 |
| --- | --- | --- | --- | --- | --- | --- |
| Ag | 0.02 | 19.95 | 0.39 | 3.90 | 0.482 4 | 2 级分带 |
| As | 0.57 | 86.1 | 5.24 | 0.91 | 0.112 6 | 2 级分带 |
| Au | 0.2 | 2341 | 53.42 | 33.18 | 4.104 4 | 2 级分带 |
| Co | 2.29 | 83.70 | 26.39 | 0.84 | 0.103 9 | 1 级分带 |
| Cu | 3.47 | 2915 | 88.47 | 1.60 | 0.197 9 | 2 级分带 |
| Ni | 1.34 | 172.27 | 38.71 | 0.93 | 0.115 0 | 2 级分带 |

Hy-3：异常位于研究区西部，呈南北向展布，异常元素组合为 Ag-As-Pb-Sb-Zn。异常面积 0.268 5km²，样品数量 99，综合异常强度为 0.92。异常区内出露地层为上泥盆统齐也组和中泥盆统阿舍勒组，以火山岩为主，主要岩石组合为玄武质、安山质、英安质火山熔岩、火山碎屑熔岩等。该异常面积中等，As、Pb、Sb、Zn 异常强度较高，具有一定的 Pb-Zn 找矿潜力。综合异常剖析图见图 7-10，综合异常特征见表 7-11。

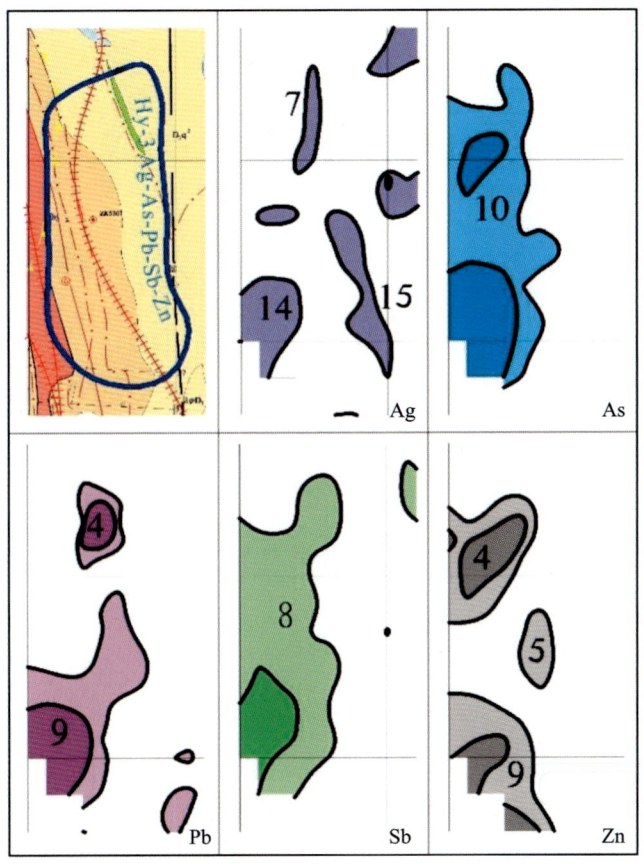

图 7-10 Hy-3 综合异常剖析图

表 7-11 Hy-3 综合异常特征

| 元素 | 最小值 | 最大值 | 平均值 | 异常衬度 | 异常规模 | 浓度分带 |
| --- | --- | --- | --- | --- | --- | --- |
| Ag | 0.022 | 0.316 | 0.081 | 0.81 | 0.217 5 | 2 级分带 |
| As | 0.88 | 32.2 | 4.94 | 0.86 | 0.230 9 | 2 级分带 |
| Pb | 4.23 | 299.14 | 18.03 | 1.12 | 0.300 7 | 2 级分带 |
| Sb | 0.08 | 1.23 | 0.35 | 0.90 | 0.241 7 | 2 级分带 |
| Zn | 40.00 | 848.9 | 131.27 | 0.90 | 0.241 7 | 2 级分带 |

Hy-4：异常位于研究区中部，异常元素组合为 Ag-As-Au-Mo-Pb-Sb-Zn。异常面积 0.436 0km²，样品数量 211，综合异常强度为 1.64。异常区出露地层为上泥盆统齐也组，发育近南北向断层，主要岩性为石英钠长斑岩。该异常面积较大，各元素强度均较高，叠合程度较好，具有一定的 Ag-Au-Pb-Zn 找矿潜力。综合异常剖析图见图 7-11，综合异常特征见表 7-12。

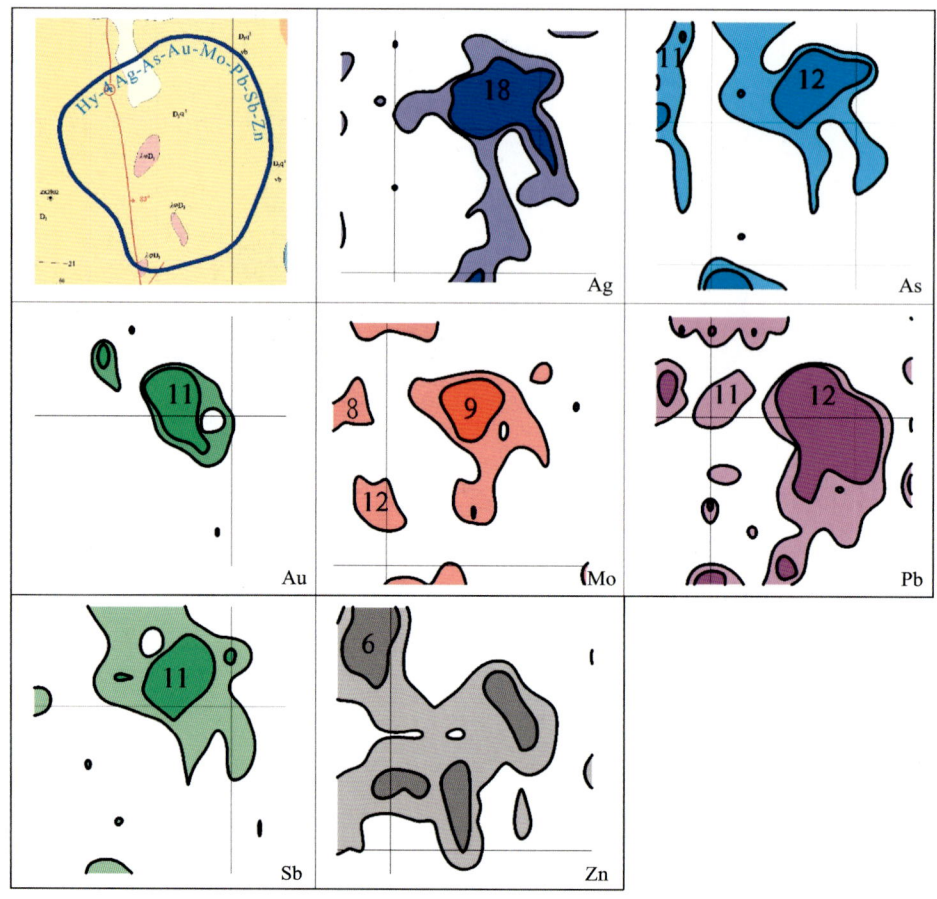

图 7-11　Hy-4 综合异常剖析图

表 7-12　Hy-4 综合异常特征

| 元素 | 最小值 | 最大值 | 平均值 | 异常衬度 | 异常规模 | 浓度分带 |
| --- | --- | --- | --- | --- | --- | --- |
| Ag | 0.021 | 12.34 | 0.228 | 2.28 | 0.994 1 | 2 级分带 |
| As | 0.33 | 78.1 | 6.42 | 1.12 | 0.488 3 | 2 级分带 |
| Au | 0.1 | 68 | 1.59 | 0.99 | 0.431 6 | 2 级分带 |
| Mo | 0.06 | 13.84 | 1.35 | 1.05 | 0.457 8 | 2 级分带 |
| Pb | 1.08 | 830.2 | 41.79 | 2.60 | 1.133 6 | 2 级分带 |
| Sb | 0.05 | 10.5 | 0.53 | 1.36 | 0.593 0 | 2 级分带 |
| Zn | 3.45 | 853.9 | 186.89 | 1.29 | 0.562 4 | 2 级分带 |

Hy-5：异常位于研究区东部，异常元素组合为 Ag-As-Au-Cu-Mo-Pb-Sb-Zn。异常面积 0.317 3km$^2$，样品数量 181，综合异常强度为 2.58。异常区出露地层为阿舍勒组，发育一条北北西向断层，主要岩性为火山岩，包括铁帽、英安岩、凝灰岩、矽卡岩。该异常面积中等，Ag、

Au、Cu、Mo、Zn 异常强度较高,各元素叠合程度较好,具有一定的 Ag-Au-Cu-Mo 找矿潜力。综合异常剖析图见图 7-12,综合异常特征见表 7-13。

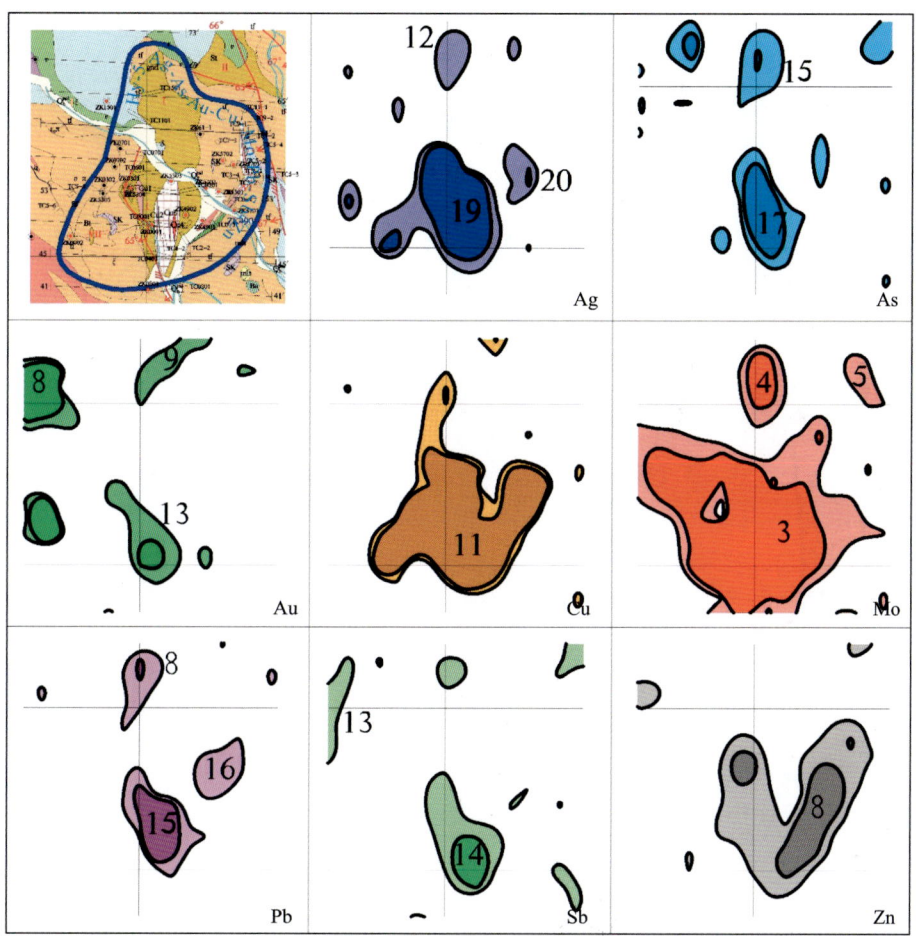

图 7-12  Hy-5 综合异常剖析图

表 7-13  Hy-5 综合异常特征

| 元素 | 最小值 | 最大值 | 平均值 | 异常衬度 | 异常规模 | 浓度分带 |
| --- | --- | --- | --- | --- | --- | --- |
| Ag | 0.02 | 7.79 | 0.24 | 2.40 | 0.761 5 | 2级分带 |
| As | 0.46 | 174 | 6.60 | 1.15 | 0.364 9 | 2级分带 |
| Au | 0.2 | 9.8 | 1.01 | 0.63 | 0.199 9 | 2级分带 |
| Cu | 2.0 | 9174 | 241 | 4.35 | 1.380 3 | 2级分带 |
| Mo | 0.09 | 146.47 | 6.17 | 4.78 | 1.516 7 | 2级分带 |
| Pb | 1.94 | 1 251.5 | 19.57 | 1.22 | 0.387 1 | 2级分带 |
| Sb | 0.08 | 8.17 | 0.35 | 0.90 | 0.285 6 | 2级分带 |
| Zn | 11.72 | 1692 | 181.48 | 1.25 | 0.396 6 | 2级分带 |

Hy-6：异常位于研究区西北部，呈南北向展布，异常元素组合为 Ag-As-Au-Cu-Mo-Pb-Sb-Zn。异常面积 0.471 0km², 样品数量 139，综合异常强度为 2.34。异常区出露地层为阿舍勒组和第四系上更新统—全新统，以中细粒火山碎屑岩为主，岩性主要为变晶屑凝灰岩、晶屑岩屑凝灰岩、含角砾凝灰岩等。异常面积较大，Ag、As、Cu、Mo、Sb、Zn 异常强度较高，各元素叠合程度较好，具有一定的 Ag-Cu-Mo-Zn 找矿潜力。综合异常剖析图见图 7-13，综合异常特征见表 7-14。

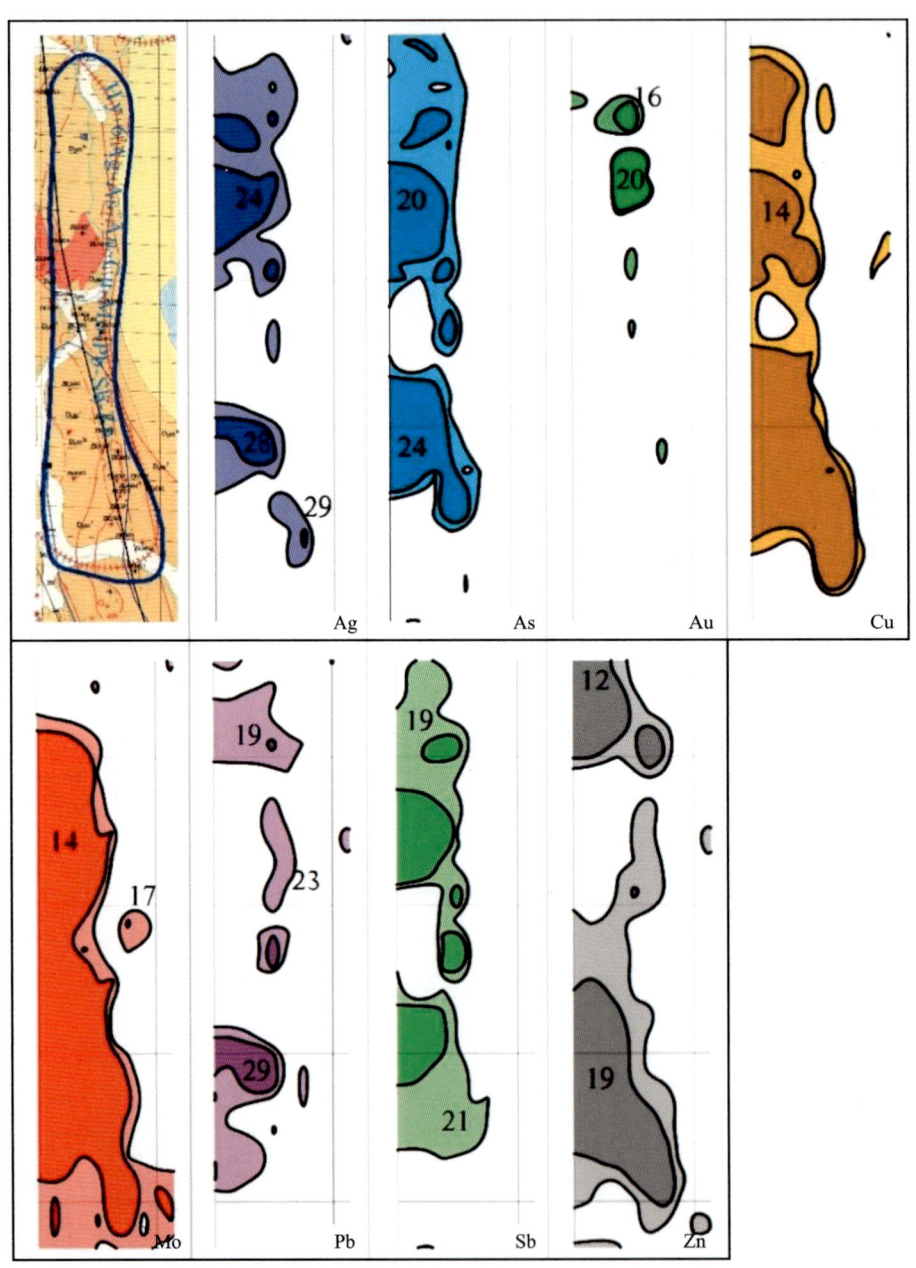

图 7-13  Hy-6 综合异常剖析图

应用 SPSS 软件对新疆塔斯步谷乐矿区中 12 种元素进行因子分析,首先得到 Bartlett 球状检验和 KMO 检验分析表、新疆塔斯步谷乐矿区各元素相关系数表以及旋转因子载荷矩阵表,结果详见表 8-2～表 8-4。

表 8-2　塔斯步谷乐矿区 Bartlett 球状检验和 KMO 检验分析

| KMO 值 | 0.610 |
|---|---|
| Bartlett 球状检验统计值 | 5 320.834 |
| 自由度 | 66 |
| 概率 $P$ 值 | 0.000 |

表 8-3　塔斯步谷乐矿区各元素相关系数

| 元素 | Ag | As | Au | Ba | Bi | Cu | Mo | Pb | Sb | Sn | Te | Zn |
|---|---|---|---|---|---|---|---|---|---|---|---|---|
| Ag | 1 | | | | | | | | | | | |
| As | 0.252** | 1 | | | | | | | | | | |
| Au | 0.317** | 0.437** | 1 | | | | | | | | | |
| Ba | 0.126** | 0.127** | 0.062** | 1 | | | | | | | | |
| Bi | 0.033 | 0.083** | 0.108** | −0.006 | 1 | | | | | | | |
| Cu | 0.191** | 0.192** | 0.220** | −0.021 | −0.001 | 1 | | | | | | |
| Mo | 0.167** | 0.202** | 0.192** | 0.094** | 0.075** | −0.045 | 1 | | | | | |
| Pb | 0.563** | 0.209** | 0.219** | 0.089** | 0.130** | 0.074** | 0.098** | 1 | | | | |
| Sb | 0.793** | 0.304** | 0.286** | 0.062** | 0.021 | 0.093** | 0.137** | 0.334** | 1 | | | |
| Sn | 0.201** | 0.122** | 0.134** | 0.335** | 0.079** | −0.178** | 0.395** | 0.146** | 0.121** | 1 | | |
| Te | 0.040 | 0.185** | 0.097** | 0.200** | 0.060** | 0.015 | 0.197** | 0.039 | 0.008 | 0.238** | 1 | |
| Zn | 0.081** | 0.199** | 0.017 | 0.100** | −0.087** | 0.433** | −0.147** | −0.002 | 0.109** | −0.174** | 0.052* | 1 |

注:"**"表示相关系数在 0.01 级别(双尾检验),相关性显著。"*"表示相关系数在 0.05 级别(双尾检验),相关性显著。

表 8-4　塔斯步谷乐矿区旋转后的成分矩阵

| 元素 | F1 | F2 | F3 | F4 |
|---|---|---|---|---|
| Ag | 0.929 | 0.087 | 0.093 | 0.033 |
| As | 0.258 | 0.328 | 0.432 | 0.441 |
| Au | 0.326 | 0.148 | 0.263 | 0.593 |
| Ba | 0.091 | 0.701 | 0.114 | −0.269 |
| Bi | −0.030 | −0.054 | −0.127 | 0.676 |
| Cu | 0.090 | −0.110 | 0.759 | 0.146 |

续表 8-4

| 元素 | F1 | F2 | F3 | F4 |
|---|---|---|---|---|
| Mo | 0.134 | 0.496 | −0.216 | 0.379 |
| Pb | 0.687 | 0.034 | −0.034 | 0.144 |
| Sb | 0.854 | 0.035 | 0.105 | 0.024 |
| Sn | 0.193 | 0.706 | −0.332 | 0.079 |
| Te | −0.122 | 0.625 | 0.143 | 0.158 |
| Zn | 0.020 | 0.035 | 0.805 | −0.211 |

注：公因子提取方法为主成分分析法，旋转方法为凯撒正态化最大方差法。

由表 8-2 可以看出，塔斯步谷乐矿区 KMO 值为 0.610。概率 $P$ 值越小(小于 0.05)，表明越有可能存在有意义的相关关系，Bartlett 球状检验统计值为 5 320.834，在自由度为 66 的条件下，概率 $P$ 值为 0.000，达到显著水平。

由表 8-3 可以看出，部分元素之间具有较强的相关性，如 Ag-Au、Ag-Pb、Ag-Sb、As-Au-Sb、Ba-Sn、Cu-Zn、Mo-Sn、Pb-Sb 等元素均具有较强的相关性。

结合旋转后的成分矩阵(表 8-4)，选取 4 个公因子进行分析，采用凯撒正态化最大方差法进行因子正交旋转，变量累计方差贡献率达到 59.606%。

根据旋转后的成分矩阵(表 8-4)可知，塔斯步谷乐矿区内地球化学元素可分为 4 种元素组合：F1——Ag、Pb、Sb；F2——Ba、Mo、Sn、Te；F3——Cu、Zn；F4——As、Au、Bi。因子方差贡献分别为 19.376%、14.853%、14.231% 和 11.147%。累计方差贡献分别为 19.376%、34.229%、48.460% 和 59.607%。特征值分别为 2.325、1.782、1.708 和 1.338。

F1 地球化学异常(表 8-5，图 8-3)：以异常面积大于 0.01 km$^2$ 为标准，圈定 Ag 元素异常区 17 处，Pb 元素异常区 12 处，Sb 元素异常区 19 处。

表 8-5　Ag、Pb、Sb 元素地球化学异常特征

| 编号 | 面积/km$^2$ | 浓集中心数量 | 异常特点 | 异常分带性 |
|---|---|---|---|---|
| Ag-1 | 0.025 4 | 1 | 不规则形、不封闭 | 2 级分带 |
| Ag-2 | 0.062 7 | 0 | 水滴形、不封闭 | 1 级分带 |
| Ag-3 | 0.048 7 | 1 | 不规则形、封闭 | 2 级分带 |
| Ag-4 | 0.025 3 | 0 | 不规则形、封闭 | 1 级分带 |
| Ag-5 | 0.023 9 | 1 | 椭圆形、封闭 | 2 级分带 |
| Ag-6 | 0.010 9 | 0 | 椭圆形、封闭 | 1 级分带 |
| Ag-7 | 0.024 5 | 0 | 不规则形、不封闭 | 1 级分带 |
| Ag-8 | 0.266 8 | 2 | 不规则形、不封闭 | 2 级分带 |
| Ag-9 | 0.051 2 | 1 | 不规则形、封闭 | 2 级分带 |
| Ag-10 | 0.043 9 | 1 | 椭圆形、不封闭 | 2 级分带 |

续表 8-5

| 编号 | 面积/km² | 浓集中心数量 | 异常特点 | 异常分带性 |
|---|---|---|---|---|
| Ag-11 | 0.044 5 | 1 | 椭圆形、不封闭 | 2 级分带 |
| Ag-12 | 0.026 5 | 0 | 锥形、不封闭 | 1 级分带 |
| Ag-13 | 0.073 6 | 1 | 不规则形、不封闭 | 2 级分带 |
| Ag-14 | 0.029 0 | 0 | 锥形、不封闭 | 1 级分带 |
| Ag-15 | 0.121 7 | 1 | 不规则形、不封闭 | 2 级分带 |
| Ag-16 | 0.013 3 | 1 | 椭圆形、封闭 | 2 级分带 |
| Ag-17 | 0.069 6 | 1 | 不规则形、不封闭 | 2 级分带 |
| Pb-1 | 0.049 2 | 1 | 锥形、不封闭 | 2 级分带 |
| Pb-2 | 0.028 6 | 2 | 水滴形、封闭 | 2 级分带 |
| Pb-3 | 0.020 6 | 0 | 长条形、封闭 | 1 级分带 |
| Pb-4 | 0.010 1 | 0 | 水滴形、封闭 | 1 级分带 |
| Pb-5 | 0.051 4 | 1 | 不规则形、封闭 | 2 级分带 |
| Pb-6 | 0.019 5 | 1 | 椭圆形、封闭 | 2 级分带 |
| Pb-7 | 0.078 1 | 1 | 不规则形、封闭 | 2 级分带 |
| Pb-8 | 0.042 9 | 1 | 长条形、封闭 | 2 级分带 |
| Pb-9 | 0.041 7 | 0 | 椭圆形、不封闭 | 1 级分带 |
| Pb-10 | 0.016 1 | 0 | 椭圆形、不封闭 | 1 级分带 |
| Pb-11 | 0.038 6 | 0 | 不规则形、不封闭 | 1 级分带 |
| Pb-12 | 0.243 7 | 3 | 不规则形、不封闭 | 2 级分带 |
| Sb-1 | 0.015 4 | 0 | 长条形、不封闭 | 1 级分带 |
| Sb-2 | 0.011 6 | 0 | 椭圆形、封闭 | 1 级分带 |
| Sb-3 | 0.012 9 | 0 | 锥形、不封闭 | 1 级分带 |
| Sb-4 | 0.012 1 | 0 | 长条形、封闭 | 1 级分带 |
| Sb-5 | 0.016 5 | 0 | 椭圆形、封闭 | 1 级分带 |
| Sb-6 | 0.037 4 | 1 | 不规则形、封闭 | 2 级分带 |
| Sb-7 | 0.025 8 | 0 | 长条形、封闭 | 1 级分带 |
| Sb-8 | 0.011 5 | 1 | 椭圆形、封闭 | 2 级分带 |
| Sb-9 | 0.025 2 | 1 | 椭圆形、封闭 | 2 级分带 |
| Sb-10 | 0.012 4 | 0 | 椭圆形、封闭 | 1 级分带 |
| Sb-11 | 0.227 2 | 2 | 不规则形、不封闭 | 2 级分带 |
| Sb-12 | 0.010 6 | 0 | 椭圆形、封闭 | 1 级分带 |

续表 8-5

| 编号 | 面积/km² | 浓集中心数量 | 异常特点 | 异常分带性 |
|---|---|---|---|---|
| Sb-13 | 0.030 5 | 0 | 椭圆形、不封闭 | 1 级分带 |
| Sb-14 | 0.050 0 | 1 | 椭圆形、不封闭 | 2 级分带 |
| Sb-15 | 0.021 4 | 0 | 椭圆形、不封闭 | 1 级分带 |
| Sb-16 | 0.015 5 | 0 | 椭圆形、不封闭 | 1 级分带 |
| Sb-17 | 0.024 1 | 0 | 长条形、封闭 | 1 级分带 |
| Sb-18 | 0.011 9 | 0 | 椭圆形、不封闭 | 1 级分带 |
| Sb-19 | 0.038 4 | 0 | 不规则形、不封闭 | 1 级分带 |

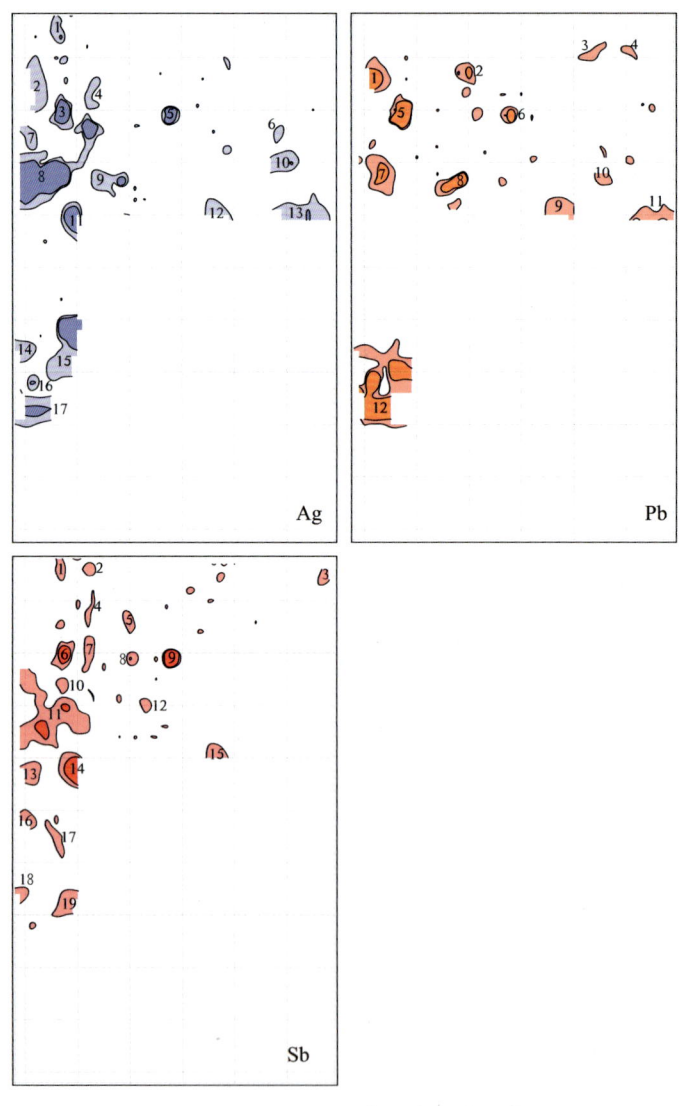

图 8-3　Ag、Pb、Sb 元素地球化学异常图

## 第八章 塔斯步谷乐矿区岩石地球化学异常特征

F2 地球化学异常(表 8-6,图 8-4):以异常面积大于 0.01km² 为标准,圈定 Ba 元素异常区 11 处,Mo 元素异常区 8 处,Sn 元素异常区 6 处和 Te 元素异常区 10 处。

表 8-6  Ba、Mo、Sn、Te 元素地球化学异常特征

| 编号 | 面积/km² | 浓集中心数量 | 异常特点 | 异常分带性 |
| --- | --- | --- | --- | --- |
| Ba-1 | 0.048 8 | 2 | 不规则形、不封闭 | 2 级分带 |
| Ba-2 | 0.024 2 | 0 | 长条形、封闭 | 1 级分带 |
| Ba-3 | 0.027 9 | 0 | 长条形、封闭 | 1 级分带 |
| Ba-4 | 0.068 2 | 1 | 椭圆形、不封闭 | 2 级分带 |
| Ba-5 | 0.033 2 | 1 | 锥形、不封闭 | 2 级分带 |
| Ba-6 | 0.012 0 | 0 | 不规则形、封闭 | 1 级分带 |
| Ba-7 | 0.011 9 | 1 | 椭圆形、封闭 | 2 级分带 |
| Ba-8 | 0.060 9 | 0 | 不规则形、不封闭 | 1 级分带 |
| Ba-9 | 0.076 5 | 1 | 锥形、不封闭 | 2 级分带 |
| Ba-10 | 0.040 0 | 1 | 椭圆形、不封闭 | 2 级分带 |
| Ba-11 | 0.099 0 | 0 | 不规则形、不封闭 | 1 级分带 |
| Mo-1 | 0.106 5 | 0 | 不规则形、不封闭 | 1 级分带 |
| Mo-2 | 0.060 6 | 0 | 不规则形、封闭 | 1 级分带 |
| Mo-3 | 0.012 4 | 1 | 椭圆形、封闭 | 2 级分带 |
| Mo-4 | 0.044 6 | 0 | 椭圆形、不封闭 | 1 级分带 |
| Mo-5 | 0.014 5 | 0 | 不规则形、不封闭 | 1 级分带 |
| Mo-6 | 0.016 9 | 0 | 椭圆形、不封闭 | 1 级分带 |
| Mo-7 | 0.037 6 | 0 | 锥形、不封闭 | 1 级分带 |
| Mo-8 | 0.029 0 | 0 | 锥形、不封闭 | 1 级分带 |
| Sn-1 | 0.072 2 | 1 | 不规则形、不封闭 | 2 级分带 |
| Sn-2 | 0.195 9 | 0 | 不规则形、不封闭 | 1 级分带 |
| Sn-3 | 0.031 6 | 0 | 长条形、封闭 | 1 级分带 |
| Sn-4 | 0.040 3 | 0 | 锥形、不封闭 | 1 级分带 |
| Sn-5 | 0.014 9 | 0 | 锥形、不封闭 | 1 级分带 |
| Sn-6 | 0.252 7 | 0 | 不规则形、不封闭 | 1 级分带 |
| Te-1 | 0.053 8 | 1 | 椭圆形、不封闭 | 2 级分带 |
| Te-2 | 0.050 8 | 0 | 不规则形、不封闭 | 1 级分带 |
| Te-3 | 0.348 7 | 5 | 不规则形、不封闭 | 2 级分带 |
| Te-4 | 0.115 6 | 2 | 不规则形、封闭 | 2 级分带 |
| Te-5 | 0.026 2 | 2 | 不规则形、封闭 | 2 级分带 |

续表 8-6

| 编号 | 面积/km² | 浓集中心数量 | 异常特点 | 异常分带性 |
| --- | --- | --- | --- | --- |
| Te-6 | 0.112 3 | 2 | 不规则形、封闭 | 2 级分带 |
| Te-7 | 0.019 6 | 1 | 不规则形、封闭 | 2 级分带 |
| Te-8 | 0.013 3 | 0 | 椭圆形、封闭 | 1 级分带 |
| Te-9 | 0.013 1 | 0 | 锥形、不封闭 | 1 级分带 |
| Te-10 | 0.054 5 | 0 | 不规则形、封闭 | 1 级分带 |

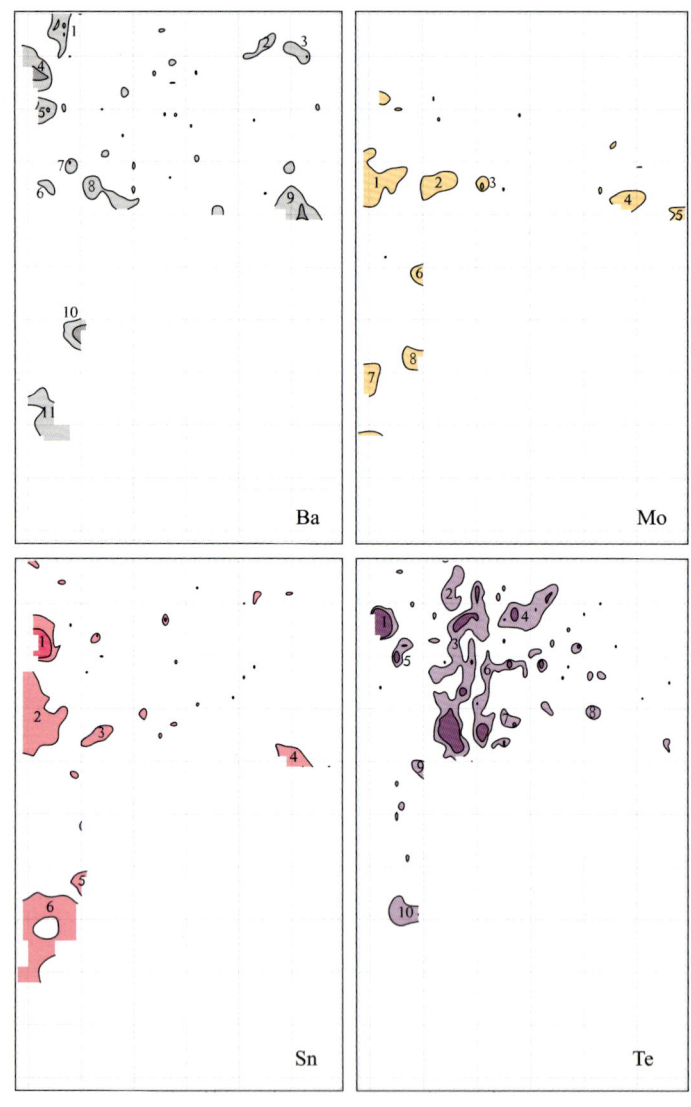

图 8-4　Ba、Mo、Sn、Te 元素地球化学异常图

F3 地球化学异常（表 8-7，图 8-5）：以异常面积大于 0.01km² 为标准，圈定 Cu 元素异常区 6 处，Zn 元素异常区 15 处。

# 第八章 塔斯步谷乐矿区岩石地球化学异常特征

表 8-7  Cu、Zn 元素地球化学异常特征

| 编号 | 面积/km² | 浓集中心数量 | 异常特点 | 异常分带性 |
|---|---|---|---|---|
| Cu-1 | 0.050 9 | 1 | 火焰形、不封闭 | 2级分带 |
| Cu-2 | 0.013 0 | 0 | 不规则形、封闭 | 1级分带 |
| Cu-3 | 0.025 2 | 1 | 椭圆形、封闭 | 2级分带 |
| Cu-4 | 0.010 3 | 0 | 不规则形、封闭 | 1级分带 |
| Cu-5 | 0.041 9 | 0 | 椭圆形、不封闭 | 1级分带 |
| Cu-6 | 0.039 1 | 1 | 椭圆形、不封闭 | 2级分带 |
| Zn-1 | 0.018 0 | 0 | 椭圆形、不封闭 | 1级分带 |
| Zn-2 | 0.016 1 | 0 | 不规则形、封闭 | 1级分带 |
| Zn-3 | 0.028 2 | 0 | 不规则形、封闭 | 1级分带 |
| Zn-4 | 0.068 5 | 0 | 不规则形、封闭 | 1级分带 |
| Zn-5 | 0.016 1 | 0 | 不规则形、封闭 | 1级分带 |
| Zn-6 | 0.097 9 | 0 | 不规则形、不封闭 | 1级分带 |
| Zn-7 | 0.024 4 | 0 | 不规则形、不封闭 | 1级分带 |
| Zn-8 | 0.027 0 | 0 | 锥形、封闭 | 1级分带 |
| Zn-9 | 0.174 3 | 0 | 不规则形、不封闭 | 1级分带 |
| Zn-10 | 0.023 4 | 0 | 不规则形、不封闭 | 1级分带 |
| Zn-11 | 0.021 6 | 0 | 不规则形、不封闭 | 1级分带 |
| Zn-12 | 0.072 5 | 0 | 不规则形、不封闭 | 1级分带 |
| Zn-13 | 0.034 3 | 0 | 不规则形、封闭 | 1级分带 |
| Zn-14 | 0.022 2 | 0 | 不规则形、封闭 | 1级分带 |
| Zn-15 | 0.024 8 | 0 | 不规则形、不封闭 | 1级分带 |

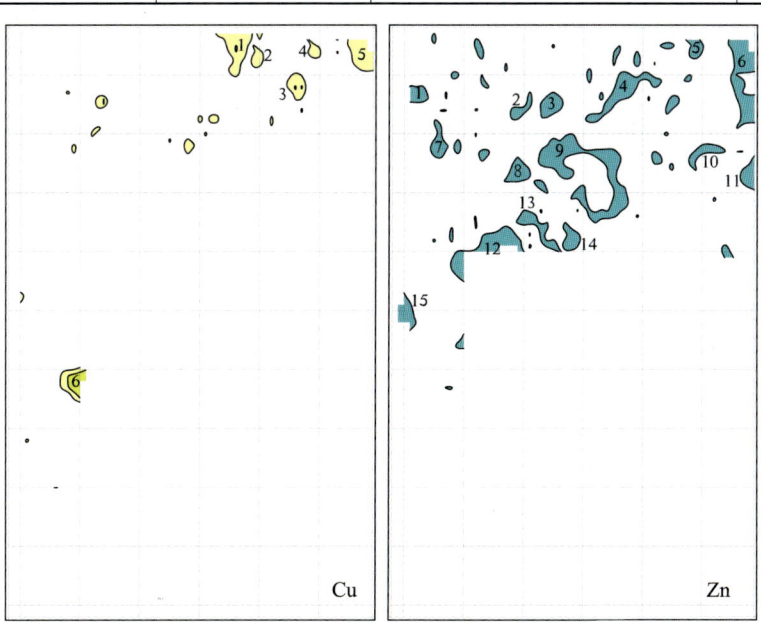

图 8-5  Cu、Zn 元素地球化学异常图

F4 地球化学异常(表 8-8,图 8-6):以异常面积大于 $0.01km^2$ 为标准,圈定 As 元素异常区 9 处,Au 元素异常区 15 处和 Bi 元素异常区 15 处。

表 8-8 As、Au、Bi 元素地球化学异常特征

| 编号 | 面积/km² | 浓集中心数量 | 异常特点 | 异常分带性 |
| --- | --- | --- | --- | --- |
| As-1 | 0.020 5 | 1 | 火焰形、不封闭 | 2 级分带 |
| As-2 | 0.013 4 | 0 | 不规则形、封闭 | 1 级分带 |
| As-3 | 0.033 2 | 0 | 椭圆形、不封闭 | 1 级分带 |
| As-4 | 0.029 6 | 0 | 锥形、不封闭 | 1 级分带 |
| As-5 | 0.063 4 | 0 | 不规则形、封闭 | 1 级分带 |
| As-6 | 0.247 8 | 3 | 不规则形、不封闭 | 2 级分带 |
| As-7 | 0.036 8 | 1 | 椭圆形、不封闭 | 2 级分带 |
| As-8 | 0.052 5 | 0 | 长条形、不封闭 | 1 级分带 |
| As-9 | 0.110 4 | 1 | 不规则形、不封闭 | 2 级分带 |
| Au-1 | 0.011 7 | 0 | 锥形、封闭 | 1 级分带 |
| Au-2 | 0.082 7 | 0 | 不规则形、不封闭 | 1 级分带 |
| Au-3 | 0.047 8 | 0 | 不规则形、不封闭 | 1 级分带 |
| Au-4 | 0.018 5 | 1 | 不规则形、封闭 | 2 级分带 |
| Au-5 | 0.036 7 | 1 | 不规则形、封闭 | 2 级分带 |
| Au-6 | 0.034 6 | 2 | 不规则形、封闭 | 2 级分带 |
| Au-7 | 0.018 1 | 0 | 不规则形、封闭 | 1 级分带 |
| Au-8 | 0.208 3 | 5 | 不规则形、不封闭 | 2 级分带 |
| Au-9 | 0.047 1 | 1 | 不规则形、封闭 | 2 级分带 |
| Au-10 | 0.013 6 | 0 | 水滴形、封闭 | 1 级分带 |
| Au-11 | 0.020 1 | 1 | 椭圆形、封闭 | 2 级分带 |
| Au-12 | 0.012 6 | 0 | 椭圆形、不封闭 | 1 级分带 |
| Au-13 | 0.032 9 | 1 | 椭圆形、不封闭 | 2 级分带 |
| Au-14 | 0.182 7 | 2 | 不规则形、不封闭 | 2 级分带 |
| Au-15 | 0.031 5 | 0 | 火焰形、不封闭 | 1 级分带 |
| Bi-1 | 0.097 1 | 2 | 不规则形、不封闭 | 2 级分带 |
| Bi-2 | 0.030 1 | 1 | 不规则形、封闭 | 2 级分带 |
| Bi-3 | 0.066 6 | 1 | 不规则形、封闭 | 2 级分带 |
| Bi-4 | 0.021 6 | 0 | 不规则形、封闭 | 1 级分带 |
| Bi-5 | 0.012 7 | 0 | 椭圆形、封闭 | 1 级分带 |
| Bi-6 | 0.013 8 | 0 | 椭圆形、封闭 | 1 级分带 |
| Bi-7 | 0.119 3 | 2 | 不规则形、不封闭 | 2 级分带 |
| Bi-8 | 0.036 3 | 1 | 不规则形、封闭 | 2 级分带 |

续表 8-8

| 编号 | 面积/km² | 浓集中心数量 | 异常特点 | 异常分带性 |
|---|---|---|---|---|
| Bi-9 | 0.014 4 | 1 | 椭圆形、封闭 | 2级分带 |
| Bi-10 | 0.019 2 | 0 | 椭圆形、不封闭 | 1级分带 |
| Bi-11 | 0.018 4 | 0 | 椭圆形、不封闭 | 1级分带 |
| Bi-12 | 0.016 0 | 0 | 不规则形、不封闭 | 1级分带 |
| Bi-13 | 0.057 3 | 1 | 不规则形、不封闭 | 2级分带 |
| Bi-14 | 0.168 7 | 0 | 不规则形、不封闭 | 1级分带 |
| Bi-15 | 0.017 3 | 0 | 椭圆形、不封闭 | 1级分带 |

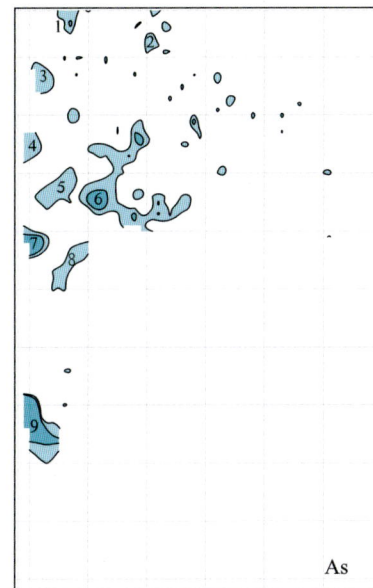

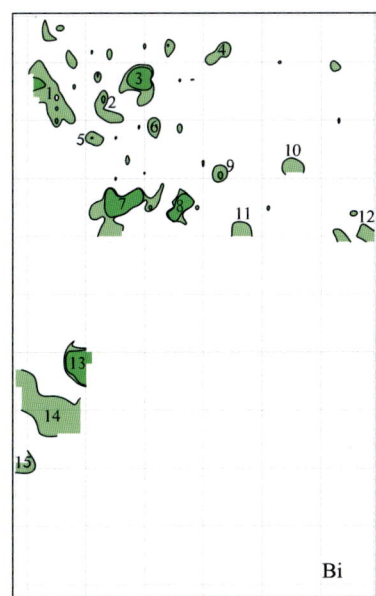

图 8-6　As、Au、Bi 元素地球化学异常图

## 第四节 综合异常圈定

根据单元素异常图和组合异常图分析结果,结合研究区地质条件,共圈定出 7 处综合异常:Hy-1、Hy-2、Hy-3、Hy-4、Hy-5、Hy-6、Hy-7(图 8-7)。

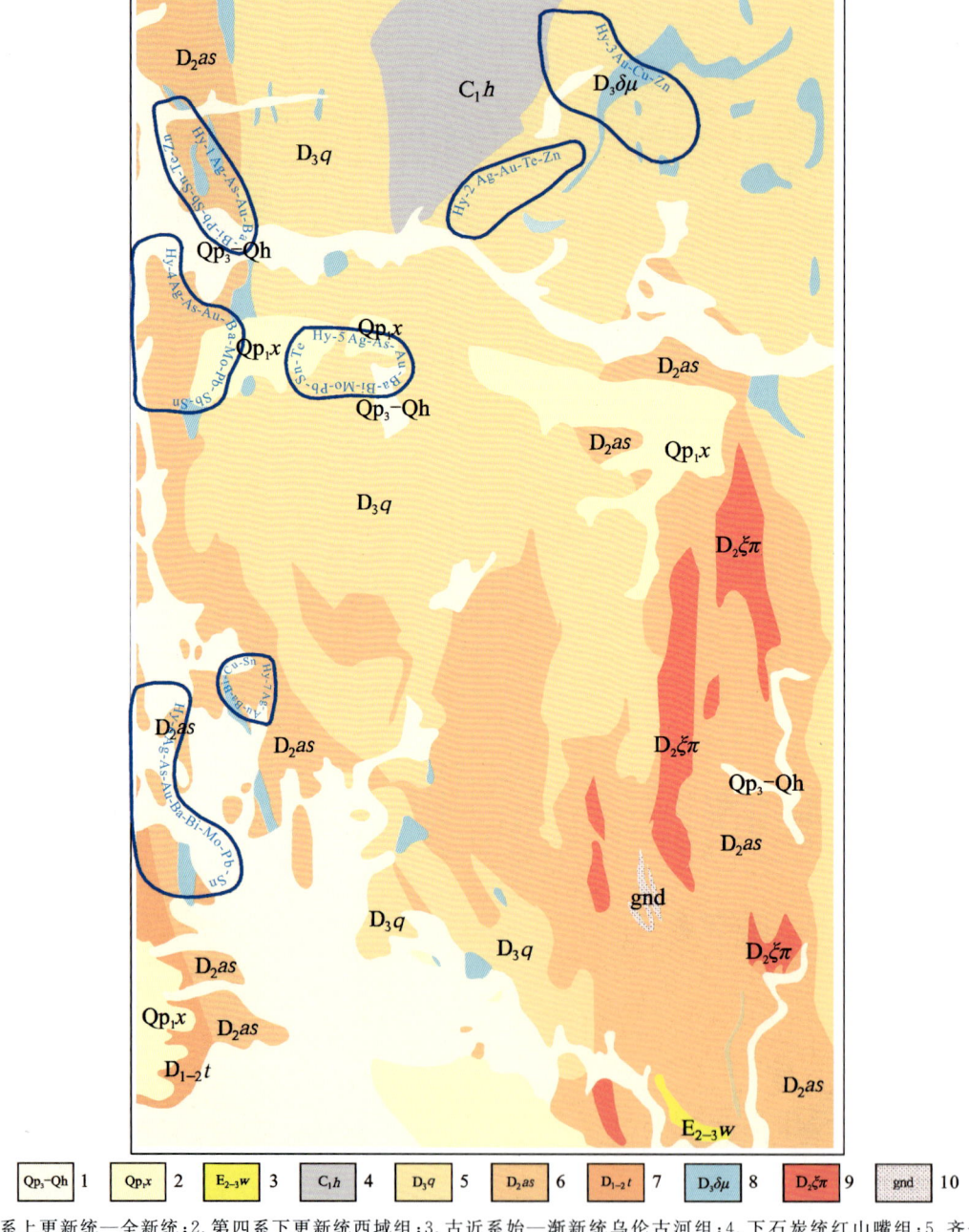

1.第四系上更新统—全新统;2.第四系下更新统西域组;3.古近系始—渐新统乌伦古河组;4.下石炭统红山嘴组;5.齐也组;6.阿舍勒组;7.托克萨雷组;8.次闪长(玢)岩、次(钠长)闪长岩;9.正长斑岩;10.铁帽。

图 8-7 塔斯步谷乐矿区综合异常图

Hy-1:异常位于研究区西北部,元素异常组合为 Ag-As-Au-Ba-Bi-Pb-Sb-Sn-Te-Zn。异常面积 0.164 3km²,样品数量 39,综合异常强度为 1.69。异常区内出露地层为第四系上更新统—全新统和中泥盆统阿舍勒组第二岩性段,主要岩性为次闪长(玢)岩、次(钠长)闪长岩。该综合异常面积中等,Ag、Pb 异常强度较高,Ag、Pb、Te 异常套合较好,具有一定的 Ag-Pb 找矿潜力。综合异常剖析图见图 8-8,综合异常特征见表 8-9。

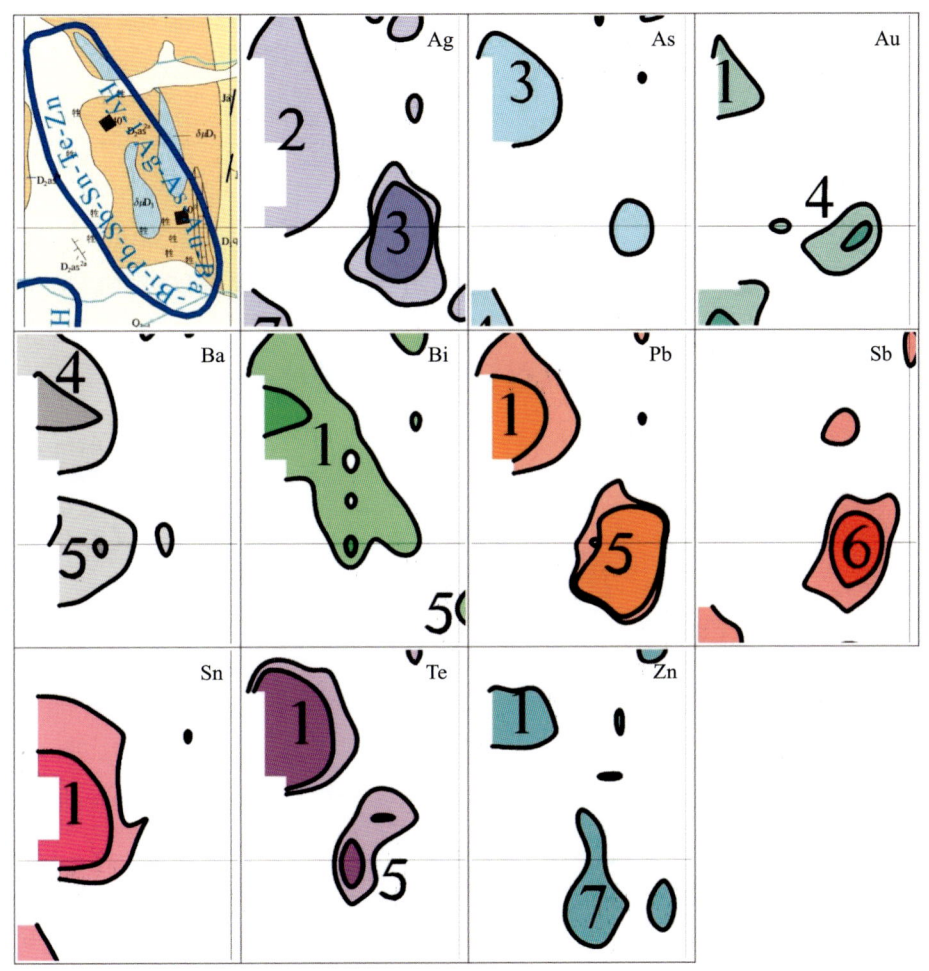

图 8-8 Hy-1 综合异常剖析图

表 8-9 Hy-1 综合异常特征表

| 元素 | 最小值 | 最大值 | 平均值 | 异常衬度 | 异常规模 | 浓度分带 |
| --- | --- | --- | --- | --- | --- | --- |
| Ag | 0.020 | 2.800 | 0.131 | 2.08 | 0.341 6 | 2 级分带 |
| As | 1.00 | 56.10 | 8.75 | 0.63 | 0.103 7 | 1 级分带 |
| Au | 0.25 | 4.60 | 1.10 | 0.83 | 0.136 9 | 2 级分带 |
| Ba | 29.20 | 482.00 | 126.58 | 0.83 | 0.137 0 | 2 级分带 |

续表 8-9

| 元素 | 最小值 | 最大值 | 平均值 | 异常衬度 | 异常规模 | 浓度分带 |
| --- | --- | --- | --- | --- | --- | --- |
| Bi | 0.02 | 0.96 | 0.16 | 1.14 | 0.187 8 | 2级分带 |
| Pb | 2.40 | 1 145.00 | 38.34 | 4.10 | 0.673 7 | 2级分带 |
| Sb | 0.23 | 23.40 | 1.38 | 1.14 | 0.187 4 | 2级分带 |
| Sn | 0.33 | 8.20 | 1.73 | 0.86 | 0.140 7 | 2级分带 |
| Te | 0.002 | 0.787 | 0.081 | 1.40 | 0.229 5 | 2级分带 |
| Zn | 17.90 | 206.00 | 83.72 | 0.72 | 0.118 6 | 1级分带 |

Hy-2:异常位于研究区北部,元素异常组合为 Ag-Au-Te-Zn。异常面积 0.121 4km², 样品数量 55,综合异常强度 1.44。异常区出露地层为下石炭统红山嘴组和上泥盆统齐也组第三岩性段,在研究区南部发育一条南南东向断层,主要岩性为流纹岩、安山岩、玄武岩及其相应的火山碎屑岩。该综合异常面积中等,Ag、Au 异常强度较高,Au 异常面积较大,具有一定的 Ag-Au 找矿潜力。综合异常剖析图见图 8-9,综合异常特征见表 8-10。

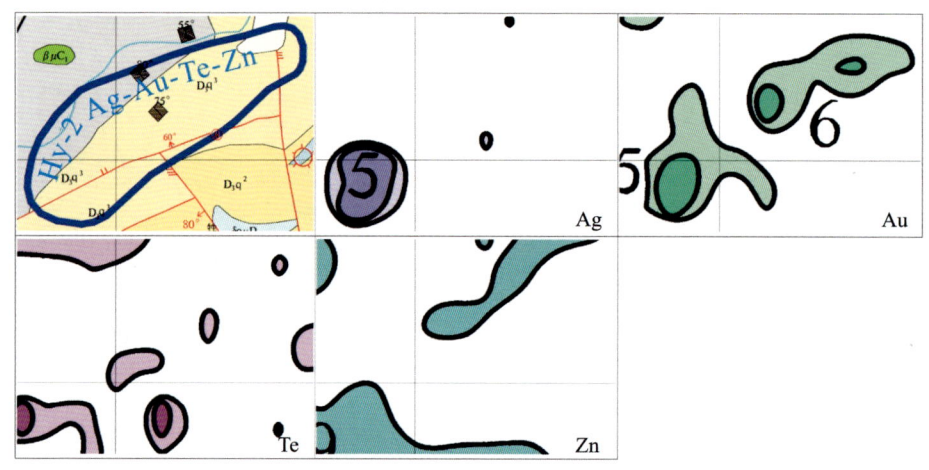

图 8-9  Hy-2 综合异常剖析图

表 8-10  Hy-2 综合异常特征

| 元素 | 最小值 | 最大值 | 平均值 | 异常衬度 | 异常规模 | 浓度分带 |
| --- | --- | --- | --- | --- | --- | --- |
| Ag | 0.020 | 5.300 | 0.138 | 2.19 | 0.265 9 | 2级分带 |
| Au | 0.37 | 21.50 | 2.06 | 1.56 | 0.189 4 | 2级分带 |
| Te | 0.004 | 0.178 | 0.041 | 0.71 | 0.086 2 | 2级分带 |
| Zn | 40.90 | 158.00 | 85.59 | 0.74 | 0.089 6 | 1级分带 |

Hy-3:异常位于研究区东北部,元素异常组合为 Au-Cu-Zn。异常面积 0.262 1km², 样品数量 100,综合异常强度为 0.84。异常区出露地层为下石炭统红山嘴组、上泥盆统齐也组第

三岩性段和第二岩性段,在研究区西部发育一条北北东向断层,主要岩性为次闪长(玢)岩、次(钠长)闪长岩。该综合异常面积较大,但是各元素异常强度中等,Au、Cu套合较好,具有一定的Au-Cu找矿潜力。综合异常剖析图见图8-10,综合异常特征见表8-11。

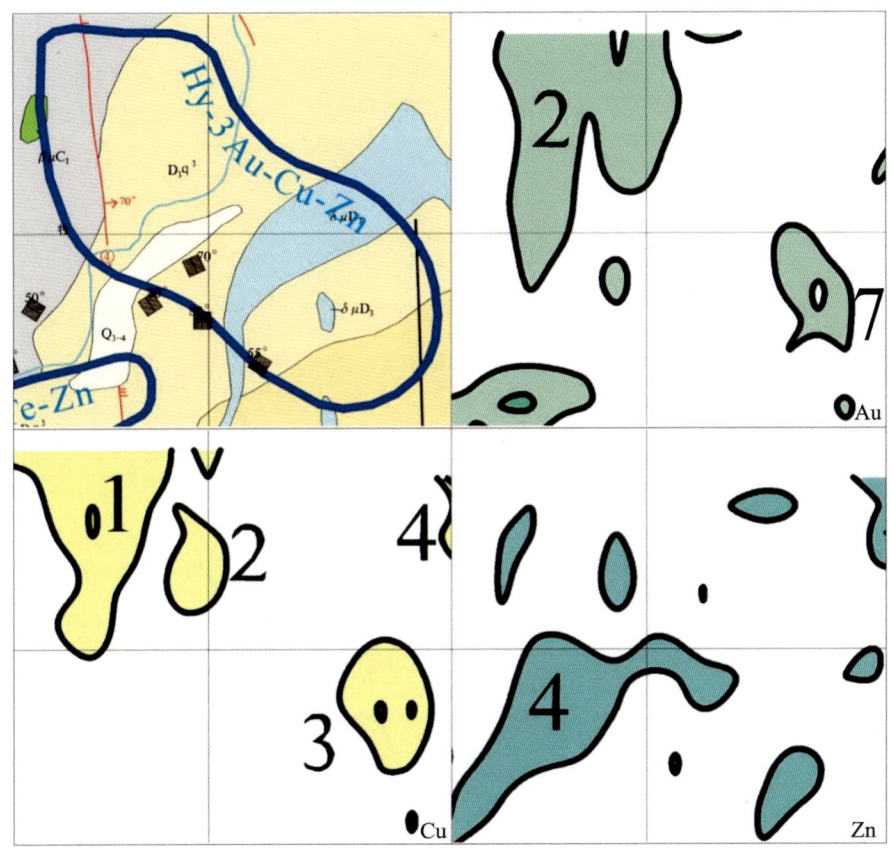

图 8-10  Hy-3 综合异常剖析图

表 8-11  Hy-3 综合异常特征

| 元素 | 最小值 | 最大值 | 平均值 | 异常衬度 | 异常规模 | 浓度分带 |
| --- | --- | --- | --- | --- | --- | --- |
| Au | 0.04 | 5.40 | 1.16 | 0.88 | 0.230 3 | 2级分带 |
| Cu | 20.80 | 428.00 | 85.87 | 0.89 | 0.234 1 | 2级分带 |
| Zn | 16.30 | 145.00 | 85.70 | 0.74 | 0.193 6 | 1级分带 |

Hy-4:异常位于研究区西部,元素异常组合为Ag-As-Au-Ba-Mo-Pb-Sb-Sn。异常面积0.269 4km$^2$,样品数量32,综合异常强度为1.56。异常区出露地层为中泥盆统阿舍勒组第一岩性段和第二岩性段,主要岩性为霏细岩、安山岩、英安岩等。该综合异常面积较大,Ag、Au异常强度较高,Ag、Au、Pb套合较好,具有较好的Ag-Au找矿潜力。综合异常剖析图见图8-11,综合异常特征见表8-12。

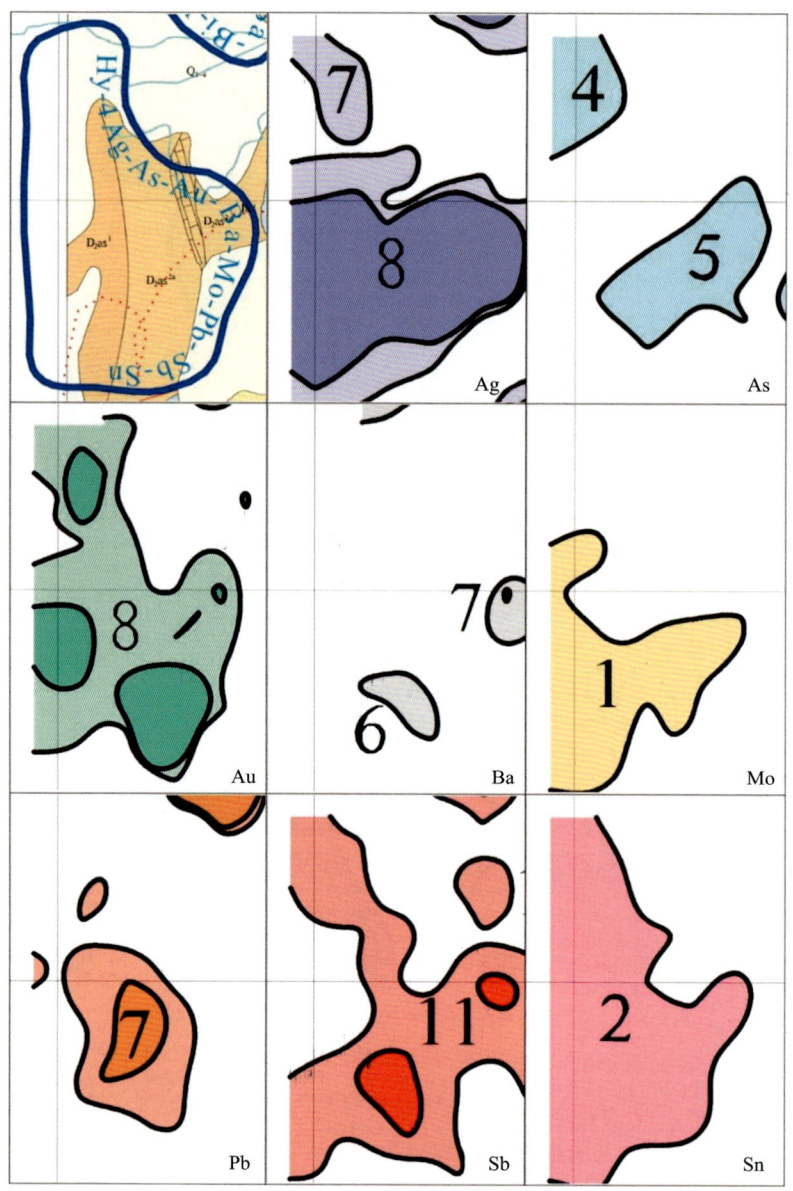

图 8-11　Hy-4 综合异常剖析图

表 8-12　Hy-4 综合异常特征

| 元素 | 最小值 | 最大值 | 平均值 | 异常衬度 | 异常规模 | 浓度分带 |
| --- | --- | --- | --- | --- | --- | --- |
| Ag | 0.020 | 3.000 | 0.194 | 3.08 | 0.828 6 | 2 级分带 |
| As | 2.80 | 29.30 | 11.29 | 0.81 | 0.219 5 | 1 级分带 |
| Au | 0.44 | 30.90 | 2.75 | 2.08 | 0.561 3 | 2 级分带 |
| Ba | 10.80 | 461.00 | 93.53 | 0.62 | 0.166 0 | 2 级分带 |
| Mo | 0.18 | 9.00 | 3.72 | 0.80 | 0.215 1 | 1 级分带 |

续表 8-12

| 元素 | 最小值 | 最大值 | 平均值 | 异常衬度 | 异常规模 | 浓度分带 |
|---|---|---|---|---|---|---|
| Pb | 3.10 | 38.90 | 9.62 | 1.03 | 0.277 2 | 2 级分带 |
| Sb | 0.27 | 4.70 | 1.65 | 1.36 | 0.367 4 | 2 级分带 |
| Sn | 0.33 | 3.80 | 2.14 | 1.06 | 0.285 4 | 1 级分带 |

Hy-5：异常位于研究区中部，元素异常组合为 Ag-As-Au-Ba-Bi-Mo-Pb-Sn-Te。异常面积 0.147 6 km$^2$，样品数量 33，综合异常强度为 3.11。异常区内出露地层为第四系下更新统西域组和上泥盆统齐也组第二岩性段，在研究区中部发育一条南北向断层，主要岩性为阿舍勒旋回次英安斑岩。该综合异常面积中等，Bi、Pb 异常强度较高，Ag、Bi、Pb 异常套合较好，具有较好的 Bi-Pb 找矿潜力。综合异常剖析图见图 8-12，综合异常特征见表 8-13。

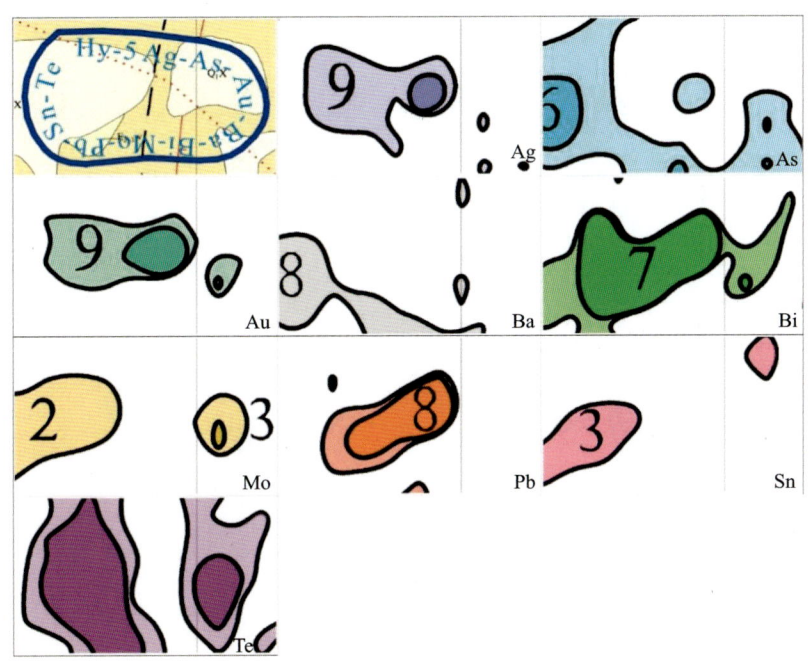

图 8-12　Hy-5 综合异常剖析图

表 8-13　Hy-5 综合异常特征

| 元素 | 最小值 | 最大值 | 平均值 | 异常衬度 | 异常规模 | 浓度分带 |
|---|---|---|---|---|---|---|
| Ag | 0.030 | 0.470 | 0.068 | 1.08 | 0.159 3 | 2 级分带 |
| As | 0.03 | 318.00 | 8.62 | 0.62 | 0.091 8 | 2 级分带 |
| Au | 0.32 | 31.00 | 1.93 | 1.46 | 0.215 8 | 2 级分带 |
| Ba | 27.70 | 404.00 | 97.37 | 0.64 | 0.094 7 | 1 级分带 |
| Bi | 0.03 | 17.80 | 1.21 | 8.64 | 1.275 7 | 2 级分带 |
| Mo | 0.43 | 21.80 | 3.29 | 0.71 | 0.104 2 | 2 级分带 |

续表 8-13

| 元素 | 最小值 | 最大值 | 平均值 | 异常衬度 | 异常规模 | 浓度分带 |
|---|---|---|---|---|---|---|
| Pb | 2.70 | 300.00 | 19.56 | 2.09 | 0.308 8 | 2级分带 |
| Sn | 0.66 | 3.20 | 1.46 | 0.72 | 0.106 7 | 1级分带 |
| Te | 0.011 | 0.716 | 0.103 | 1.78 | 0.262 1 | 2级分带 |

Hy-6：异常位于研究区西南部，元素异常组合 Ag-As-Au-Ba-Bi-Mo-Pb-Sn。异常面积 0.271 3km²，样品数量 11，综合异常强度为 2.39。异常区出露地层为第四系上更新统—全新统和中泥盆统阿舍勒组第一岩性段，玛尔卡库里大断裂穿过此异常区，主要岩性为霏细岩、安山岩、英安岩等。该综合异常面积较大，As、Au、Pb 异常强度较高，各元素异常套合较好，具有较好的 Au-Pb 找矿潜力。综合异常剖析图见图 8-13，综合异常特征见表 8-14。

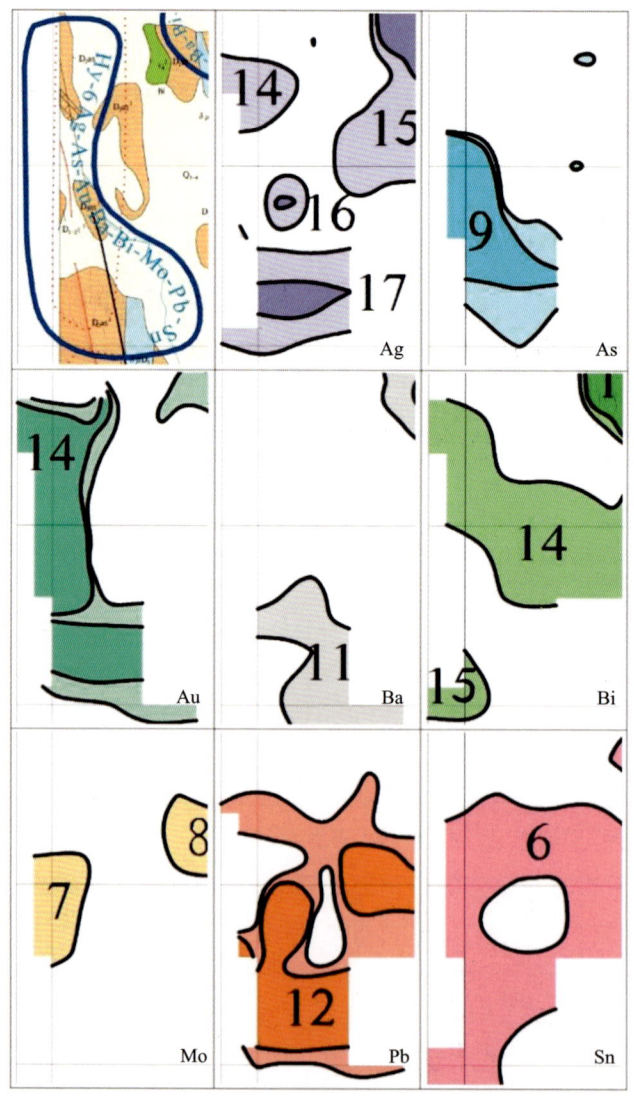

图 8-13　Hy-6 综合异常剖析图

## 第二节 元素空间分布特征

为查明各元素的分布特征,利用 MapGIS 软件绘制了各元素的单元素异常图。以一倍异常下限(异常外带)、二倍异常下限(异常中带)和四倍异常下限(异常内带)作为平面等值线图的步长。

从各元素的单元素异常图中(图 9-1)可以发现,Au 和 Ag 主要分布在研究区中部和南部;As 和 Sb 主要分布在研究区西北角和中部;Cu 和 Mo 主要分布在研究区中部,在西北部和东部也有零散分布;Pb 和 Zn 主要分布在研究区中部,在东部和东南部也有零散分布。

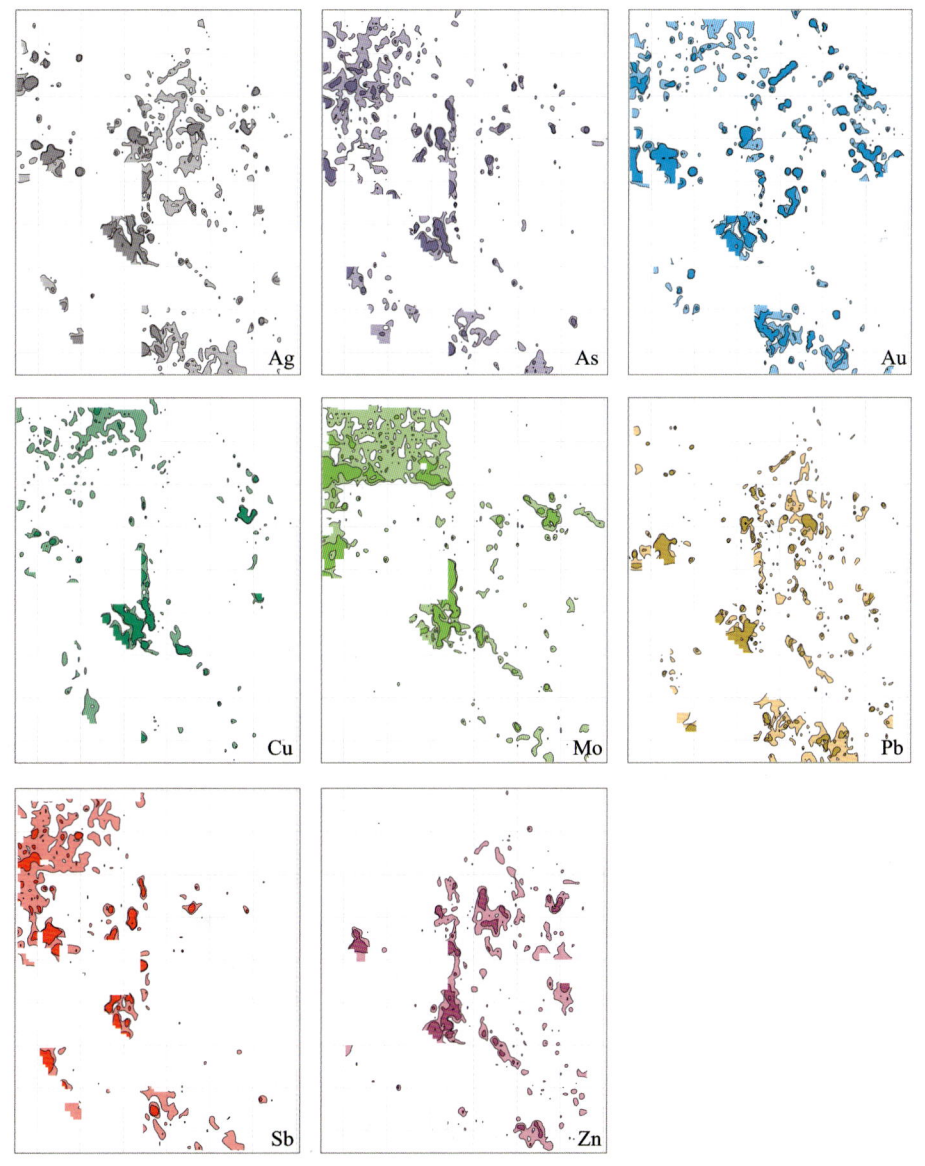

图 9-1 单元素异常图

## 第三节 元素组合特征

为了研究阿舍勒铜矿外围各元素组合特点，查明各元素间的相关关系和亲疏程度，对研究区各元素进行了 R 型聚类分析(图 9-2)。

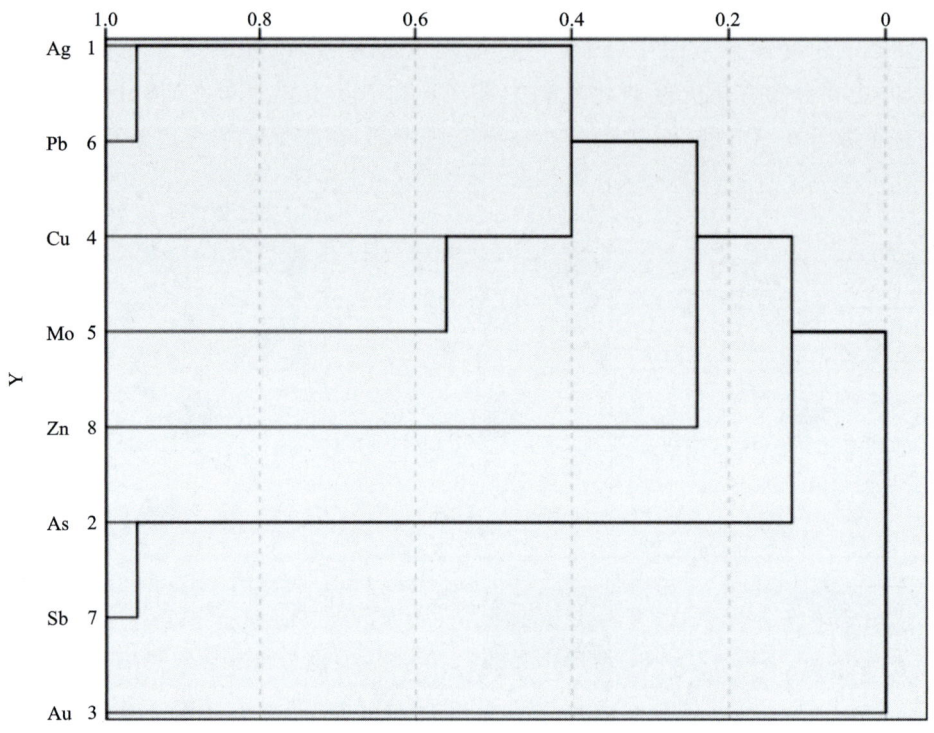

图 9-2 新疆阿舍勒铜矿外围一带 R 型聚类分析谱系图

从聚类分析结果可以看出，以相似性水平为 0.2 划分，将研究区元素分为 3 组，其中 Ag、Pb、Cu、Mo、Zn 为一组，As、Sb 为一组，Au 单独为一组。

应用 SPSS 软件对新疆阿舍勒铜矿外围一带中 8 种元素进行因子分析，得到 Bartlett 球状检验和 KMO 检验分析表、新疆阿舍勒铜矿外围一带各元素相关系数表以及旋转因子载荷矩阵表，结果详见表 9-2～表 9-4。

表 9-2 阿舍勒外围一带 Bartlett 球状检验和 KMO 检验分析

| | |
|---|---|
| KMO 值 | 0.678 |
| Bartlett 球状检验统计值 | 20 707.923 |
| 自由度 | 28 |
| 概率 $P$ 值 | 0.000 |

由表 9-2 可以看出，阿舍勒外围一带 KMO 值为 0.678，变量间相关性较强。概率 $P$ 值越小(小于 0.05)，表明越有可能存在有意义的相关关系，阿舍勒外围一带 Bartlett 球状检验统

计值为 20 707.923,在自由度为 28 的条件下,概率 $P$ 值为 0.000,达到显著水平。

表 9-3  阿舍勒外围一带各元素相关系数

| 元素 | Ag | As | Au | Cu | Mo | Pb | Sb | Zn |
|---|---|---|---|---|---|---|---|---|
| Ag | 1 | | | | | | | |
| As | 0.262 | 1 | | | | | | |
| Au | 0.419 | 0.077 | 1 | | | | | |
| Cu | 0.312 | 0.138 | 0.120 | 1 | | | | |
| Mo | 0.295 | 0.191 | 0.025 | 0.324 | 1 | | | |
| Pb | 0.468 | 0.341 | 0.063 | 0.219 | 0.269 | 1 | | |
| Sb | 0.235 | 0.456 | 0.083 | 0.044 | 0.067 | 0.243 | 1 | |
| Zn | 0.218 | 0.098 | 0.060 | 0.204 | 0.125 | 0.311 | 0.046 | 1 |

从表 9-3 中可以看出,部分元素之间具有较强的相关性,如 Ag-Au、Ag-Pb、As-Pb、As-Sb、As-Mo、Cu-Mo、Pb-Zn 等元素均具有较强的相关性。

结合旋转后的成分矩阵(表 9-4),选取 3 个公因子进行分析,采用凯撒正态化最大方差法进行因子正交旋转,变量累计方差贡献率达到 68.717%。

表 9-4  阿舍勒外围一带旋转后的成分矩阵

| 元素 | F1 | F2 | F3 |
|---|---|---|---|
| Ag | 0.460 | 0.292 | 0.649 |
| As | 0.157 | 0.808 | 0.028 |
| Au | −0.040 | −0.001 | 0.936 |
| Cu | 0.683 | −0.050 | 0.177 |
| Mo | 0.682 | 0.098 | −0.033 |
| Pb | 0.571 | 0.464 | 0.103 |
| Sb | −0.068 | 0.838 | 0.092 |
| Zn | 0.581 | 0.027 | 0.027 |

注:公因子提取方法为主成分分析法,旋转方法为凯撒正态化最大方差法。

根据旋转后的成分矩阵(表 9-4)可知,阿舍勒外围一带地球化学元素可分为 3 种元素组合:F1——Cu、Mo、Pb、Zn;F2——As、Sb;F3——Au、Ag。因子方差贡献分别为 22.968%、20.866% 和 16.875%。累计方差贡献分别为 22.968%、43.834% 和 60.709%。特征值分别为 1.837、1.669 和 1.350。

F1 地球化学异常(表 9-5,图 9-3):以异常面积大于 0.05 km$^2$ 为标准,圈定 Cu 元素异常 8 处,Mo 元素异常 9 处,Pb 元素异常 18 处,Zn 元素异常 13 处。

表 9-5　Cu、Mo、Pb、Zn 元素地球化学异常特征

| 编号 | 面积/km² | 浓集中心数量 | 异常特点 | 异常分带性 |
|---|---|---|---|---|
| Cu-1 | 0.701 8 | 6 | 不规则形、不封闭 | 2 级分带 |
| Cu-2 | 0.050 1 | 0 | 长条形、封闭 | 1 级分带 |
| Cu-3 | 0.084 0 | 0 | 不规则形、封闭 | 1 级分带 |
| Cu-4 | 0.080 | 2 | 不规则形、不封闭 | 2 级分带 |
| Cu-5 | 0.106 6 | 1 | 桃心形、封闭 | 2 级分带 |
| Cu-6 | 0.891 9 | 8 | 不规则形、不封闭 | 2 级分带 |
| Cu-7 | 0.142 0 | 1 | 不规则形、封闭 | 2 级分带 |
| Cu-8 | 0.160 7 | 0 | 火焰形、不封闭 | 1 级分带 |
| Mo-1 | 4.228 9 | 16 | 方形、不封闭 | 2 级分带 |
| Mo-2 | 0.491 3 | 2 | 不规则形、不封闭 | 2 级分带 |
| Mo-3 | 0.060 8 | 1 | 不规则形、封闭 | 2 级分带 |
| Mo-4 | 0.281 2 | 3 | 不规则形、封闭 | 2 级分带 |
| Mo-5 | 0.115 2 | 2 | 长条形、封闭 | 2 级分带 |
| Mo-6 | 0.907 7 | 5 | 不规则形、不封闭 | 2 级分带 |
| Mo-7 | 0.155 6 | 2 | 不规则形、不封闭 | 2 级分带 |
| Mo-8 | 0.064 7 | 1 | 长条形、封闭 | 2 级分带 |
| Mo-9 | 0.075 9 | 1 | 长条形、封闭 | 2 级分带 |
| Pb-1 | 0.064 8 | 3 | 长条形、封闭 | 2 级分带 |
| Pb-2 | 0.059 2 | 0 | 不规则形、封闭 | 1 级分带 |
| Pb-3 | 0.117 3 | 2 | 不规则形、封闭 | 2 级分带 |
| Pb-4 | 0.346 6 | 5 | 不规则形、封闭 | 2 级分带 |
| Pb-5 | 0.084 1 | 2 | 不规则形、不封闭 | 2 级分带 |
| Pb-6 | 0.055 5 | 1 | 不规则形、不封闭 | 2 级分带 |
| Pb-7 | 0.232 5 | 1 | 不规则形、不封闭 | 2 级分带 |
| Pb-8 | 0.097 5 | 3 | 长条形、不封闭 | 2 级分带 |
| Pb-9 | 0.062 5 | 2 | 不规则形、不封闭 | 2 级分带 |
| Pb-10 | 0.061 5 | 4 | 不规则形、不封闭 | 2 级分带 |
| Pb-11 | 0.331 6 | 2 | 不规则形、不封闭 | 2 级分带 |
| Pb-12 | 0.070 3 | 2 | 长条形、封闭 | 2 级分带 |
| Pb-13 | 0.052 8 | 0 | 长条形、封闭 | 1 级分带 |

续表 9-5

| 编号 | 面积/km² | 浓集中心数量 | 异常特点 | 异常分带性 |
|---|---|---|---|---|
| Pb-14 | 0.062 0 | 0 | 半圆形、不封闭 | 1 级分带 |
| Pb-15 | 0.053 3 | 1 | 不规则形、不封闭 | 2 级分带 |
| Pb-16 | 0.419 6 | 6 | 不规则形、不封闭 | 2 级分带 |
| Pb-17 | 0.059 0 | 0 | 不规则形、不封闭 | 1 级分带 |
| Pb-18 | 0.509 7 | 5 | 不规则形、不封闭 | 2 级分带 |
| Zn-1 | 0.101 8 | 1 | 不规则形、封闭 | 2 级分带 |
| Zn-2 | 0.096 8 | 0 | 不规则形、封闭 | 1 级分带 |
| Zn-3 | 0.220 5 | 1 | 火焰形、不封闭 | 2 级分带 |
| Zn-4 | 0.980 9 | 7 | 长条形、不封闭 | 2 级分带 |
| Zn-5 | 0.516 5 | 3 | 不规则形、封闭 | 2 级分带 |
| Zn-6 | 0.146 0 | 2 | 桃心形、封闭 | 2 级分带 |
| Zn-7 | 0.078 6 | 1 | 不规则形、封闭 | 2 级分带 |
| Zn-8 | 0.069 9 | 0 | 不规则形、不封闭 | 1 级分带 |
| Zn-9 | 0.080 7 | 0 | 火焰形、不封闭 | 1 级分带 |
| Zn-10 | 0.184 6 | 2 | 火焰形、不封闭 | 2 级分带 |
| Zn-11 | 0.068 6 | 1 | 不规则形、不封闭 | 2 级分带 |
| Zn-12 | 0.174 1 | 5 | 长条形、封闭 | 2 级分带 |
| Zn-13 | 0.300 6 | 3 | 不规则形、封闭 | 2 级分带 |

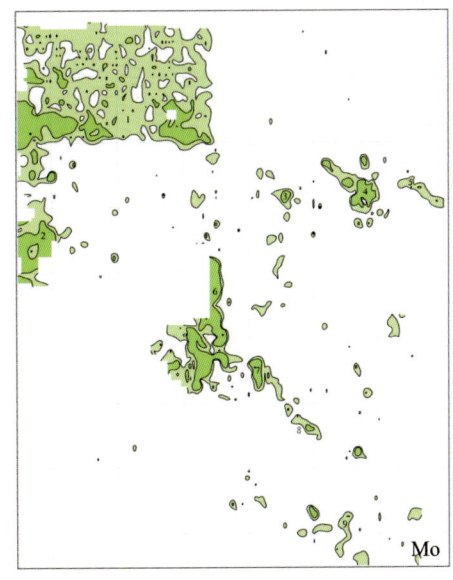

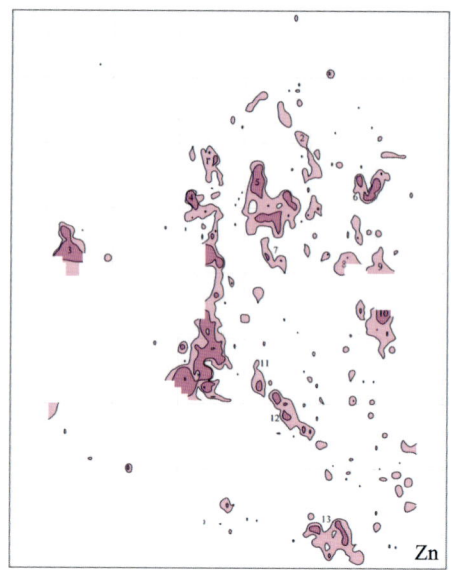

图 9-3　Cu、Mo、Pb、Zn 元素地球化学异常图

F2 地球化学异常（表 9-6，图 9-4）：以异常面积大于 0.05 km² 为标准，圈定 As 元素异常 23 处，Sb 元素异常 16 处。

表 9-6　As、Sb 元素地球化学异常特征

| 编号 | 面积/km² | 浓集中心数量 | 异常特点 | 异常分带性 |
| --- | --- | --- | --- | --- |
| As-1 | 0.069 0 | 1 | 不规则形、不封闭 | 2 级分带 |
| As-2 | 0.064 3 | 0 | 不规则形、不封闭 | 1 级分带 |
| As-3 | 1.377 2 | 13 | 不规则形、不封闭 | 2 级分带 |
| As-4 | 0.087 0 | 1 | 桃心形、封闭 | 2 级分带 |
| As-5 | 0.050 7 | 1 | 不规则形、不封闭 | 2 级分带 |
| As-6 | 0.145 8 | 1 | 不规则形、不封闭 | 2 级分带 |
| As-7 | 0.233 3 | 0 | 不规则形、封闭 | 1 级分带 |
| As-8 | 0.059 9 | 0 | 不规则形、封闭 | 1 级分带 |
| As-9 | 0.052 8 | 2 | 长条形、封闭 | 2 级分带 |
| As-10 | 0.064 0 | 1 | 不规则形、不封闭 | 2 级分带 |
| As-11 | 0.199 0 | 1 | 不规则形、不封闭 | 2 级分带 |
| As-12 | 0.144 1 | 2 | 长条形、封闭 | 2 级分带 |
| As-13 | 0.071 2 | 1 | 不规则形、封闭 | 2 级分带 |
| As-14 | 0.100 9 | 2 | 不规则形、不封闭 | 2 级分带 |
| As-15 | 0.063 5 | 2 | 长条形、封闭 | 2 级分带 |
| As-16 | 0.452 6 | 3 | 不规则形、不封闭 | 2 级分带 |
| As-17 | 0.157 7 | 3 | 不规则形、不封闭 | 2 级分带 |
| As-18 | 0.077 8 | 1 | 不规则形、不封闭 | 2 级分带 |

续表 9-6

| 编号 | 面积/km² | 浓集中心数量 | 异常特点 | 异常分带性 |
|---|---|---|---|---|
| As-19 | 0.171 6 | 1 | 不规则形、不封闭 | 2级分带 |
| As-20 | 0.173 9 | 1 | 不规则形、不封闭 | 2级分带 |
| As-21 | 0.076 0 | 0 | 不规则形、封闭 | 1级分带 |
| As-22 | 0.058 5 | 0 | 不规则形、封闭 | 1级分带 |
| As-23 | 0.187 3 | 3 | 火焰形、不封闭 | 2级分带 |
| Sb-1 | 1.953 9 | 21 | 不规则形、不封闭 | 2级分带 |
| Sb-2 | 0.269 8 | 1 | 不规则形、不封闭 | 2级分带 |
| Sb-3 | 0.057 4 | 0 | 不规则形、封闭 | 1级分带 |
| Sb-4 | 0.277 0 | 2 | 不规则形、不封闭 | 2级分带 |
| Sb-5 | 0.055 6 | 1 | 椭圆形、封闭 | 2级分带 |
| Sb-6 | 0.105 6 | 1 | 椭圆形、封闭 | 2级分带 |
| Sb-7 | 0.069 5 | 1 | 长条形、封闭 | 2级分带 |
| Sb-8 | 0.066 0 | 1 | 不规则形、封闭 | 2级分带 |
| Sb-9 | 0.068 2 | 1 | 火焰型、不封闭 | 2级分带 |
| Sb-10 | 0.383 6 | 7 | 不规则形、不封闭 | 2级分带 |
| Sb-11 | 0.173 3 | 1 | 不规则形、不封闭 | 2级分带 |
| Sb-12 | 0.113 7 | 0 | 不规则形、不封闭 | 1级分带 |
| Sb-13 | 0.074 3 | 1 | 椭圆形、封闭 | 2级分带 |
| Sb-14 | 0.222 8 | 0 | 不规则形、不封闭 | 1级分带 |
| Sb-15 | 0.063 2 | 0 | 长条形、封闭 | 1级分带 |
| Sb-16 | 0.127 0 | 0 | 不规则形、不封闭 | 1级分带 |

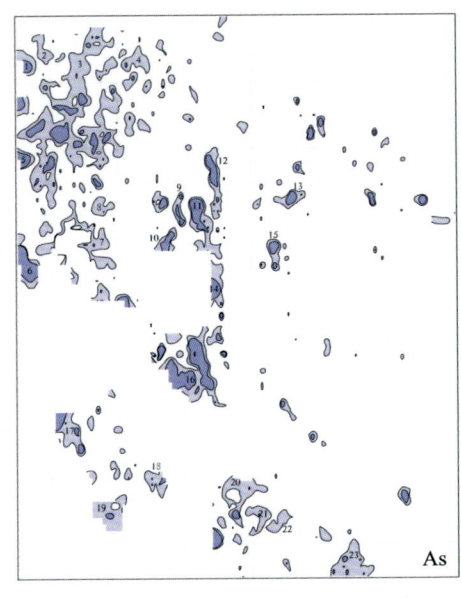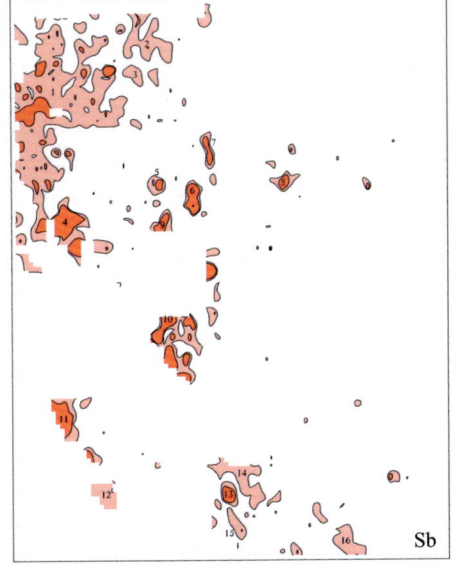

图 9-4  As、Sb 元素地球化学异常图

F3 地球化学异常(表 9-7,图 9-5):以异常面积大于 $0.05km^2$ 为标准,圈定 Au 元素异常 25 处,Ag 元素异常 17 处。

表 9-7 Au、Ag 元素地球化学异常特征

| 编号 | 面积/km² | 浓集中心数量 | 异常特点 | 异常分带性 |
| --- | --- | --- | --- | --- |
| Au-1 | 0.059 1 | 0 | 不规则形、不封闭 | 1 级分带 |
| Au-2 | 0.159 5 | 0 | 不规则形、不封闭 | 1 级分带 |
| Au-3 | 0.113 7 | 0 | 不规则形、不封闭 | 1 级分带 |
| Au-4 | 0.173 9 | 3 | 长条形、封闭 | 2 级分带 |
| Au-5 | 0.270 6 | 2 | 不规则形、不封闭 | 2 级分带 |
| Au-6 | 0.059 2 | 1 | 不规则形、封闭 | 2 级分带 |
| Au-7 | 0.157 1 | 2 | 长条形、封闭 | 2 级分带 |
| Au-8 | 0.136 9 | 2 | 不规则形、封闭 | 2 级分带 |
| Au-9 | 0.054 5 | 1 | 不规则形、封闭 | 2 级分带 |
| Au-10 | 0.064 4 | 1 | 不规则形、封闭 | 2 级分带 |
| Au-11 | 0.077 3 | 4 | 不规则形、封闭 | 2 级分带 |
| Au-12 | 0.189 5 | 1 | 不规则形、不封闭 | 2 级分带 |
| Au-13 | 0.456 0 | 2 | 不规则形、不封闭 | 2 级分带 |
| Au-14 | 0.213 1 | 2 | 桃心形、封闭 | 2 级分带 |
| Au-15 | 0.142 0 | 2 | 不规则形、封闭 | 2 级分带 |
| Au-16 | 0.067 6 | 2 | 不规则形、封闭 | 2 级分带 |
| Au-17 | 0.050 8 | 2 | 不规则形、不封闭 | 2 级分带 |
| Au-18 | 0.253 7 | 3 | 不规则形、不封闭 | 2 级分带 |
| Au-19 | 0.071 5 | 3 | 长条形、封闭 | 2 级分带 |
| Au-20 | 0.059 0 | 1 | 椭圆形、封闭 | 2 级分带 |
| Au-21 | 0.205 2 | 1 | 不规则形、封闭 | 2 级分带 |
| Au-22 | 0.631 3 | 4 | 不规则形、不封闭 | 2 级分带 |
| Au-23 | 0.671 6 | 6 | 不规则形、不封闭 | 2 级分带 |
| Au-24 | 0.060 9 | 1 | 长条形、封闭 | 2 级分带 |
| Au-25 | 0.283 2 | 2 | 不规则形、封闭 | 2 级分带 |
| Ag-1 | 0.177 0 | 2 | 不规则形、不封闭 | 2 级分带 |
| Ag-2 | 0.090 6 | 0 | 长条形、封闭 | 1 级分带 |
| Ag-3 | 0.095 0 | 0 | 不规则形、封闭 | 1 级分带 |
| Ag-4 | 0.080 5 | 2 | 不规则形、封闭 | 2 级分带 |

续表 9-7

| 编号 | 面积/km² | 浓集中心数量 | 异常特点 | 异常分带性 |
|---|---|---|---|---|
| Ag-5 | 0.261 0 | 1 | 不规则形、封闭 | 2 级分带 |
| Ag-6 | 0.078 9 | 1 | 长条形、封闭 | 2 级分带 |
| Ag-7 | 0.075 7 | 1 | 桃心形、封闭 | 2 级分带 |
| Ag-8 | 0.268 8 | 2 | 不规则形、不封闭 | 2 级分带 |
| Ag-9 | 0.326 8 | 3 | 不规则形、不封闭 | 2 级分带 |
| Ag-10 | 0.455 7 | 2 | 不规则形、封闭 | 2 级分带 |
| Ag-11 | 0.170 2 | 2 | 不规则形、不封闭 | 2 级分带 |
| Ag-12 | 0.224 5 | 2 | 不规则形、封闭 | 2 级分带 |
| Ag-13 | 0.673 7 | 3 | 不规则形、不封闭 | 2 级分带 |
| Ag-14 | 0.081 1 | 1 | 不规则形、不封闭 | 2 级分带 |
| Ag-15 | 0.500 1 | 7 | 不规则形、不封闭 | 2 级分带 |
| Ag-16 | 0.086 9 | 2 | 不规则形、不封闭 | 2 级分带 |
| Ag-17 | 0.392 1 | 2 | 不规则形、不封闭 | 2 级分带 |

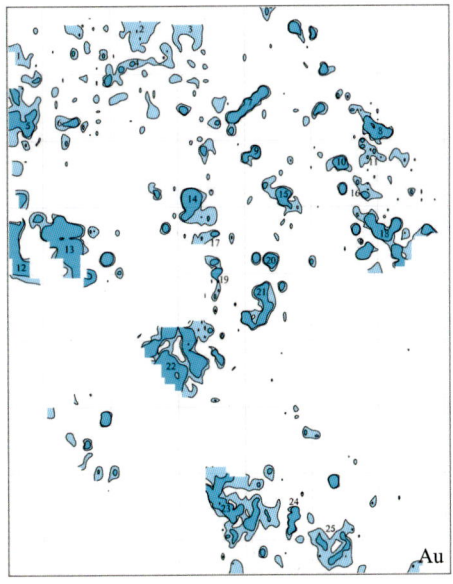

图 9-5　Ag、Au 元素地球化学异常图

## 第四节　综合异常圈定

根据单元素异常图和组合异常图分析结果,结合研究区地质条件,共圈定出 9 处综合异常:Hy-1、Hy-2、Hy-3、Hy-4、Hy-5、Hy-6、Hy-7、Hy-8、Hy-9(图 9-6)。

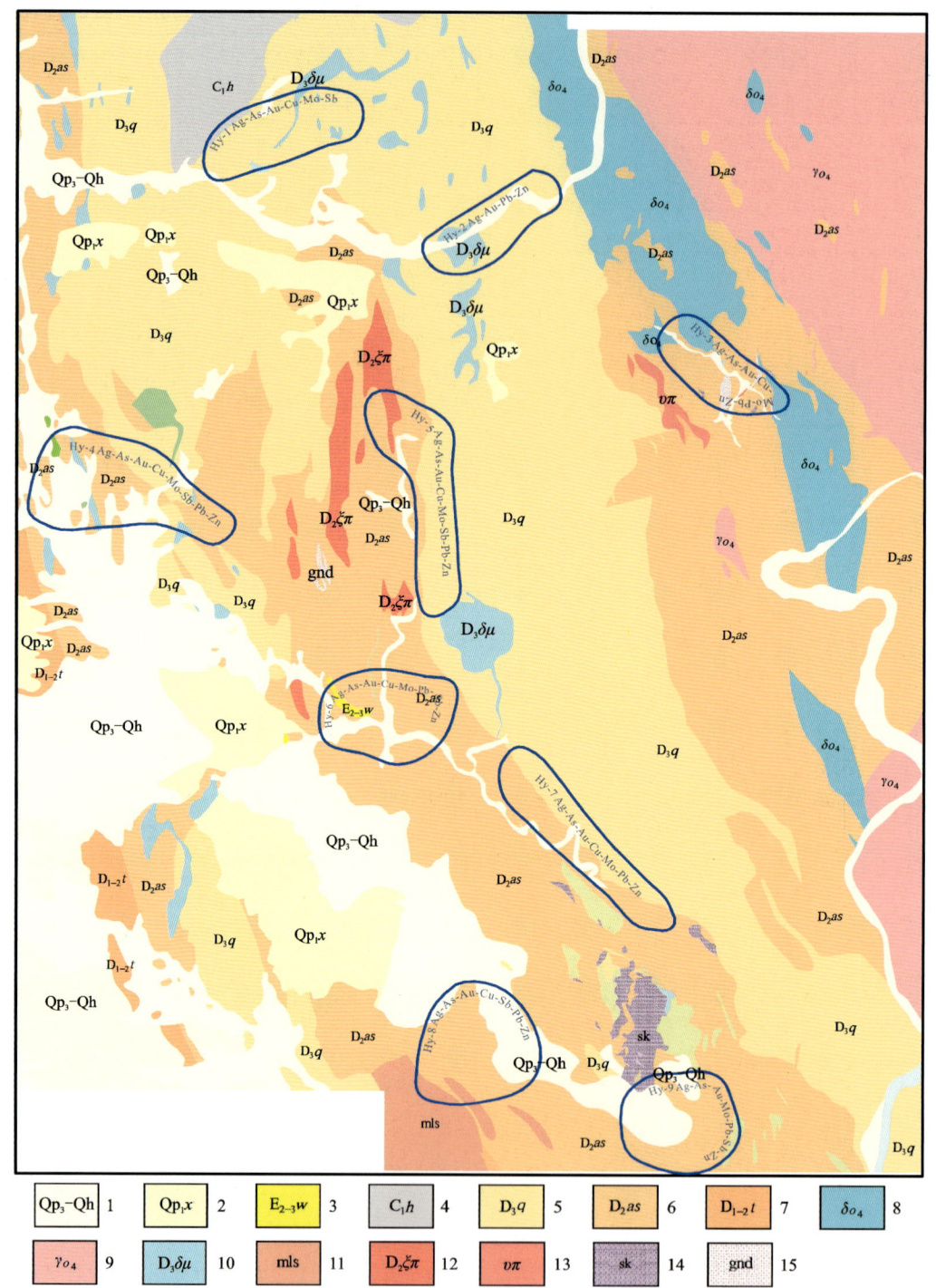

图 9-6  阿舍勒外围一带综合异常图

1.第四系上更新统—全新统；2.第四系下更新统西域组；3.古近系始—渐新统乌伦古河组；4.下石炭统红山嘴组；5.齐也组；6.阿舍勒组；7.托克萨勒组；8.海西中期辉长岩（局部相变为纤闪石岩）；9.海西早—中期斜长花岗岩、斜长花岗斑岩；10.次闪长（玢）岩、次（钠长）闪长岩；11.泥晶灰岩；12.正长斑岩；13.霏细斑岩；14.矽卡岩；15.铁帽。

Hy-1：异常位于研究区西北部，呈东西向展布，异常元素组合为 Ag-As-Au-Cu-Mo-Sb。异常面积 0.492 5km²，样品数量 215，综合异常强度为 1.42。异常区内出露地层为上泥盆统齐也组第三岩性段和第四系上更新统—全新统，发育有一条南北向断层、一条北西向断层和两条北东向断层，在研究区北部存在一个古火山口，发育有次闪长（玢）岩、次（钠长）闪长岩。该综合异常面积中等，Au、Sb 异常强度较高，Au、Cu 套合较好，具有一定的 Au-Cu 找矿潜力。综合异常剖析图见图 9-7，综合异常特征见表 9-8。

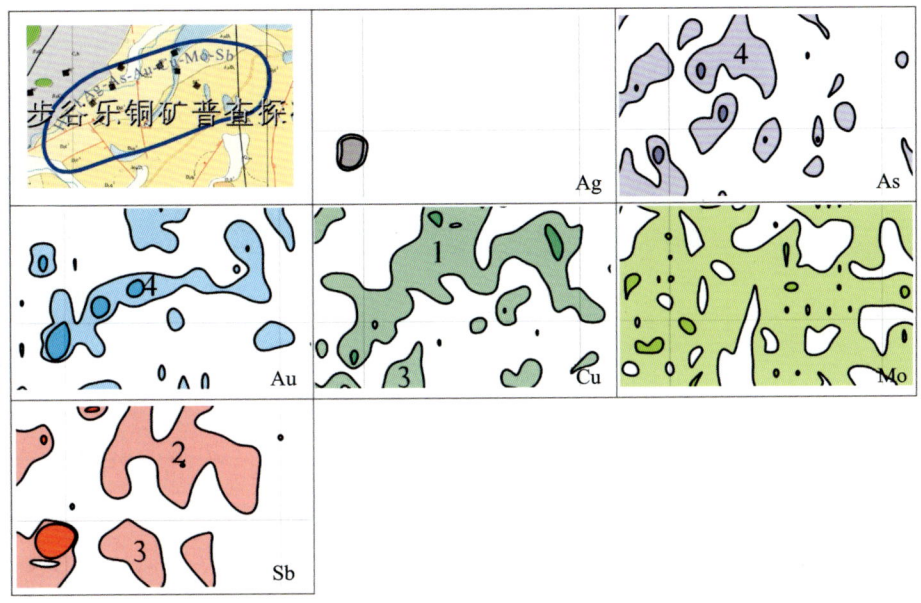

图 9-7　Hy-1 综合异常剖析图

表 9-8　Hy-1 综合异常特征

| 元素 | 最小值 | 最大值 | 平均值 | 异常衬度 | 异常规模 | 浓度分带 |
| --- | --- | --- | --- | --- | --- | --- |
| Ag | 0.021 | 5.300 | 0.068 | 0.78 | 0.384 2 | 2 级分带 |
| As | 0.12 | 104.00 | 8.22 | 0.95 | 0.467 9 | 2 级分带 |
| Au | 0.04 | 21.50 | 1.17 | 1.34 | 0.660 0 | 2 级分带 |
| Cu | 3.80 | 428.00 | 71.26 | 1.13 | 0.556 5 | 2 级分带 |
| Mo | 0.15 | 9.30 | 1.94 | 1.23 | 0.605 8 | 2 级分带 |
| Sb | 0.01 | 202.00 | 1.61 | 2.44 | 1.201 7 | 2 级分带 |

Hy-2：异常位于研究区北部，呈南南东向展布，元素异常组合为 Ag-Au-Pb-Zn。异常面积 0.378 0km²，样品数量 180，综合异常强度为 1.30。异常区出露地层为第四系上更新统—全新统、上泥盆统齐也组第一岩性段和第二岩性段，在异常区内发育 3 条北北东向断层，主要岩性为次闪长（玢）岩、次（钠长）闪长岩。该综合异常面积较小，Au 异常强度较高，各元素异常套合较好，具有一定的 Au 找矿潜力。综合异常剖析图见图 9-8，综合异常特征见表 9-9。

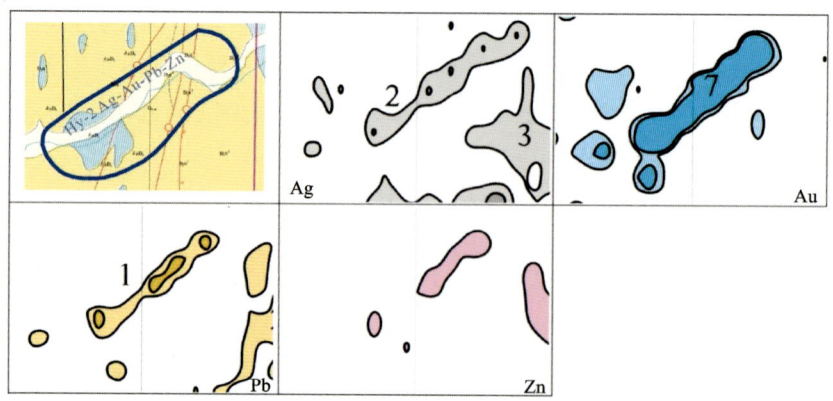

图 9-8　Hy-2 综合异常剖析图

表 9-9　Hy-2 综合异常特征

| 元素 | 最小值 | 最大值 | 平均值 | 异常衬度 | 异常规模 | 浓度分带 |
|---|---|---|---|---|---|---|
| Ag | 0.020 | 0.275 | 0.063 | 0.72 | 0.272 2 | 2 级分带 |
| Au | 0.19 | 32.38 | 2.33 | 2.26 | 0.854 3 | 2 级分带 |
| Pb | 1.65 | 61.33 | 11.17 | 0.71 | 0.268 4 | 2 级分带 |
| Zn | 63.55 | 296.31 | 105.64 | 0.79 | 0.298 6 | 1 级分带 |

Hy-3：异常位于研究区东北部，呈北北东向展布，元素异常组合为 Ag-As-Au-Cu-Mo-Pb-Zn。异常面积 0.382 3km²，样品数量 222，综合异常强度为 2.11。异常区出露地层为中泥盆统阿舍勒组第一岩性段，在研究区南部发育两条近南北向断层，主要岩性为凝灰岩、安山岩、玄武岩等，发育有铁帽和矽卡岩。该综合异常面积较小，Ag、Cu、Mo 异常强度较大，具有一定的 Au-Ag-Cu 找矿潜力。综合异常剖析图见图 9-9，综合异常特征见表 9-10。

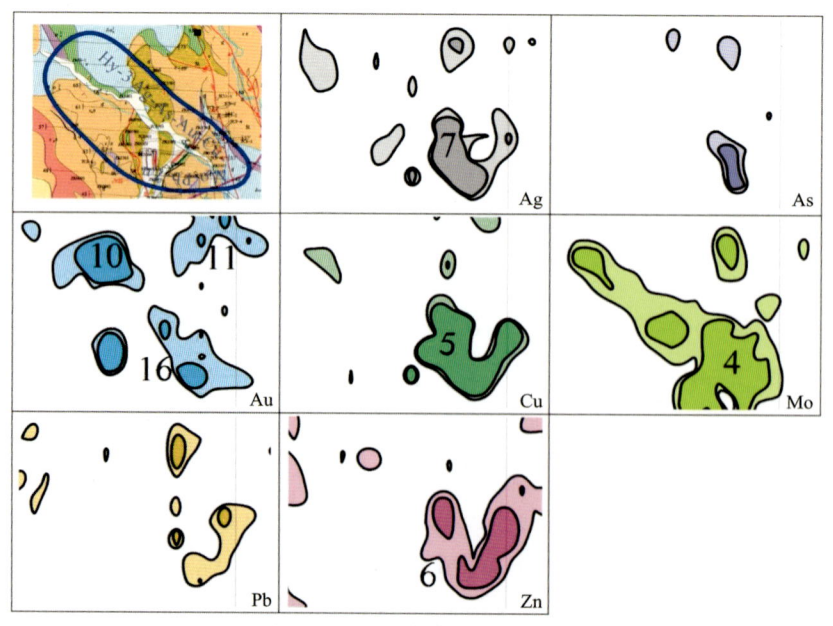

图 9-9　Hy-3 综合异常剖析图

表 9-10 Hy-3 综合异常特征

| 元素 | 最小值 | 最大值 | 平均值 | 异常衬度 | 异常规模 | 浓度分带 |
|---|---|---|---|---|---|---|
| Ag | 0.021 | 7.790 | 0.208 | 2.39 | 0.913 7 | 2级分带 |
| As | 0.46 | 174.26 | 5.46 | 0.63 | 0.240 8 | 2级分带 |
| Au | 0.15 | 134.13 | 1.95 | 1.89 | 0.722 5 | 2级分带 |
| Cu | 2.67 | 9 174.00 | 183.02 | 2.88 | 1.101 0 | 2级分带 |
| Mo | 0.09 | 146.47 | 5.28 | 3.34 | 1.276 9 | 2级分带 |
| Pb | 1.93 | 1 251.50 | 15.59 | 0.99 | 0.378 5 | 2级分带 |
| Zn | 11.72 | 1 692.00 | 139.10 | 1.05 | 0.401 4 | 2级分带 |

Hy-4：异常位于研究区西部，元素异常组合为 Ag-As-Au-Cu-Mo-Sb-Pb-Zn。异常面积 0.802 4km²，样品数量 138，综合异常强度为 4.69。异常区出露地层为第四系上更新统—全新统，上泥盆统齐也组第一岩性段，以及中泥盆统阿舍勒组第一岩性段和第二岩性段；发育两条北西向断层，发育有多条中—基性岩脉，包括中细粒辉长岩、角闪辉石岩、次闪长（玢）岩、次（钠长）闪长岩。该综合异常面积较大，Cu、Ag、As、Au、Pb、Sb 异常强度较大，Ag、Au、Pb、Sb 异常套合较好，具有较好的 Cu、Au 找矿潜力。综合异常剖析图见图 9-10，综合异常特征见表 9-11。

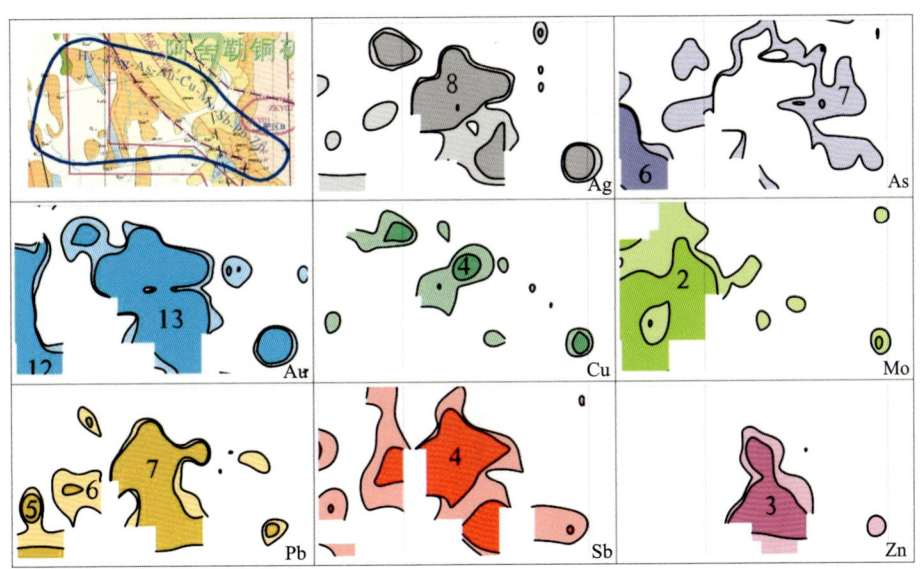

图 9-10 Hy-4 综合异常剖析图

表 9-11 Hy-4 综合异常特征

| 元素 | 最小值 | 最大值 | 平均值 | 异常衬度 | 异常规模 | 浓度分带 |
|---|---|---|---|---|---|---|
| Ag | 0.023 | 3.000 | 0.258 | 2.97 | 2.383 1 | 2级分带 |
| As | 1.300 | 1 164.40 | 43.85 | 5.05 | 4.052 1 | 2级分带 |

续表 9-11

| 元素 | 最小值 | 最大值 | 平均值 | 异常衬度 | 异常规模 | 浓度分带 |
| --- | --- | --- | --- | --- | --- | --- |
| Au | 0.41 | 356.60 | 10.72 | 10.41 | 8.353 0 | 2 级分带 |
| Cu | 4.25 | 996.03 | 61.42 | 0.97 | 0.778 3 | 2 级分带 |
| Mo | 0.47 | 8.10 | 1.40 | 0.89 | 0.714 1 | 2 级分带 |
| Pb | 1.80 | 500.00 | 44.82 | 2.84 | 2.278 8 | 2 级分带 |
| Sb | 0.14 | 121.36 | 3.08 | 4.67 | 3.747 2 | 2 级分带 |
| Zn | 11.60 | 2 502.50 | 173.37 | 1.30 | 1.043 1 | 2 级分带 |

Hy-5：异常位于研究区中部，呈南北向展布，元素异常组合为 Ag-As-Au-Cu-Mo-Pb-Sb-Zn。异常面积 0.587 4km²，样品数量 351，综合异常强度为 2.75。异常区出露地层为第四系下更新统西域组和中泥盆统阿舍勒组第二岩性段，在研究区北部发育一条南北向断层和一条北东向断层，岩浆岩主要为次英安斑岩。该综合异常面积中等，Ag、Au、Cu、Zn 等元素异常强度较大，各元素异常套合较好，具有一定的 Cu、Au 找矿潜力。综合异常剖析图见图 9-11，综合异常特征见表 9-12。

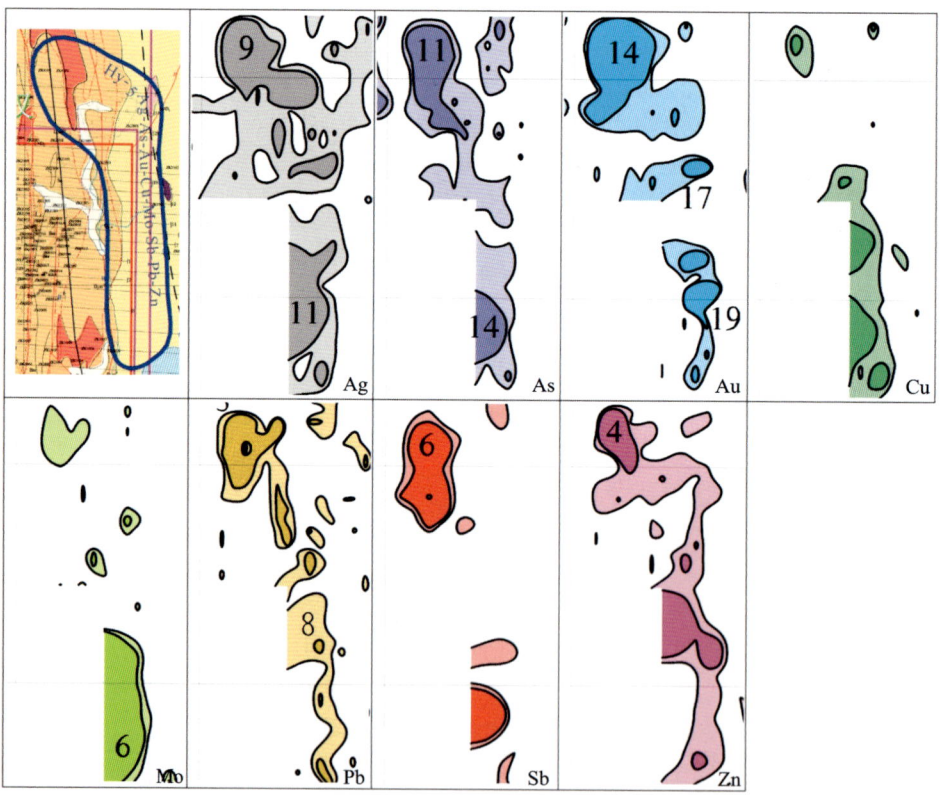

图 9-11 Hy-5 综合异常剖析图

表 9-12　Hy-5 综合异常特征

| 元素 | 最小值 | 最大值 | 平均值 | 异常衬度 | 异常规模 | 浓度分带 |
| --- | --- | --- | --- | --- | --- | --- |
| Ag | 0.020 | 5.000 | 0.219 | 2.52 | 1.480 2 | 2 级分带 |
| As | 0.57 | 368.80 | 13.07 | 1.51 | 0.887 0 | 2 级分带 |
| Au | 0.12 | 563.82 | 6.79 | 6.59 | 3.871 0 | 2 级分带 |
| Cu | 1.95 | 801.20 | 46.10 | 0.72 | 0.422 9 | 2 级分带 |
| Mo | 0.07 | 26.82 | 1.41 | 0.89 | 0.522 8 | 2 级分带 |
| Pb | 2.88 | 500.00 | 25.12 | 1.59 | 0.934 0 | 2 级分带 |
| Sb | 0.06 | 25.65 | 0.88 | 1.33 | 0.781 2 | 2 级分带 |
| Zn | 15.80 | 9 973.80 | 231.95 | 1.74 | 1.022 1 | 2 级分带 |

Hy-6：异常位于研究区中部，元素异常组合为 Ag-As-Au-Cu-Mo-Pb-Sb-Zn。异常面积 0.553 4km²，样品数量 265，综合异常强度为 2.85。异常区内出露地层为第四系上更新统—全新统、古近系乌伦古河组、中泥盆统阿舍勒组第一岩性段和第二岩性段，发育多条近南北向断层，岩浆岩主要为霏细岩、安山岩、英安岩等。该综合异常面积中等，Ag、Au、Cu、Mo、Zn 异常强度较大，Ag、As、Au、Cu、Mo 异常套合较好，有较好的 Cu、Zn、Au 找矿潜力。综合异常剖析图见图 9-12，综合异常特征见表 9-13。

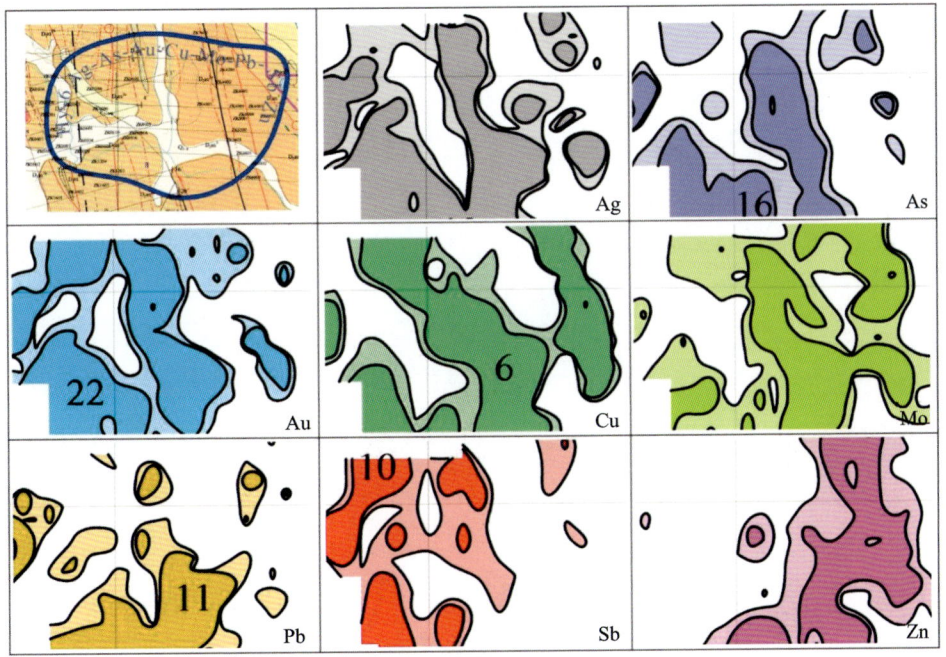

图 9-12　Hy-6 综合异常剖析图

表 9-13　Hy-6 综合异常特征

| 元素 | 最小值 | 最大值 | 平均值 | 异常衬度 | 异常规模 | 浓度分带 |
|---|---|---|---|---|---|---|
| Ag | 0.020 | 5.000 | 0.361 | 4.15 | 2.296 6 | 2级分带 |
| As | 0.50 | 176.00 | 14.07 | 1.62 | 0.896 5 | 2级分带 |
| Au | 0.15 | 72.10 | 3.07 | 2.98 | 1.649 1 | 2级分带 |
| Cu | 2.56 | 6 802.60 | 245.70 | 3.86 | 2.136 1 | 2级分带 |
| Mo | 0.35 | 52.17 | 5.14 | 3.25 | 1.798 6 | 2级分带 |
| Pb | 2.92 | 511.50 | 32.23 | 2.04 | 1.128 9 | 2级分带 |
| Sb | 0.07 | 31.65 | 0.88 | 1.33 | 0.736 0 | 2级分带 |
| Zn | 15.25 | 6 724.00 | 290.90 | 2.19 | 1.211 9 | 2级分带 |

Hy-7：异常位于研究区中东部，呈北北东向展布，元素异常组合为 Ag-As-Au-Cu-Mo-Pb-Zn。异常面积 0.537 4km$^2$，样品数量 250，综合异常强度为 0.97。异常区内出露地层为第四系上更新统—全新统和中泥盆统阿舍勒组，发育有多条北西向断层，发育小规模中性岩脉，主要岩性为英安岩、英安斑岩。该综合异常面积中等，Cu、Mo、Zn 异常强度较高，Ag、Cu、Mo、Pb、Zn 异常套合较好，具有一定的 Cu-Zn 找矿潜力。综合异常剖析图见图 9-13，综合异常特征见表 9-14。

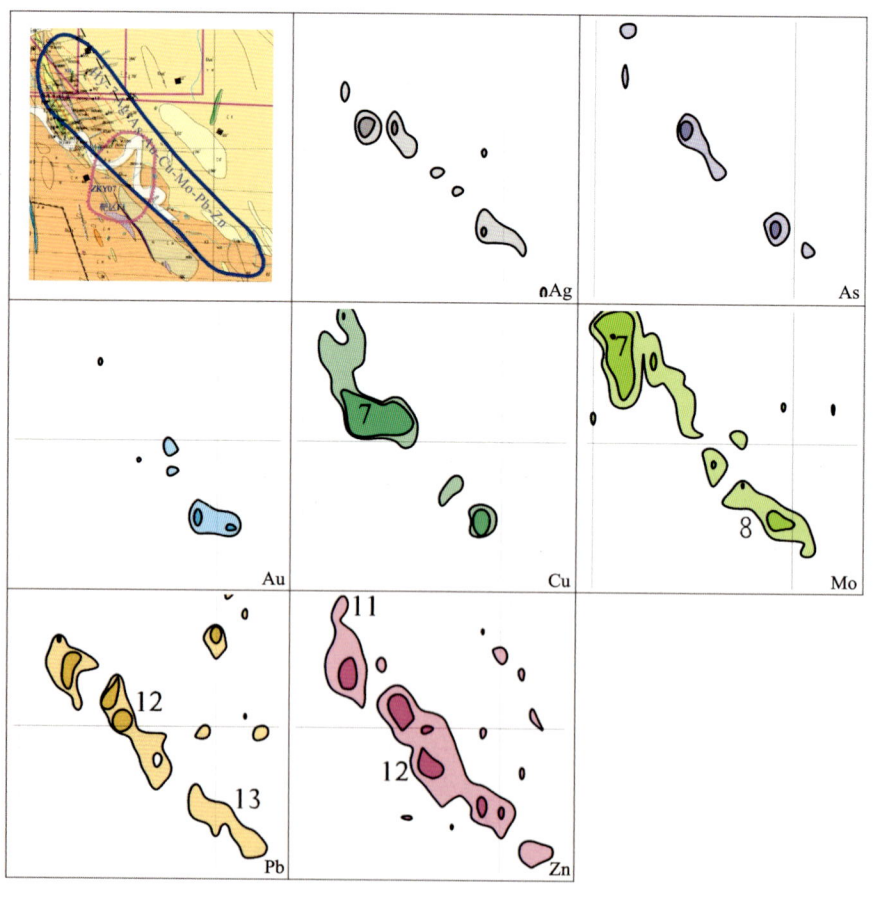

图 9-13　Hy-7 综合异常剖析图

表 9-14  Hy-7 综合异常特征

| 元素 | 最小值 | 最大值 | 平均值 | 异常衬度 | 异常规模 | 浓度分带 |
| --- | --- | --- | --- | --- | --- | --- |
| Ag | 0.020 | 1.111 | 0.062 | 0.71 | 0.381 6 | 2 级分带 |
| As | 0.47 | 117.66 | 4.96 | 0.57 | 0.306 3 | 2 级分带 |
| Au | 0.13 | 8.70 | 0.51 | 0.50 | 0.268 7 | 2 级分带 |
| Cu | 0.60 | 4 522.00 | 86.42 | 1.36 | 0.730 9 | 2 级分带 |
| Mo | 0.15 | 21.59 | 1.79 | 1.13 | 0.607 3 | 2 级分带 |
| Pb | 2.09 | 245.30 | 15.31 | 0.97 | 0.521 3 | 2 级分带 |
| Zn | 15.67 | 964.50 | 157.07 | 1.18 | 0.634 1 | 2 级分带 |

Hy-8：异常位于研究区南部，元素异常组合为 Ag-As-Au-Cu-Pb-Sb-Zn。异常面积 0.641 7km²，样品数量 295，综合异常强度为 1.58。异常区内出露地层为古近系始—渐新统乌伦古河组和中泥盆统阿舍勒组第二岩性段，主要岩性为变凝灰岩、角砾凝灰岩。该综合异常面积较大，Au 异常强度较大，As、Au、Pb、Sb 异常套合较好，具有一定的 Au 找矿潜力。综合异常剖析图见图 9-14，综合异常特征见表 9-15。

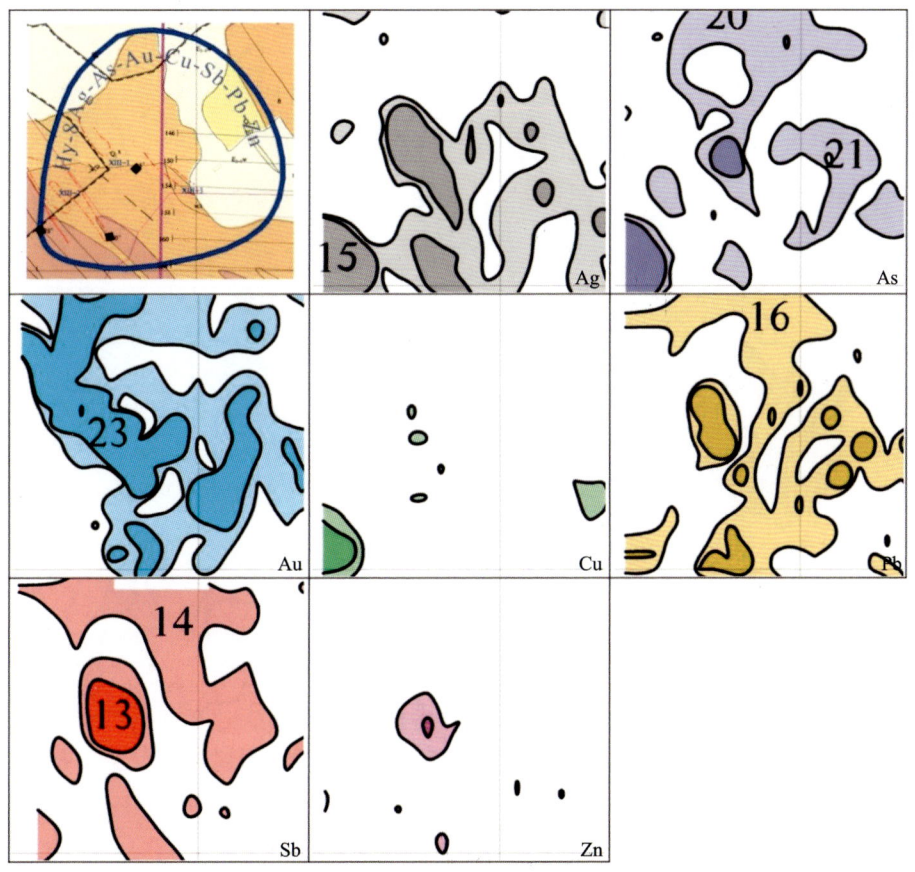

图 9-14  Hy-8 综合异常剖析图

表 9-15  Hy-8 综合异常特征

| 元素 | 最小值 | 最大值 | 平均值 | 异常衬度 | 异常规模 | 浓度分带 |
|---|---|---|---|---|---|---|
| Ag | 0.020 | 1.647 | 0.144 | 1.66 | 1.065 2 | 2 级分带 |
| As | 0.82 | 142.24 | 8.63 | 0.99 | 0.635 3 | 2 级分带 |
| Au | 0.18 | 123.21 | 3.19 | 3.10 | 1.989 3 | 2 级分带 |
| Cu | 2.22 | 242.80 | 27.97 | 0.44 | 0.282 3 | 2 级分带 |
| Pb | 1.08 | 416.64 | 21.67 | 1.37 | 0.879 1 | 2 级分带 |
| Sb | 0.11 | 22.95 | 0.86 | 1.30 | 0.834 2 | 2 级分带 |
| Zn | 2.66 | 649.25 | 81.09 | 0.61 | 0.391 4 | 2 级分带 |

Hy-9：异常位于研究区东南部，元素异常组合为 Ag-As-Au-Mo-Pb-Sb-Zn。异常面积 0.526 4km²，样品数量 242，综合异常强度为 1.07。异常区内出露地层为中泥盆统阿舍勒组第二岩性段、古近系、新近系和第四系，主要岩性为流纹岩。该综合异常面积中等，Pb 异常强度较高，Ag、Au、Pb、Zn 异常套合较好，具有一定的 Pb 找矿潜力。由于该区发现有小规模铁矿体，可能具有一定的 Fe 找矿潜力。综合异常剖析图见图 9-15，综合异常特征见表 9-16。

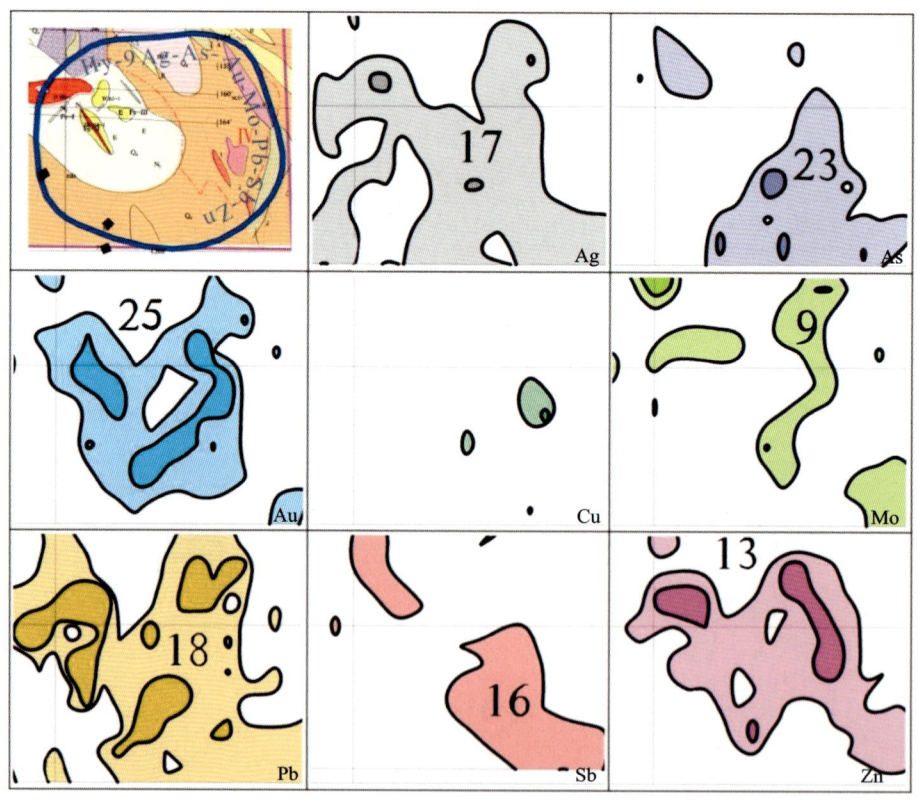

图 9-15  Hy-9 综合异常剖析图

激电异常：矿区岩矿石极化率、电阻率测量结果显示，块状矿石具高极化、低阻特征（$\eta_s$平均为 $74.5\times10^{-2}$，$\rho_s$平均为 $1.9\Omega\cdot m$）；细脉状及条带—浸染状矿石具高极化、中阻—低阻特征[$\eta_s$为 $(26.2\sim53.2)\times10^{-2}$，$\rho_s$为 $4.6\sim500\Omega\cdot m$]；围岩则具高阻、低极化特征（$\eta_s<5\times10^{-2}$，$\rho_s>500\Omega\cdot m$）。Ⅰ号矿床硫化物矿体与激电异常套合很好。

可控源低阻异常：条带状可控源低阻异常与深部矿体比较吻合，比如 21 线低阻异常带宽 300m，向东陡倾，视电阻率 $\rho_s<400\Omega\cdot m$，矿体与低阻异常套合很好，异常带见矿标高为 $-557m$（埋深达 1500m）。

**8. 化探异常标志**

土壤次生晕：阿舍勒矿区地表具有明显的次生晕异常，异常元素为 Cu、Zn、Au、Bi、Hg，其中 Cu、Zn、Hg 具浓度分带。特征指示元素含量 Cu/Zn 为 1.07，Cu/Pb 为 21.7，Cu/Ag 为 60.3，Pb/Mo 为 13.1，Ag/Mo 为 0.027。

岩石原生晕：阿舍勒矿区地表具有明显的原生晕异常，异常元素为 Cu、Zn、Ag、As、Bi、Sn。其中，Cu 含量高于 $4000\times10^{-6}$，Zn 含量 $(250\sim500)\times10^{-6}$，Ag 含量 $(0.1\sim1)\times10^{-6}$，As 含量 $(10\sim30)\times10^{-6}$，Bi 含量 $(8\sim32)\times10^{-6}$，Sn 含量 $(9\sim27)\times10^{-6}$。Cu、Bi、Zn、Sn 异常具中高浓度分带。

阿舍勒矿区的岩石与土壤化探测量结果表明，矿床具 Cu、Pb、Zn、Au、Ag 等元素异常，各异常重合较好，具明显的浓集中心。

综上所述，物探、化探异常可提供重要的找矿信息，尤其是明显的低阻、高极化、重力高、综合化探异常是寻找块状硫化物矿床的良好找矿标志。

## 第三节 找矿预测模型

根据阿舍勒铜锌矿床的成矿物质来源、矿床成因、控矿因素和找矿标志的研究结果，结合前人已发表的大量数据和资料，筛选出了阿舍勒矿区及外围的预测要素，构建了找矿预测综合模型（表 10-1）。

表 10-1 阿舍勒矿区及外围找矿预测综合模型

| 找矿预测要素 | 描述内容 | 预测要素类别 |
| --- | --- | --- |
| 大地构造位置 | 阿尔泰造山带西北段，西伯利亚板块与哈萨克斯坦-准噶尔板块汇聚带附近 | 重要 |
| 主成矿时代 | 中泥盆世 | 重要 |
| 典型矿床 | 阿舍勒铜锌矿床、喀英德铜矿点、阿依托汉铜矿点、萨依朔克金矿点 | 重要 |
| 地层 | 中泥盆统阿舍勒组，主要为第一岩性段及第二岩性段下—中亚段 | 必要 |
| 岩性 | 火山碎屑岩及火山碎屑沉积岩，中酸性火山岩与基性火山岩相接触部位是块状硫化物矿化的有利赋存部位 | 必要 |

续表 10-1

| 找矿预测要素 | 描述内容 | 预测要素类别 |
|---|---|---|
| 构造 | 古火山机构、古火山洼地、向斜构造、近南北向、北西向断裂 | 重要 |
| 围岩蚀变 | 硅化、绢云母化、绿泥石化、碳酸盐化、硫化 | 必要 |
| 矿石矿物 | VMS 型铜锌矿床:黄铜矿、闪锌矿、方铅矿、黝铜矿、斑铜矿、铜蓝、孔雀石等;石英脉型金矿床:黄铁矿、石英、金矿物 | 必要 |
| 喷流岩 | 纹层状、条带状硅质岩、重晶石岩是海底火山喷气-沉积活动的标志 | 重要 |
| 地球物理特征 | 低阻异常、高激发极化异常、高重力异常、无磁异常 | 重要 |
| 地球化学特征 | Cu、Zn、Pb、Au、Ag、As、Sb 岩石地球化学异常 | 必要 |

# 第四节 找矿靶区圈定及评价

## 一、靶区圈定原则

以阿舍勒矿区及外围的岩石地球化学测量数据为基础,根据元素分布、共生组合,结合研究区的地层、岩性、构造、围岩蚀变等地质特征及相关物探异常特征,将有望把矿产资源的局部地段圈定为找矿靶区,具体划分原则如下。

A 级:成矿条件十分有利,已发现有矿产地,预测依据充分,化探异常特征较好,具有较好的找矿潜力。

B 级:成矿条件比较有利,同时有已经发现的矿产,化探异常规模较大,套合程度好,交通条件好。

C 级:具相对有利的成矿条件,物探、化探异常规模一般。

## 二、靶区圈定结果及评价

以成矿地质条件和找矿标志为依据,按照上述找矿靶区划分原则,在阿舍勒矿区外围的阿依托汉、喀英德、塔斯步谷乐等区域共圈定 9 个找矿靶区,其中 A 类找矿靶区 4 个,B 类找矿靶区 3 个,C 类找矿靶区 2 个(图 10-1)。

### 1. A-1 找矿靶区

该靶区位于阿舍勒外围探矿权区西部,出露地层为中泥盆统阿舍勒组第一岩性段和第二岩性段、上泥盆统齐也组第一岩性段及第四系。发育有 2 条北西向断层,及多条北西向小规模中—基性岩脉。西部矿化带位于该靶区范围内,显示出良好的找矿前景。靶区的岩石地球化学异常组合为 Ag-As-Au-Cu-Mo-Sb-Pb-Zn,Ag、As、Au、Pb、Sb 异常强度较大,Ag、Au、Pb、Sb 异常套合较好,具有一定的 Cu、Au 找矿潜力。

# 第十章 成矿预测与靶区圈定

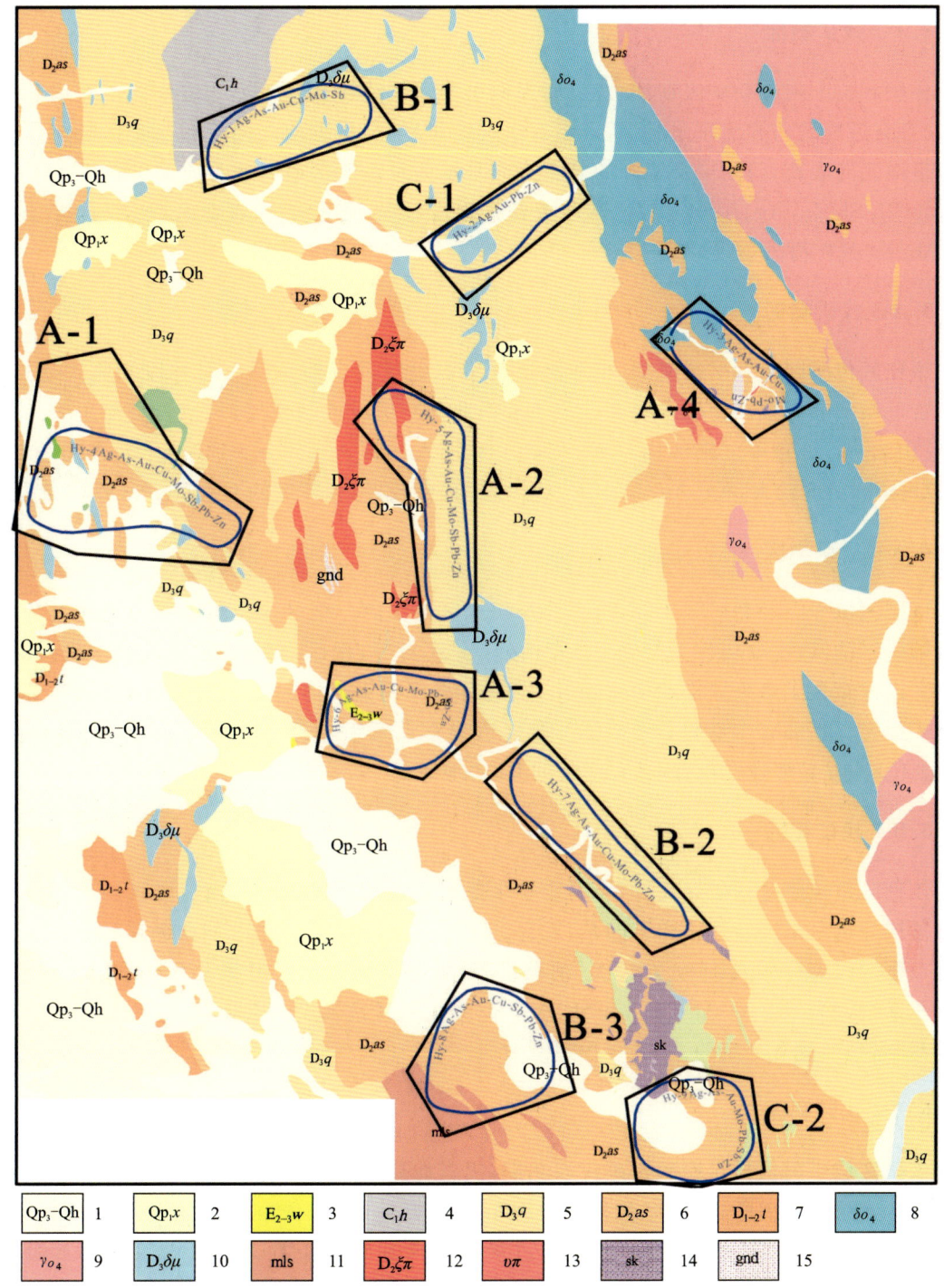

1.第四系上更新统—全新统；2.第四系下更新统西域组；3.古近系始—渐新统乌伦古河组；4.下石炭统红山嘴组；5.齐也组；6.阿舍勒组；7.托克萨勒组；8.海西中期辉长岩(局部相变为纤闪石岩)；9.海西早—中期斜长花岗岩、斜长花岗斑岩；10.次闪长(玢)岩、次(钠长)闪长岩；11.泥晶灰岩；12.正长斑岩；13.霏细斑岩；14.矽卡岩；15.铁帽。

图 10-1　阿舍勒矿区及外围找矿靶区预测图

### 2. A-2 找矿靶区

该靶区位于阿舍勒矿区东部边缘,出露地层为泥盆统阿舍勒组第二岩性段下亚段和第四系,发育有近南北向和北东向断层,出露有次英安斑岩脉,呈近南北向分布。靶区的元素综合异常呈南北向展布,与断层及岩脉的展布方向基本一致。靶区内元素异常组合为 Ag-As-Au-Cu-Mo-Pb-Sb-Zn,Ag、Au、Cu、Zn 等元素异常强度较大,各元素异常套合较好,具有一定的 Cu、Au、Zn 找矿潜力。

### 3. A-3 找矿靶区

该靶区位于阿舍勒矿区南部,出露地层为中泥盆统阿舍勒组第一岩性段和第二岩性段,以及古近系和第四系。靶区内发育有多条近南北向断层或推测断层,岩浆岩类型主要为霏细岩、安山岩、英安岩等。靶区内异常元素组合为 Ag-As-Au-Cu-Mo-Pb-Sb-Zn,Ag、Au、Cu、Mo、Zn 异常强度较大,Ag、As、Au、Cu、Mo 异常套合较好,有较好的 Cu、Zn、Au 找矿潜力。

### 4. A-4 找矿靶区

该靶区位于阿舍勒矿区东部,喀英德探矿权区范围内。靶区内出露地层为中泥盆统阿舍勒组第一岩性段,主要岩性为凝灰岩、安山岩、玄武岩等,靶区内发育有 2 条近南北向断层。在靶区内曾布置了多条探槽和多个钻孔,发现有小规模铜矿体。靶区内发育有铁帽,是良好的找矿标志。南部有少量矽卡岩出露。靶区内异常元素组合为 Ag-As-Au-Cu-Mo-Pb-Zn,其中 Ag、Cu、Mo 异常强度较大,具有一定的 Cu 找矿潜力。

### 5. B-1 找矿靶区

该靶区位于阿舍勒矿区北部,塔斯步谷乐铜矿普查探矿权区范围内。靶区内出露地层为上泥盆统齐也组第三岩性段和第四系,发育有 1 条南北向断层、1 条北西向断层和 2 条北东向断层。靶区内见有次闪长(玢)岩、次(钠长)闪长岩等岩脉。靶区中部发育有一个古火山口。异常元素组合为 Ag-As-Au-Cu-Mo-Sb,Au、Sb 等元素异常强度相对较高,Au、As、Cu 等元素异常套合较好,具有一定的 Au、Cu 找矿潜力。

### 6. B-2 找矿靶区

该靶区位于阿依托汉铜矿探矿权区北部,出露地层为中泥盆统阿舍勒组和第四系。靶区内发育有多条北西向断层,与综合异常的展布方向基本一致。靶区内见有小规模中性岩脉,主要岩性为英安岩、英安斑岩等,已施工过多个探槽和钻孔工程。靶区内元素异常组合为 Ag-As-Au-Cu-Mo-Pb-Zn,Cu、Mo、Zn 异常强度较高,Ag、Cu、Mo、Pb、Zn 异常套合较好,具有一定的 Cu-Zn 找矿潜力。

### 7. B-3 找矿靶区

该靶区位于阿依托汉铜矿探矿权区西南部,出露地层为中泥盆统阿舍勒组第二岩性段及古近系乌伦古河组，主要岩性为变凝灰岩、角砾凝灰岩。靶区内发育有多条北西向断层和推测断层。元素异常组合为 Ag-As-Au-Cu-Pb-Sb-Zn，Au 异常强度较大，As、Au、Pb、Sb 异常套合较好，具有一定的 Au 找矿潜力。

**8. C-1 找矿靶区**

该靶区位于阿舍勒矿区北部、喀英德探矿权区西北部。靶区内出露地层为上泥盆统齐也组第一岩性段、第二岩性段和第四系，分布有次闪长（玢）岩、次（钠长）闪长岩等脉岩，发育有 3 条北北东向断层。异常元素种类较少，异常元素组合为 Ag-Au-Pb-Zn，Au 异常强度较高，各元素异常套合较好，显示出一定的 Au 找矿潜力。

**9. C-2 找矿靶区**

该靶区位于阿依托汉铜矿探矿权区东南部，出露地层主要为中泥盆统阿舍勒组第二岩性段、古近系、新近系和第四系。有少量探槽和钻孔工程控制，发现有小规模铁矿体。元素异常组合为 Ag-As-Au-Mo-Pb-Sb-Zn，Pb 异常强度较高，Ag、Au、Pb、Zn 异常套合较好。因此认为，该区具有一定的 Fe、Pb 找矿潜力。

# 主要参考文献

边春静,2018.新疆阿舍勒铜锌矿床及周边 VMS 矿床的叠加成矿作用[D].北京:北京科技大学.

柴凤梅,欧阳刘进,董连慧,等,2013.新疆阿舍勒铜锌矿区英云闪长岩年代学及地球化学[J].岩石矿物学杂志,32(1):41-52.

陈汉林,杨树锋,厉子龙,等,2006.阿尔泰晚古生代早期长英质火山岩的地球化学特征及构造背景[J].地质学报,80(1):38-42.

陈华勇,陈衍景,刘玉琳,2000.新疆额尔齐斯金矿带的成矿作用及其与中亚型造山作用的关系[J].中国科学(D辑:地球科学),30(增刊):38-44.

陈隽璐,白建科,乔耿彪,等,2019.阿尔泰成矿带喀纳斯和东准地区地质矿产调查成果报告[R].西安:中国地质调查局西安地质调查中心.

陈孝聪,万生楠,李文杰,等,2017.新疆阿依托汉铜矿地质特征及找矿方向[J].地质找矿论丛,32(2):227-235.

陈晔,孙明新,张新龙,2006.西准噶尔巴尔鲁克断裂东南侧石英闪长岩锆石 SHRIMP U-Pb 测年[J].地质通报,25(8):992-994.

陈毓川,叶庆同,冯京,等,1996.阿舍勒铜锌成矿带成矿条件和成矿预测[M].北京:地质出版社.

陈元正,1989.新疆哈巴河县阿舍勒黄铁矿型铜-多金属矿成因初探[J].新疆地质,7(4):1-10+89.

程忠富,1990.新疆阿舍勒块状铜-锌硫化物矿床的控矿条件和成因[J].地质与勘探(7):19-24.

邓震,孟贵祥,祁光,等,2023.阿舍勒矿集区 VMS 型铜矿床多尺度结构模型[J].地质论评,69(增刊1):146-148.

冯京,徐仕琪,2012.阿舍勒铜锌矿综合找矿预测模型[J].新疆地质,30(4):418-424.

高玲玲,2020.新疆阿尔泰南缘西段金及铜锌多金属矿床成矿规律及成矿预测[D].长春:吉林大学.

高玲玲,夏芳,李顺达,等,2021.新疆阿舍勒盆地阿舍勒组火山岩锆石 U-Pb 测年及地球化学特征[J].新疆地质,39(1):47-54.

贾群子,1996.新疆阿舍勒块状硫化物矿床成矿特征及形成环境[J].矿床地质,15(3):276-277.

焦生瑞,1994.阿舍勒多金属矿田地质特征及Ⅰ号矿床控矿地质因素[J].新疆地质,12(4):351-359.

孔繁良,陈海军,刘正荣,等,2021.新疆阿舍勒矿集区深部构造反射地震成像应用研究[J].新疆地质,39(4):594-599.

李华芹,陈富文,蔡红,2000.新疆西准噶尔地区不同类型金矿床Rb-Sr同位素年代研究[J].地质学报,74(2):181-192.

李学旭,2011.新疆阿舍勒铜矿区的控矿因素与控矿作用浅析[J].新疆有色金属,34(增刊1):7-9.

刘洋,2021.阿舍勒铜锌矿区及外围岩石地球化学特征与找矿靶区圈定[D].长春:吉林大学.

刘瑛,吕凤翔,1983.我国铅锌矿床成因类型及其时、空分布[J].中国地质科学院南京地质矿产研究所所刊,4(1):73-83+113.

牛磊,王学海,洪涛,等,2023.新疆阿尔泰阿舍勒Cu-Zn矿床结构模型与成矿演化[J].岩石学报,39(11):3334-3352.

牛磊,徐兴旺,洪涛,等,2022.新疆阿舍勒块状硫化物矿床预测准则与外围找矿预测[J].新疆地质,40(1):6-11.

欧阳刘进,2012.阿舍勒铜矿区中泥盆世岩浆岩地球化学特征研究[D].乌鲁木齐:新疆大学.

祁光,孟贵祥,严加永,等,2023.新疆阿舍勒矿集区三维地质—地球物理建模研究[J].地质论评,69(增刊1):403-405.

宋国学,秦克章,刘铁兵,等,2010.阿尔泰南缘阿舍勒盆地泥盆纪火山岩中古老锆石的U-Pb年龄、Hf同位素和稀土元素特征及其地质意义[J].岩石学报,26(10):2946-2958.

宋忠宝,任有祥,栗亚芝,等,2010.新疆阿舍勒式铜锌矿床的找矿思路探讨[J].矿床地质,29(增刊1):273-274.

田建磊,秦纪华,郑开平,等,2014.可控源音频大地电磁测深在阿舍勒铜锌矿床深部找矿中的应用[J].矿床地质,33(增刊1):821-822.

王登红,陈毓川,叶庆同,等,1998.新疆阿舍勒铜矿床中黝铜矿的特征[J].岩石矿物学杂志,17(1):74-80+92.

王登红,1995.新疆阿舍勒火山岩型块状硫化物铜矿床成矿机制与成矿模式[D].北京:中国地质科学院.

王登红,1996.新疆阿舍勒火山岩型块状硫化物铜矿硫、铅同位素地球化学[J].地球化学,25(6):582-590.

王登红,1996.新疆阿舍勒铜矿区火山岩与成矿[J].地质科学,31(2):163-169.

王登红,1996.新疆阿舍勒铜矿区双峰式火山岩与成矿背景的初步研究[J].地质论评,42(1):45-53.

王登红,2002.伟晶岩矿床对于大陆演化的示踪意义[C]//南京大学地球科学系成矿作用研究国家重点实验室.第四届世界华人地质科学研讨会论文摘要集.北京:中国地质科学院矿产资源研究所:341-343.

汪玉珍,刘玉琳,1992.新疆多拉金矿床成因探讨[J].新疆地质,10(2):101-109.

王涛,童英,李舢,等,2010.阿尔泰造山带花岗岩时空演变、构造环境及地壳生长意义:以中国阿尔泰为例[J].岩石矿物学杂志,29(6):595-618.

温超权,2018.新疆阿舍勒火山岩型块状硫化物铜矿硫、铅同位素地球化学研究[J].世界有色金属(17):257+259.

吴晓贵,何斌,周峰,等,2021.新疆阿尔泰阿舍勒矿集区多金属矿远景区预测:基于矿集区物化探数据处理[J].新疆地质,39(4):575-581.

吴晓贵,秦纪华,陈鹏,等,2019.阿尔泰阿舍勒铜锌矿床模型及找矿靶区预测[J].新疆地质,37(4):510-515.

吴玉峰,杨富全,刘锋,等,2015.新疆阿舍勒铜锌矿区脆韧性剪切带中绢云母$^{40}Ar/^{39}Ar$年代学及其地质意义[J].地球学报,36(1):121-126.

吴玉峰,杨富全,刘锋,2016.新疆阿舍勒铜锌矿区潜玄武安山岩的岩石地球化学特征及其地质意义[J].岩石矿物学杂志,35(1):65-80.

新疆维吾尔自治区地质矿产勘查开发局第四地质大队,2015.新疆哈巴河县阿舍勒铜矿深部找矿勘查报告[R].阿勒泰:新疆维吾尔自治区地质矿产勘查开发局第四地质大队.

杨成栋,2017.新疆阿尔泰萨尔朔克金多金属矿床成矿作用研究[D].北京:中国地质科学院.

杨富全,李凤鸣,秦纪华,等,2013.新疆阿舍勒铜锌矿区(潜)火山岩LA-MC-ICP-MS锆石U-Pb年龄及其地质意义[J].矿床地质,32(5):869-883.

杨富全,刘锋,李强,2015.新疆阿尔泰萨尔朔克多金属矿地质特征及成矿作用[J].岩石学报,31(8):2366-2382.

杨富全,吴玉峰,杨俊杰,等,2016.新疆阿尔泰阿舍勒矿集区铜多金属矿床模型[J].大地构造与成矿学,40(4):701-715.

叶庆同,傅旭杰,1996.新疆阿舍勒铜锌块状硫化物矿床成矿条件和成矿特点[J].有色金属矿产与勘查,5(5):257-264.

张永革,1990.新疆首次发现角银矿[J].新疆地质,8(1):98.

张永革,马新兴,周英森,等,1994.新疆阿舍勒铜矿床中的金、银类及黝铜矿族矿物研究[J].新疆地质,12(4):333-343+364.

张永革,马新兴,1993.新疆哈巴河县阿舍勒多金属矿黄铁矿标型矿物特征研究[J].新疆地质,11(2):123-132.

张振龙,杨富全,李强,等,2020.新疆阿尔泰阿舍勒铜锌矿床矿物学特征及其地质意义[J].矿床地质,39(5):905-925.

张志欣,杨富全,刘锋,等,2014.新疆阿尔泰阿舍勒VHMS型铜锌矿床成矿流体的氦:氩同位素示踪[J].地质论评,60(1):222-230.

张招崇,骆文娟,2011.中国新生代火山岩岩石学、地球化学与年代学研究进展[J].矿物岩石地球化学通报,30(4):353-360.

郑超杰,2021. 基于成分数据及机器学习在阿舍勒地区的综合找矿研究[D]. 桂林:桂林理工大学.

周良仁,1995. 阿拉善及邻区中晚元古代地层[J]. 西北地质,16(3):1-7.

中国科学院地质与地球物理研究所,2022. 新疆阿舍勒铜锌矿地震勘探资料处理和地质解释报告[R]. 北京:中国科学院地质与地球物理研究所.

GAO L L,WANG K Y,CHEN C,et al.,2019. Tectonic setting and metallogenic chronology of the Ashele Cu-Zn deposit in Xinjiang,NW China:Constraints from Re-Os dating of pyrite,U-Pb dating of zircon and Hf isotopes[J]. Ore Geology Reviews, 115:103163.

LIU Q,FENG X,LIU C,et al.,2022. Metallic mineral exploration by using ambient noise tomography in Ashele copper mine,Xinjiang,China[J]. Geophysics,87:B221-B231.

NIU L,HONG T,XU X W,et al.,2020. A revised stratigraphic and tectonic framework for the Ashele volcanogenic massive sulfide deposit in the southern Chinese Altay:Evidence from stratigraphic relationships and zircon geochronology[J]. Ore Geology Reviews, 127:103814.

QI G,MENG G X,YAN J Y,et al.,2023. Three-Dimensional Geological-Geophysical Modeling and Prospecting Indications of the Ashele Ore Concentration Area in Xinjiang Based on Irregular Sections[J]. Minerals,13:984.

SUN G T,AN Y L,GAO S,2024. Insights into the indium enrichment of the Ashele VMS Cu-Zn deposit,Altay,NW China[J]. Journal of Geochemical Exploration,264:107544.

WAN B,ZHANG L C,XIANG P,2010. The Ashele VMS-type Cu-Zn Deposit in Xinjiang,NW China Formed in a Rifted Arc Setting[J]. Resource Geology,60:150-164.

WANG C M,DENG J,ZHANG S T,et al.,2010. Metallogenic Province and Large Scale Mineralization of Volcanogenic Massive Sulfide Deposits in China[J]. Resource Geology,60: 404-413.

WANG D H,CHEN Y C,MAO J W,1998. The Ashele deposit:A recently discovered volcanogenic massive sulfide Cu-Zu deposit in Xinjiang,China[J]. Resource Geology,48: 31-42.

WU Y F,YANG F Q,LIU F,et al.,2015. Petrogenesis and tectonic settings of volcanic rocks of the Ashele Cu-Zn deposit in southern Altay,Xinjiang,Northwest China:Insights from zircon U-Pb geochronology,geochemistry and Sr-Nd isotopes[J]. Journal of Asian Earth Sciences,112:60-73.

XIAO B,CHEN H Y,HUANG F,et al.,2024. Iron, boron, and sulfur isotope constraints on the ore-forming process of subseafloor replacement-style volcanogenic massive sulfide systems[J]. Geological Society of America Bulletin,136:1037-1049.

YANG C D,GENG X X,YANG F Q,et al.,2018. Metallogeny of the Sarsuk polymetallic Au deposit in the Ashele Basin, Altay Orogenic Belt, Xinjiang, NW China:

Constraints from mineralogy, fluid inclusions, and He-Ar isotopes[J]. Ore Geology Reviews, 100: 77-98.

YANG F Q, LI Q, YANG C D, et al., 2018. A combined fluid inclusion and S-H-O-He-Ar isotope study of the Devonian Ashele VMS-type copper-zinc deposit in the Altay orogenic belt, northwest China[J]. Journal of Asian Earth Sciences, 161: 139-163.

YANG F Q, LIU F, LI Q, et al., 2014. In situ LA-MC-ICP-MS U-Pb geochronology of igneous rocks in the Ashele Basin, Altay orogenic belt, northwest China: Constraints on the timing of polymetallic copper mineralization[J]. Journal of Asian Earth Sciences, 79: 477-496.

YANG F Q, ZHANG B, YANG C D, et al., 2021. Geology and geochronology of the volcanogenic massive sulphide polymetallic deposits in Altay Orogenic Belt, Xinjiang, Northwest China: examples from the Kelan Basin[J]. International Geology Review, 63: 1199-1214.

YANG J J, ZHANG Z X, YANG C, et al., 2024. Geochronology and metallogenic mechanism of the Ashele copper-zinc deposit in the Altay, Xinjiang, Northwest China: Insights from pyrite Re-Os dating, trace elements and sulfur isotopes[J]. Ore Geology Reviews, 171: 106193.

YANG Y, ZHANG H S, YANG X Y, et al., 2024. Evolution of the hydrothermal ore-forming system of Ashele VMS-type Cu-Zn deposit in Xinjiang, NW China: Insights from mineralogy and geochemistry of sulfides[J]. Ore Geology Reviews, 167: 105977.

ZHENG C J, LIU P F, LUO X R, et al., 2021. Application of compositional data analysis in geochemical exploration for concealed deposits: A case study of Ashele copper-zinc deposit, Xinjiang, China[J]. Applied Geochemistry, 130: 104997.

ZHENG C J, LUO X R, WEN M L, et al., 2020. Axial primary halo characterization and deep orebody prediction in the Ashele copper-zinc deposit, Xinjiang, NW China[J]. Journal of Geochemical Exploration, 213: 106509.

ZHENG C J, YUAN F, LUO X R, et al., 2023. Mineral prospectivity mapping based on Support vector machine and Random Forest algorithm-A case study from Ashele copper-zinc deposit, Xinjiang, NW China[J]. Ore Geology Reviews, 159: 105567.

ZHENG Y, WANG Y J, CHEN H Y, et al., 2016. Micro-textural and fluid inclusion data constraints on metallic remobilization of the Ashele VMS Cu-Zn deposit, Altay, NW China[J]. Journal of Geochemical Exploration, 171: 113-123.

# 前　言

本研究是在现代城市建设和可持续发展中，从跨学科视角探求资源可持续利用、自然环境改善、文化景观建设三者相结合的最佳路径，提出了城市土地资源再利用中生态修复与景观设计的耦合模式。

城市土地资源再利用中生态修复与景观设计的耦合模式是建立在生态修复与景观设计耦合的机制上，以城市土地可持续利用、城市环境承载力、城市景观结构、城市历史文脉为依据，以资源再生利用、生态环境恢复、城市风貌优化、历史文化保护为内容，通过高效有序的运行机制、全面先进的综合技术手段体系、科学合理的评价方式，达成资源可持续利用、生态环境改善、景观文化建设三位一体目标的现代城市土地资源再利用模式。

城市土地资源再利用中生态修复与景观设计的耦合模式，旨在以全面高效的方式同时实现城市生态、经济、社会、文化的协同发展。该模式的理论体系包括模式的基础（生态修复与景观设计的耦合机制）、模式的内涵、模式的支撑、模式的内容、模式的特点；模式的运行机制由运行目标、运行主导、运行原则、运行策略、运行程序共同构筑；模式的技术体系由八大技术手段综合构建而成，包括土壤污染控制与修复、地形地貌的利用与设计、道路的规划与设计、植被的修复设计、水体景观的修复与营造、环境废弃物的资源化与景观化处理、建筑与构筑物的改造性再利用、艺术景观与公共设施设计；模式的评价体系由环境影响评价、景观美学评价以及综合效益评价构建而成。该模式的理论依据充分坚实、运行机制高效有序、技术体系全面先进、评价方式科学合理，为人与自然和谐共生的现代化环境设计提供了一种先进、科学、高效的方案。

本研究针对目前城市建设中常见的"单一环境治理"或"先行修复后行景观"两大主流模式的不足，综合考虑资源再生、环境恢复、景观优化，将生态修复技术与景观设计手段全面系统地进行融合，从跨学科视角构建了城市土地资源再利用中生态修复与景观设计的耦合模式，并系统论述了其科学内涵和具体方法。该模式在功能上具有多样性，在过程上具有同步性，在操作上具有灵活性，是一种现代城市土地再利用的先进模式，为现代城市环境设计提供了新思路和新方案，在理论上具有创新价值；同时，它也是一种可复制、能推广的模式，在实践上具有应用价值。

本书由彭静编写、统稿，中国地质大学（武汉）教师龚斌、朱怡、高浩宇参与了项目的研究工作，尚金亮、李俊、高扬等研究生负责搜集和处理图片，在此表示衷心的感谢。由于笔者水平有限，书中难免有不足之处，敬请广大读者批评指正！

作　者

2023 年 5 月

# 目 录

**第1章 绪 论** ……………………………………………………………………… (1)
  1.1 研究背景 …………………………………………………………………… (1)
  1.2 研究目的与意义 …………………………………………………………… (1)
  1.3 国内外研究现状 …………………………………………………………… (2)
  1.4 研究内容 …………………………………………………………………… (11)
  1.5 研究的创新点 ……………………………………………………………… (16)
  1.6 研究方法 …………………………………………………………………… (17)

**第2章 城市土地资源再利用中生态修复与景观设计耦合模式的理论体系** ……… (19)
  2.1 模式的基础 ………………………………………………………………… (19)
  2.2 模式的内涵 ………………………………………………………………… (21)
  2.3 模式的支撑 ………………………………………………………………… (22)
  2.4 模式的内容 ………………………………………………………………… (23)
  2.5 模式的特点 ………………………………………………………………… (25)
  2.6 本章小结 …………………………………………………………………… (26)

**第3章 城市土地资源再利用中生态修复与景观设计耦合模式的运行机制** ……… (28)
  3.1 运行目标 …………………………………………………………………… (28)
  3.2 运行主体 …………………………………………………………………… (29)
  3.3 运行原则 …………………………………………………………………… (30)
  3.4 运行策略 …………………………………………………………………… (33)
  3.5 运行程序 …………………………………………………………………… (35)
  3.6 本章小结 …………………………………………………………………… (39)

**第4章 城市土地资源再利用中生态修复与景观设计耦合模式的技术手段体系** …… (42)
  4.1 城市土壤污染控制与修复 ………………………………………………… (42)
  4.2 地形地貌的利用与设计 …………………………………………………… (46)
  4.3 道路规划与设计 …………………………………………………………… (57)
  4.4 植被的修复设计 …………………………………………………………… (66)
  4.5 水体景观的修复与营造 …………………………………………………… (76)

4.6 环境废弃物的资源化与景观化处理 …………………………………………… (87)
   4.7 建(构)筑物的改造性再利用 …………………………………………………… (99)
   4.8 艺术景观与公共设施设计 ……………………………………………………… (110)
   4.9 八大技术手段综合体系构建 …………………………………………………… (127)
   4.10 本章小结 ………………………………………………………………………… (129)

第5章 城市土地资源再利用中生态修复与景观设计耦合模式的评价体系 ………… (133)
   5.1 环境影响评价 …………………………………………………………………… (133)
   5.2 景观美学评价 …………………………………………………………………… (137)
   5.3 综合效益评价 …………………………………………………………………… (141)
   5.4 本章小结 ………………………………………………………………………… (146)

第6章 城市土地资源再利用的不同类型与相关案例分析 …………………………… (147)
   6.1 以生态环境恢复为目标侧重的案例分析 …………………………………… (147)
   6.2 以经济产业复兴为目标侧重的案例分析 …………………………………… (155)
   6.3 以社会公共服务为目标侧重的案例分析 …………………………………… (161)
   6.4 以文化保护传承为目标侧重的案例分析 …………………………………… (166)
   6.5 本章小结 ………………………………………………………………………… (170)

第7章 武汉市江夏灵山矿区土地再利用实践项目 …………………………………… (171)
   7.1 项目概况 ………………………………………………………………………… (171)
   7.2 项目运行机制 …………………………………………………………………… (183)
   7.3 综合技术手段应用 ……………………………………………………………… (185)
   7.4 项目效益评价 …………………………………………………………………… (194)
   7.5 本章小结 ………………………………………………………………………… (195)

第8章 结论与展望 ……………………………………………………………………… (196)
   8.1 结 论 …………………………………………………………………………… (196)
   8.2 展 望 …………………………………………………………………………… (197)

主要参考文献 …………………………………………………………………………… (198)

# 第 1 章 绪 论

## 1.1 研究背景

随着城市化和工业化进程的加快,城市土地利用的供求矛盾日趋紧张,城市土地资源的合理再分配与可持续开发利用问题已刻不容缓;同时,随着现代城市建设与更新目标的日趋多元化,传统的生态修复或景观设计已不能满足当今城市建设对综合效益目标的追求[1],特别是在后疫情时代下,城市建设对环境设计也提出了新的要求[2]。这些背景迫切地需要从多学科交叉、多技术融合、多手段并用的角度,根据我国城市土地资源再利用的现状,将生态修复和景观设计相结合,探索出一条能同时实现城市资源可持续利用、自然环境改善、文化景观建设目标的新路径。

中国式现代化是人与自然和谐共生的现代化;现代城市建设要站在人与自然和谐共生的高度谋划发展,要尊重自然、顺应自然、保护自然;"美丽中国"的建设要推进生态优先、节约集约、绿色低碳发展;社会要加快发展方式绿色转型,实施全面节约战略,推动形成绿色低碳的生产方式和生活方式。

为此,本研究高度契合新时代中国生态文明建设中以坚持节约优先、保护优先、自然恢复为主的方针,在人与自然和谐共生的现代化城市建设中,为形成节约资源和保护环境的空间格局、产业结构、生产方式、生活方式,补充新的模式与途径,从而激活城市土地资源,创造城市景观文化,实现城市生态空间的可持续发展,从而加快建设"美丽中国"。

## 1.2 研究目的与意义

### 1.2.1 研究目的

习近平总书记在党的二十大报告中指出:"中国式现代化是人与自然和谐共生的现代化","尊重自然、顺应自然、保护自然,是全面建设社会主义现代化国家的内在要求","必须牢固树立和践行绿水青山就是金山银山的理念,站在人与自然和谐共生的高度谋划发展"。新时代的环境景观设计必须以此为指导,坚持节约优先、保护优先、自然恢复为主的方针,形成节约资源和保护环境的空间格局、产业结构、生产方式、生活方式。

城市土地资源再利用中生态修复与景观设计的耦合模式研究是在现代城市建设和可持续发展中探求资源可持续利用、自然环境改善、文化景观建设三者相结合的最佳路径。该模式建立在生态修复与景观设计的耦合机制上，以城市土地可持续利用、城市环境承载力、城市景观结构、城市历史文脉为依据，以资源再生利用、生态环境恢复、城市风貌优化、历史文化保护为内容，通过生态修复技术与景观设计手段全面融合的综合技术手段体系，达成资源可持续利用、生态环境改善、景观文化建设三位一体目标的现代城市土地资源再利用模式。

城市土地资源再利用中生态修复与景观设计的耦合模式，旨在以全面高效的方式同时实现城市生态、经济、社会、文化的协同发展。该模式从理论体系、运行机制、技术手段、评价方式几方面进行构建，其理论依据充分扎实、运行机制高效有序、技术体系全面先进、评价方式科学合理，为"人与自然和谐共生的现代化"环境设计提供了一种具体可推广、可操作的模式。该模式可广泛地应用于现代城市土地资源再利用的各类项目中，具有很强的适用性和操作性，对现代城市建设和可持续发展具有重要意义和作用。

### 1.2.2 研究意义

本研究契合新时代背景下中国生态文明建设的指导方针，在人与自然和谐共生的现代化建设中，为形成节约资源和保护环境的空间格局、产业结构、生产方式、生活方式，探索补充新的模式与途径。本研究对激活城市土地资源，创造城市景观文化，实现城市健康建设和可持续发展，具有重要现实意义。

本研究针对城市建设中常见的"单一环境治理"或"先行修复后行景观"两大主流模式的不足，综合考虑资源再生、环境恢复、景观优化，从跨学科视角提出了城市土地资源再利用中生态修复与景观设计的耦合模式，并构建模式的理论体系，提出模式的运行机制，创建模式的技术手段体系，设立模式的评价方式，系统论述了该模式的科学内涵和具体方法，为现代城市土地资源再利用提供了新思路和新方案，具有理论上的创新价值。

本研究针对目前城市土地再利用的现状问题，将生态修复与景观设计的耦合机制贯穿于模式的理论体系、运行机制、技术手段和评价分析中，提出了针对的内容与方法、高效的技术与手段。该模式在内容上具有全面性，在功能上具有多样性，在过程上具有同步性，在操作上具有灵活性，是一种现代城市土地再利用的先进模式，是一种可复制、能推广的模式，具有实践上的应用价值。

## 1.3 国内外研究现状

基于本研究要构建的城市土地资源再利用中生态修复与景观设计的耦合模式，国内外研究现状分别从城市土地资源再利用研究、城市环境恢复与再生研究、城市景观更新设计研究3个方面进行分析。

## 1.3.1 城市土地资源再利用研究

土地利用是人类为经济社会目的而进行的一系列生物和技术的活动,是对土地进行的长期或周期性经营过程。土地利用受到自然条件的制约,也受经济、社会、技术等条件的影响,是在一个特定区域内的自然、经济、社会、技术共同调节影响下的产物[3]。

城市土地资源再利用是对城市土地资源进行合理的资源再分配与可持续的开发利用。从世界范围来看,伴随科技进步、人口增长、土地资源紧缩等现象,全球各地不同程度地存在着土地资源利用不合理现象以及由此导致的土地利用非持续性问题。在当下中国的城市化进程中,城市人口的蔓延式发展、城市出现去中心化的现象、城市土地开发利用效率不高、土地再开发困难等问题尤其突出[4]。由此,城市土地资源可持续利用的研究应运而生并广泛开展,城市土地资源再利用成为世界性话题。

国外关于城市土地资源再利用的研究起步较早,受"二战"后土地资源紧缺、经济、社会等方面影响,形成了较为系统化的土地利用体系。我国城市土地资源再利用受西方影响较大,土地利用规划从学习苏联模式到吸收借鉴美、日、东欧模式等,逐步形成因地适宜、符合本国特色的土地资源再利用体系,目前仍有待转型升级。

**1. 国外研究状况**

19 世纪德国农业经济学家冯·杜能首次提出了土地利用模式,在学界被认为是最早对土地资源利用的研究,为土地利用提供了最初理论基础。到 20 世纪初,城市土地利用理论开始从强调功能、追求理想形态的城市规划理念转变为解决城市功能的规划理论研究,代表的有霍华德"田园城市"理论、伊利尔·沙里宁"有疏散思想"、勒·柯布西耶"集中城市"理论等,并开始了土地利用的可持续性发展研究[5]。

1)国外土地资源利用研究的内容和进程

从内容和时间进程上主要涉及 4 个方面:土地利用调查、土地集约利用、土地利用效率、土地利用规划。

(1)土地利用调查。土地利用调查最早源自亨丁顿、坎达尔等学者,他们主要从农业生产力的角度综合考虑土地利用效益问题。到 20 世纪 40 年代,英国、荷兰等东欧国家,印度、日本等亚洲国家,以及北美的加拿大,南美的墨西哥、巴西等都先后进行了土地资源的调查研究。

(2)土地集约利用。主要是指 David Ricardo 在研究农业用地集约利用时提出的"土地集约经营利用"理论[6]。

(3)土地利用效率。主要涉及经济区位理论,20 世纪 70 年代,学术界从经济区位理论对建设用地利用效率进行研究,先运用系统的数理分析,之后用描述历史形态的方法直观地分析城市土地利用不同类型的空间分布和演变状况,提出同心圆模式、多和模式、轴向模式等,对改善城市土地优化配置、提高城市土地利用效率具有重要意义。

(4)土地利用规划。由于"二战"后日益冲突的土地资源和各国经济等综合问题的出现,才开始被关注并提出相关理论研究。20世纪70年代,随着资源调查、遥感技术等在土地调查中的应用,土地利用规划走向土地评价阶段,评价对象也以农业用地为主,评价体系涉及城镇、工业区、旅游区、开发区等。20世纪90年代以来,土地利用规划呈现综合化趋势,在全球化推动作用下,1992年《21世纪议程》在联合国环境与发展大会上通过,可持续性的土地资源管理开始受到全世界学者和各国政府的广泛关注。随着可持续化深入,城市土地资源再利用也逐步受到关注并起步发展。

2)国外土地资源利用研究的特点和趋势

根据近50年来俄罗斯、美国、德国、英国、日本等国家土地利用规划与概况,总结共同特点如下:一是土地规划体系完整、科学方法论;二是土地利用注重人口、资源环境、周边区域平衡;三是土地规划涉及问题面广,包括就业、土地利用保护、基础设施、环境和城镇发展等;四是土地规划制度化和法制化。预测未来发展趋势是保持复合化、综合化、信息化的发展方向,政治参与和公众参与的有机协调机制将会发挥重要作用[7]。

3)国外土地资源再利用的实践案例

城市土地资源再利用的实践案例十分广泛,比较突出的是集中在城市更新、棕地改造等领域。以城市更新为主的案例有瑞典斯德哥尔摩、美国波兰特、加拿大温哥华等地区,涉及土地资源可再生能源、交通、废物再造、绿色空间、社区更新等方面的再利用。比较有影响力的案例有德国杜伊斯堡公园、加拿大斯维尔公园、英国"伊甸园"公园、西雅图煤气厂公园、澳大利亚BP石油公司遗址公园等一系列棕地治理项目。

由此可见,国外关于城市土地资源利用方面的研究时间较早,拥有整体化、系统化的土地利用体系和实践成果。

## 2. 国内研究状况

我国的城市土地再利用与国土规划政策密切相关,在城乡土地利用规划的发展历程中,既广泛借鉴了国外的规划理念,又顺应了我国不同阶段社会经济发展的客观要求。国际经验与本国特色土地管理制度和本土规划实践相互交融、发展演进,逐步形成了强调实用性、符合我国国情、多元化、复杂化的规划体系。

1)国内土地资源利用的研究进程

国内的城市土地再利用从规划层面上,大体可分为4个阶段:经济计划体制下的土地计划性供给阶段(1949—1977年)、经济体制转型时期的城市土地改革有偿使用阶段(1978—1995年)、严格保护耕地时期的土地用途管制实施阶段(1996—2007年)、城乡土地利用的规划管理体制变革探索时期(2008年至今)[8]。

我国早期的城市土地利用规划主要围绕农业和农村开展。1950年初学习苏联农村土地整理规划,经历初创、波动与停滞,以支持城市工业化建设和服务农业生产为主。直到1986年《中华人民共和国土地管理法》颁布,提出进行区域性的统筹,注重国土的开发、保护、利用、整治、规划综合一体。这种国土即区域的概念,对后续主体功能区规划的形成有重要作用,将区域统筹摆在首位,加上与国家计划委员会工作的紧密配合,形成了以生产力布局为切入点的一版国土规划。借鉴学习德国分区方法,日、美、英等国的土地分区经验之后,我国于1998年修订《中华人民共和国土地管理法》,确立了现今土地用途管制制度的一套土地利用总体规划体系。从2003年起,全国开始进行"多规合一"实验探索,提出以国土空间开发利用管控和国土资源配置为核心的国土规划理念。随着时代变更与社会发展,构建统一的国土空间规划体系逐渐成为总方向,2013年出台的《中共中央关于全面深化改革若干重大问题的决定》明确提出"建设空间规划体系",并开始从28个市县进行试点。2016年的《关于进一步加强城市规划建设管理工作的若干意见》提出以海南和宁夏为试点,开始推进城市总体规划与土地利用总体规划的"两图合一"。2019年的《关于建立国土空间规划体系并监督实施的若干意见》开始分级分类建立国土空间规划体系。我国城市土地利用规划从土地利用规划、城乡规划、国土规划的多类型和多部门管理格局,逐渐向构建统一国土空间规划体系转变。

2) 国内土地资源利用的研究内容和成果

国内城市土地资源再利用主要面临着结构失调、布局失衡、效率不高、生态不显、联动不够等主要问题,许多学者提出不同的观点。方克定[9]在资源约束趋紧、环境污染严重、生态系统退化的大背景下,以节约优先、可持续实践为主分析、归纳7条探索途径,包括土地财政转型、因地制宜改变用地方式、城市雨洪管理、转变用海方式、转变矿场勘查方式、试水"国土文化"线索。路营[10]从新常态下城市土地利用特点分析,认为目前城市土地利用要从过分强调以经济效益为主转向强调以生态优先为主。邱静雯和高小博[11]侧重工业化、城市化,提出了综合考虑城市工业控制、旧城改造、土地规划等方面的思考对策和解决方案。徐辉和李长风[12]从城市存量建设用地角度,梳理城镇建设用地发展态势、分析建设用地潜力、归纳建设用地再利用存在的主要问题,提出以城市更新作为统筹存量用地再利用、建立区域转移机制、深化城镇开发边界管控细则等。孟美侠等[4]则是借鉴全球城市提升土地资源开发利用,提出要推进可持续性城市更新、推行分区管理模式、鼓励土地混合开发、提供公共服务和打造生活空间、拓展城市发展空间、完善交通基础设施等建议。

国内关于城市土地资源再利用的相关著作有《中国土地利用》(吴传均等著)、《生存与发展——中国保护耕地问题的研究与思考》(李元著)、《中国土地资源及其可持续利用》和《持续土地利用管理的理论与实践》(张凤荣等著)、《区域发展与区域规划》(毛汉英著)、《中国土地利用规划》(严金明著)等。

3) 近年国内城市土地资源再利用的实践案例

近年国内城市土地资源再利用的实践案例有:以原国有土地权利人改造再开发为主的上海自贸区综合用地试点地块、江苏无锡上汽大通项目、江苏常州天宁文化创意产业园;以收购相邻低效地块进行集中开发的江苏无锡宝通科技股份有限公司项目;以再开发中加强公共设施和民生项目建设的重庆市主城区利用建成区边角地建设体育文化公园项目、广东佛山祖庙东华里片区改造项目;以鼓励产业转型升级优化用地结构为主的广东深圳深业上城项目、江苏常州创意产业基地再开发项目、泉州源和1916创意产业园、浙江平湖城北片区改造项目;以实现城市更新、政府主导让利于民的湖北襄阳焦家台片区旧城改建项目等。

由此可见,国内城市土地资源再利用正处于转型阶段,由早期的工业化转变为依托政策导向下的城市更新,在建设管理、资产管理、资源管理的基础上逐渐重视环境安全、生态修复、景观更新等领域。

### 1.3.2 城市环境恢复与再生研究

城市环境恢复与再生,是实现人与自然和谐共生的新型城市建设方式。城市环境恢复与再生是通过对城市土壤、水体、空气、生态环境的修复与再生,消除城市环境污染、恢复城市生态系统、优化城市生态空间布局、调节气候水文、维护生物多样性。城市环境恢复与再生是一个涉及多学科交叉的研究领域,包括环境科学与工程、生态学、规划学、经济学、社会学等,城市环境恢复与再生方案制定、过程实施、效果评价等内容非常复杂。

改革开放以来我国的城市发展举世瞩目,我国的城镇化进程是世界历史上规模最大、速度最快的,但与此同时各种"城市病"开始凸显,如雾霾频发、热岛效应、垃圾围城、水污染等城市生态环境问题日益严重,成为了制约我国城市可持续发展的重要阻力。城市的环境恢复与再生是城镇化发展到一定阶段面临的重大挑战。

**1. 国外研究状况**

在国际上,城市环境恢复与再生研究大致经历3个阶段:萌芽阶段、理论形成阶段、多学科融合阶段。

(1)萌芽阶段(1935年至20世纪60年代)。此阶段主要以治理水土流失或修复零星单块土地等专项工程方式出现。世界上第一个开展生态恢复的实验是美国学者奥尔多·利奥波德于1935年在威斯康星大学植物园恢复的一块草场,他作为"美国新环境理论的创始者""生态伦理之父"和生态美学与文学的奠基人,在当时提出了诸多关于城市土地与环境共同体等概念。此后,20世纪50—60年代,北美洲和欧洲都开始重视各自的城市环境问题,并开展了以矿山治理、水体修复、水土流失防治等为主体的生态修复工程[13]。

(2)理论形成阶段(1985—1997年)。此阶段是世界范围内城市环境恢复与再生研究的理论发展期。各国权威专家以生态恢复学正式成为独立学科为契机,形成了多项理论研究成果。1985年,两位英国学者 Jordan 和 Aber 首次提出"恢复生态学"这一术语,同年国际生态恢复学会成立。在1997年国际权威杂志《科学》设专栏发表了6篇恢复生态学的论文,同年美国生态学会在年会上确立恢复生态学是生态学五大优先关注的领域之一。

(3)多学科融合阶段(20世纪90年代以后)。此阶段国际城市环境恢复与再生研究开始转向可持续性发展研究,并在理论上呈现多学科交叉的态势。生态修复在退化原因、程度诊断,恢复重建机理、模式和技术上做了大量研究[14],并涉及了城市、农田、草原、森林、荒漠、河流、湖泊等多种类型,修复空间上出现跨区域研究,景观尺度上逐渐由单个生态要素与专项修复转向整个城市生态系统的系统修复[15]。

目前,提高城市生态系统弹性研究也成为城市环境恢复与再生研究未来的重要方向。2015年第六届国际恢复生态学大会在英国曼城召开,主题是"提高生态系统快速恢复能力——恢复城市、乡村和原野"[16]。还有许多学者也都开展了弹性城市研究,比较有代表性的如 Newman,其研究提出 10 项面向弹性城市的规划策略,描述了未来弹性城市的前景[18]。探讨如何修复城市系统弹性,构建高适应力的城市管理体系,是未来城市环境恢复与再生研究的重要方向。

国外关于城市环境恢复与再生研究的著作有《受损自然生境修复学》(Steven G. Whisenant 著)、《设计自然:人、自然过程和生态修复》(Eric Higgs 著)、*Principles of Brownfield Regeneration,Clean up,Design and Reuse of Derelict Land*(Niall G. Kirkwood 等著)、《景观与恢复生态学——跨学科的挑战》(Naveh Z. 著)、《城市生态学——城市之科学》(Richard T. Forman 著)等。

国外比较具有代表性的城市环境恢复与再生案例有:工业棕地改造类型的多伦多 Corktown Common 公园、新加坡榜鹅水道公园、以色列特拉维夫 Hiriya 垃圾填埋场景观、卢森堡 Steelyard 废弃钢铁厂广场;矿山修复类型的美国密歇根州港湾高尔夫球场、法国 Biville 采石场生态修复、日本国营明石海峡公园、委内瑞拉古里采料场生态修复;以流域绿色发展为目标的韩国首尔清溪川整治复原工程、日本太田川自然型建设、莱茵河流域综合治理等。

**2. 国内研究状况**

我国城市环境恢复与再生研究总体起步晚,早期研究多集中于污染水体、垃圾填埋场、污染场地等具体场地生态修复,或矿山、河流、湿地等专项类型的生态修复,缺乏系统性、综合性。

从 20 世纪 50—60 年代开始,我国多地开展了小规模的矿山、荒山、林地等修复治理项目。20 世纪 80 年代,城市生态修复在我国进入快速发展期,在理论上城市生态修复开始成为生态学的研究热点[18],出现了如王如松等[19]提出的城市复合生态系统理论;在实践上开始扩大到区域范围的生态修复,如太行山绿化工程、三北防护林工程、沿海防护林工程等。特别是 2015 年中央城市工作会议后,城市生态修复开始成为城市工作的重要任务,相关科研陆续展开,各项工程纷纷启动。全国"城市双修"工作现场会更是将城市生态修复作为治理"城市病"、改善民生的重大举措,会后城市生态修复工作在全国范围内全面启动,这也是城市转型发展的重要标志。目前,我国正处于城市生态修复的持续发展阶段。

近年来,许多学者从城市土地利用类型入手,对其恢复与再生过程进行了系统性的梳理和分析。李峰和马远[20]对城市绿地生态修复、城市湿地生态修复、城市废弃地生态修复、城市河流生态修复等方面进行了分析。

(1)城市绿地生态修复。城市绿地是城市及城市周边的园林绿地、城市森林等,还包括都市农田、立体绿化等多种形式。20 世纪 70 年代提出城市绿地"连片成团,点线面结合"的方针,极大地促进了城市绿地的发展。目前城市绿地已被视为城市的绿色基础设施,我国针对城市绿地的生态系统开展了大量研究,主要聚焦于城市绿地的空间格局、城市绿地的生态管理、城市绿地生态系统服务等方面。

(2)城市湿地生态修复。在城镇化进程影响下城市湿地呈现出明显的锐减态势,相较于自然湿地,由于地处城市及周边,城市湿地受人类生产、生活的影响更为直接,面临的问题更为复杂。我国对于城市湿地总体关注起步较晚,国际上 2008 年召开的第十届《湿地公约》大会首次关注"湿地与城市化",并于 2012 年正式提出了城市和城郊湿地的概念。我国当前研究主要集中在城市湿地的生态修复技术、城市湿地的生态系统服务、城市湿地的保护与管理方面。

（3）城市废弃地生态修复。常见目标类型有废弃矿山修复、废弃工厂、垃圾填埋场等。目前主要研究集中在废弃地污染治理技术、废弃地生态系统修复和重建技术、废弃地生态修复和景观再造模式等方面。

（4）城市河流生态修复。相关研究主要集中在城市河流生态修复策略、城市河流生态健康评价、城市河流生态理论及应用、城市河流生态修复效益等方面。

城市环境恢复与再生研究，也包括土地环境的效益评价体系指标构建与研究。张竹村[21]在分析归纳城市生态修复核心内容的基础上，利用综合研究方法构建了系统的评价体系，包括城市生态环境状况评价指标体系、城市水体生态修复效果指标体系、城市绿地生态修复效果评价体系、城市山体生态修复效果评价体系等，提出了更具系统性、科学性的生态修复实践量化参照指标。

国内比较具有代表性的城市环境恢复与再生相关著作有《国土空间生态修复》和《国土空间规划》（吴次芳等著）、《生态修复理论与实践》（刘晓端等著）、《生态修复案例解析与鉴赏》（谭科艳等著）、《煤矿煤矿废弃地生态植被恢复与高效利用》（樊金拴等著）、《矿山生态修复理论与实践》（方星等著）等。

国内具有代表性的城市环境恢复与再生案例有：中山岐江公园、上海辰山植物园矿坑花园、上海世博会后滩公园、首钢工业遗址公园等；还有《中国生态修复典型案例》（自然资源部国土空间生态修复司发布）中的18个案例，有以治沙止漠筑牢绿色屏障为目标的塞罕坝机械林场、以生态补水为目标的华北河湖、上海青西郊野公园、绿金湖矿山地质环境生态修复、重庆市渝北区铜锣山矿区生态修复、广东湛江红树林造林项目、厦门市筼筜湖生态修复等。

一直以来，党中央、国务院高度重视城市环境恢复与再生工作，早在十八大中央城市工作会议就提出要"大力开展生态修复，让城市再现绿水青山"。国家中长期规划也将生态修复融入顶层设计，在《全国城市生态保护与建设规划（2015—2020年）》《国家新型城镇化规划（2014—2020年）》《生态文明体制改革总体方案》中均有体现。2016年12月10日三亚召开全国"生态修复、城市修补"工作现场会，随后住房和城乡建设部发布《关于加强生态修复城市修补工作的指导意见》，将城市生态修复工作向全国推广。

尽管国家高度重视城市环境恢复与再生工作，相关理论研究和修复实践也取得了许多成果，但城市生态修复在概念与内涵、目标与对象、时间与尺度、实施步骤、适用技术、修复效果评估等方面仍需不断地深入探索实践，除此之外，城市发展对城市生态系统的影响机制、城市生态修复对城市环境改善的效应机制等综合性和系统性的研究有待进一步提升，还有城市生态修复在全球变化中的意义、利用弹性思维开展城市生态修复与管理、建立长期跟踪评价数据等也是我国城市环境恢复与再生需要深入研究的内容。

### 1.3.3 城市景观更新设计研究

城市景观按空间结构特征看，其组成要素可分为斑块、廊道、本底3类景观结构要素[22]。从景观生态学属性上看，斑块主要是指城市公园、城市绿地、小片林地等具有不同属性与功能、相对同质的地段区域或空间实体;廊道主要是指河流、沟渠、林带等城市景观中带状或线状的景观要素;本底则主要是指城市街道与街区,是以各类建成区、各类不同建筑物,通过道路联系起来的区块。

城市景观从不同地域类型上分为自然景观、人工景观、中小型景观[23]。自然景观主要包括流域和生态区。在国内外对自然景观的研究主要集中于湿地和森林景观,这两者是人类活动与自然生态系统交互作用最为频繁的城市空间,具有丰富的生物多样性和复杂的生态系统结构,因此是重点的保护与更新设计对象。人工景观主要是指大城市,如中国上海、杭州等这类经济发展快速、城市化水平较高的典型城市,这类景观具有人为干扰力度大、生态系统复杂等特点。在城市化进程的背景下,人工景观格局演变结果往往表现为建设用地的增多和非建设用地的减少。中小型景观和上述人工景观的区别主要是尺度的不同,研究者们一般是对小型市域景观、县域景观以及区域景观进行研究。受限于规模、经济发展、数据获取等因素,中小型景观的规划设计研究还较为缺乏。

景观的发展从最初的原始旷野到现代文明的生活居所发生着巨大的变化,从整体上看,景观设计经历了农业时代、工业时代、后工业时代等阶段,其外延涉及中西方造园艺术、地理思想与观念、农业与园艺技术、水利和交通工程、风景审美艺术、居住及城市建设技术与思想等领域。随着社会进步与城市的迅速发展,原有的自然景观出现了支离破碎、自然生态环境受到威胁、人工景观格局演变恶化等问题,这时城市景观更新设计的价值才逐渐被人们重视。

**1. 国外研究状况**

国际上的城市景观更新设计可以分为3个阶段:设计萌芽与诞生阶段、设计发展阶段、设计多元化阶段[24]。现代景观规划设计起源于艺术与工艺运动,从抽象艺术转换成景观艺术,走向科学性的景观设计。

20世纪30年代中期,随着现代主义思潮的兴起,由哈佛景观设计专业发起的"哈佛革命",宣告了现代主义景观设计的诞生。城市景观更新设计的发展受益于"二战"后的重建工作,以美、英以及西欧国家为主的多国出台城市更新法案,如火如荼地开展了各自的景观设计。20世纪60年代起,现代景观设计逐渐走向多元化阶段。随着艺术领域各流派兴起,装置艺术、大地艺术融入到景观设计中。20世纪70年代,景观设计开始强调将建筑与环境融为一体。随着许多欧洲城市和地区环境问题加剧,在景观设计中生态规划设计的思想与实践开始发展成熟起来,并开展了莱茵公园生态河谷式自然风景园(1979年)、卡塞尔园林展自然保护地(1981年)等项目。

20世纪70—80年代,传统工业衰退,城市景观重建也受到了广泛的关注,伴随恢复生态学的产生与发展,其理论与方法被创造性地运用到城市景观改造的实践当中。20世纪90年代以来,国外景观的恢复与重建进入了成熟阶段,主要集中在棕地再利用和研究上,此时开始运用科学技术与艺术手法相结合的方式,力图寻求城市环境更新、经济发展与文化重建的途径,将城市场地改造为富有多重内涵和生机的现代景观。进入21世纪,城市景观更新设计除了对传统技术和手法利用,更注重新技术的复合运用和新理念的体现。

国外比较具代表性的著作有《景观设计学—场地规划与设计手册》(约翰·O·西蒙兹

著)、《设计结合自然》(伊恩·伦诺克斯·麦克哈格著)、《营造可持续地球家园的整体设计》(G·泰勒·米勒著)、《从摇篮到摇篮:循环经济设计之探索》(威廉·麦克唐纳和迈克尔·布朗嘉特著)、《可持续性景观设计技术:景观设计实际运用》(Tom Cathcart 和 Peter Melby 著)、《生命的系统:景观设计材料与技术创新》(里埃特·玛格丽丝和亚历山大·罗宾逊著)、《封闭的循环——自然、人和技术》(巴里·康芒纳著)、《设计反思:可持续设计策略与实践》(Nathan Shedroff 著)等。

比较具有代表性的景观更新设计案例项目有德国鲁尔区埃姆舍公园、慕尼黑轨道、北杜伊斯堡景观公园,美国西雅图煤气厂公园、纽约高线公园、美国劳伦斯钢铁铸造厂公园、纽约清泉公园,法国雪铁龙公园、拉维莱特公园,英国泰晤士河岸公园,加拿大多伦多公园,韩国仙游岛公园景观更新设计等。

**2. 国内研究状况**

中国的城市景观设计源自中国古典园林,以圆明园为标志的中国风景园林设计历经 4000 年的发展积累达到巅峰,但在 1860—1920 年这一时期发展停滞不前,受到战乱影响而日渐衰落。1920—1950 年现代风景园林以城市公园的形式出现在广州、上海、北京等地。1928 年中国造园学会成立,标志着国内现代风景园林初见雏形。1950—1980 年我国开始公园城市建设并开启景观专业性的教育。1980—2010 年是我国城市景观设计的重要初创实践与理论时期,实践上包括全国性植树造林、风景名胜区保护(国家森林公园、地质公园等各类国家公园建设)、世界遗产保护申报、旅游区旅游地规划建设、高速公路景观、城市绿地建设(园林城市、森林城市、生态园林城市)、城市公共空间环境建设(滨水区、绿道、道路景观、校园、工业园、绿博主题园等)、居住区景观建设等。

近年来国内城市景观更新聚焦于棕地景观再生。2001—2009 年间,我国引入棕地概念并开始尝试借鉴国外的棕地再开发政策,进行城市棕地景观更新运作,也尝试引入公众参与机制、工业遗产概念、环境评估方法等,同时开展相关设计实践,寻求适合我国的城市棕地治理的模式与方法。2012—2016 年间,在景观都市主义的热点背景下,我国许多学者对城市景观更新进行了跨学科合作思考,并将棕地与城市整体生态系统统一考量。2017—2020 年间,国内城市景观更新引入"城市双修"理念并将棕地更新融入其中,注重棕地生态修复的同时探索城市发展的新体制与模式[25]。

我国城市景观更新设计的相关研究著作有《景观:文化、生态与感知》(俞孔坚著)、《广义设计的多维视野:设计·潜视界》(董雅著)、《西方现代景观设计的理论与实践》(王向荣著)和《欧洲新景观》、《现代景观规划设计》(刘滨谊著)、《生态园林的理论与实践》(程绪珂著)、《景观设计学》(北京大学景观设计学研究院著)、《设计艺术的环境生态学:21 世纪中国艺术设计可持续发展战略报告》(美术学院环境艺术设计系技术设计可持续发展研究课题组著)、《绿色建筑:生态、节能、减废、健康》(林宪德著)、《生态的城市与建筑》(荆其敏和张安丽著)等。

国内城市景观更新的具体案例有上海辰山植物园矿坑花园、中国宁波生态走廊修复棕地、唐山南湖城市中央生态公园、三亚红树林生态公园、六盘水明湖湿地公园等;以老旧工业遗址改建的北京首钢遗址景观设计、武汉良友红坊文化艺术社区景观改造;以老旧社区及街区改造为主的上海社区花园、宁波郎官驿创意社区景观营造;基于"十五分钟生活圈"理念的城市公共空间优化的上海徐汇区田林东路街道公共空间提升;原城市公园重建的福建龙岩龙津湖公园等。

### 1.3.4 国内外研究存在问题

通过对城市土地资源利用研究、城市环境恢复与再生研究、城市景观更新设计研究三方面内容进行梳理,国内外研究内容较为丰富。从时间发展历程上看,国外研究起步较早,多集中于20世纪中期,涉及层面包括社会、经济、生态、文化等,强调理论与技术并重,各领域现已有较为完备的理论体系,并有大量丰富的实践案例。国内研究起步较晚,20世纪80年代到21世纪初是我国各项理论的探索阶段,在对外学习借鉴的基础上,结合我国发展实际需求逐步形成自己的研究特色和实践方案,近年来开展的许多项目显现出规模和成效,并起到示范作用,但综合国内外研究现状,仍存在以下问题:虽然现阶段研究内容丰富,涉及学科领域广泛,在城市土地资源再利用上研究充分、实践丰富;在城市环境恢复与再生研究上体系完备、技术成熟;在城市景观更新设计领域观念先进、手段多样。但在这三方面的关联、交叉、渗透日趋明显和必要的背景下,并没有形成统筹性与系统性研究体系。目前在现实中常见的主流模式为"单一环境生态治理"或"先行修复后行景观"两类。城市土地资源再利用中,在理论上缺乏对生态修复与景观设计的交叉融合研究,在实践中没有将两者进行综合考虑、同步运行,生态修复与景观设计的割裂与衔接不当,导致城市土地资源再利用中常出现成本提高、周期增长、过程曲折等矛盾和问题,因此在当下背景下迫切地需要将生态修复与景观设计结合起来,并寻找到适合当代城市土地资源再利用科学的、高效的、合理的途径与方式。

## 1.4 研究内容

本研究主要围绕城市土地资源再利用中生态修复与景观设计的耦合模式展开,构建了模式的理论体系,提出了模式的运行机制,创建了模式的技术手段体系,设立了模式的评价方式,由此形成了全面有机的城市土地资源再利用中生态修复与景观设计的耦合模式体系。同时,本研究也对相关案例进行了梳理分析,并通过相关项目实践验证了该模式的可行性。

### 1.4.1 构建模式的理论体系

**1. 模式的基础**

生态修复与景观设计的耦合机制是城市土地资源再利用中生态修复与景观设计的耦合模式建立的基础。生态修复与景观设计的耦合机制表现在目标一致下的运行同步、观念更新下的内涵渗透、场地特性下的技术融合、社会需求下的统筹协调。

**2. 模式的内涵**

城市土地资源再利用中生态修复与景观设计的耦合模式是建立在生态修复与景观设计的耦合机制上，以城市土地可持续利用、城市环境承载力、城市景观结构、城市历史文脉为依据，以资源再生利用、生态环境恢复、城市风貌优化、历史文化保护为内容，通过高效有序的运行机制、全面先进的综合技术手段体系、科学合理的评价方式，达成"资源可持续利用、生态环境改善、景观文化建设"三位一体目标的现代城市土地资源再利用模式。

**3. 模式的支撑**

城市土地资源再利用中生态修复与景观设计的耦合模式是以土地可持续利用、城市环境承载力、城市景观结构、城市历史文脉 4 个方面为依据和支撑。

**4. 模式的内容**

城市土地资源再利用中生态修复与景观设计耦合模式的主要内容涉及资源再生利用、生态环境恢复、城市风貌优化、历史文化保护 4 个方面。

**5. 模式的特点**

城市土地资源再利用中生态修复与景观设计的耦合模式在目标上具有多元化、在内容上具有全面性、在功能上具有多样性、在过程上具有长期性。

### 1.4.2 提出模式的运行机制

城市土地资源再利用中生态修复与景观设计耦合模式的运行机制由运行目标、运行主导、运行原则、运行策略、运行程序共同构筑。

**1. 运行目标**

城市土地资源再利用中生态修复与景观设计的耦合模式的运行目标是具有多元化内容的协同性目标体系，旨在实现城市土地资源的可持续利用，以全面高效的方式实现城市生态、经济、社会、文化的协同发展。

**2. 运行主体**

城市土地资源再利用中生态修复与景观设计的耦合模式的运行主体是以政府机构为主导，包括企业、社会组织、公众等在内组成的多方合作体。

**3. 运行原则**

城市土地资源再利用中生态修复与景观设计的耦合模式的运行原则为安全性原则、经济性原则、可持续原则、整体性原则。

**4. 运行策略**

城市土地资源再利用中生态修复与景观设计的耦合模式的运行策略主要包括多维把控、多观融合、多规合一、多手段并用4个方面。

**5. 运行程序**

城市土地资源再利用中生态修复与景观设计的耦合模式的运行程序包括调研分析、评估决策、方案设计、工程建设、管理调控5个阶段。

### 1.4.3　创建模式的综合技术手段体系

城市土地资源再利用中生态修复与景观设计耦合模式的技术手段体系是建立在生态修复与景观设计耦合机制的基础上由八大技术手段综合构建而成的全方位科学体系。

**1. 土壤污染控制与修复**

土壤污染控制与修复是城市土地资源再利用中生态修复与景观设计耦合模式的先行技术手段。土壤污染控制与修复的目标是让土壤恢复到自然健康状态，为该模式后续技术手段的开展提供安全的基础和前提，控制方法主要包括控制污染物来源、管控污染土壤环境风险、优化城市产业规划布局等方面，修复技术主要包括生物修复、化学修复、物理修复及其联合修复技术等。

**2. 地形地貌的利用与设计**

地形地貌的利用与设计在城市土地资源再利用中有着重要的功能与价值，主要表现在基面与背景功能、景观功能和生态功能3个方面。地形的利用与再造设计应遵循因地制宜、因形就势的原则。地貌的修复与设计应采用修复与保护、艺术与生态结合的原则。地形地貌利用与设计的表现形式常见有独立几何式、规则组合式、艺术曲线式、自然抽象式、传统山水式、大地艺术式等。

地形地貌利用与设计不仅对场地中土地的恢复和土壤的修复起到重要的帮助作用，同时也对场地整体环境的优化和景观效果的提升具有显著效果，是生态性和艺术性并重的环境设计手段与内容。

**3. 道路的规划与设计**

在城市土地资源再利用中，道路的规划与设计是场地建设中最基本和重要的内容之一。只有通过生态、合理、高效的场地道路系统规划与设计，才能构建连续、安全、宜人的场地空间。

道路规划与设计的目标是搭建生态廊道、构建景观骨架、实现场地功能；内容是道路修复与更新、道路绿化设计、道路附属物设置；策略是保持整体性与连续性、与原生生态景观相结合、突显人性化与个性化。

**4. 植被的修复设计**

在城市土地资源再利用中，植被修复设计要特别突出植物在修复、生态和景观3个方面的功能和作用。植物对场地中的土壤环境、水体环境、大气环境等具有重要的修复作用。植被修复设计的生态功能表现在维护生态平衡、保护生物多样性、改善小气候、净化空气、消除噪声、防风固沙与保持水土等方面；景观功能具体表现为空间布局作用、协调柔化作用、观赏美化作用等。植物修复设计应遵循因地制宜、以乡土植物为主、师法自然的原则，技术关键点是植被种类的选择，要从生态性、经济性和景观性3个方面综合考虑。植物修复设计应采用保留与恢复、种植与改造两种具体方法展开。

**5. 水体景观的修复与营造**

在城市土地资源再利用中，水体景观的建设要将水体的污染控制与修复、生态水景的营造与设计、水资源的利用与配置等进行综合考虑并同步实施。

水体景观的修复与营造中应遵循生态优先、因地制宜、资源节约、以人为本的基本原则。在城市水体景观修复与营造中，水体的污染控制与修复是首要内容，生态水景营造与设计是核心内容，水资源的合理配置是关键内容。

在城市土地资源再利用中，水体景观修复与营造技术的重要内容包括水体污染控制技术、水体景观修复技术、生态水景营造技术以及水资源利用技术等。

**6. 环境废弃物的资源化与景观化处理**

在城市土地资源再利用中，环境废弃物再利用对"推进生态文明、建设美丽中国"具有重要意义，其价值表现在可持续价值、环境价值、经济价值、社会价值、文化价值5个层面。

环境废弃物资源化与景观化处理的路径主要包括用于打造地形地貌、用于景观道路铺装、用于改造装饰建筑、用于构筑环境设施、用于创作艺术景观。常见的处理方法有无害化处理、直接保留、加工再利用、元素重组、生态利用等，处理的程序主要包括环境调查、收集选用、可行性分析、设计施工的流程。

**7. 建筑与构筑物的改造性再利用**

建筑与构筑物改造性再利用的目标一是合理利用空间，二是文化传承保护。改造性再利用的路径分别是满足建筑与构筑物在场所区位中的功能需求、开发原建筑与构筑物的空间利用潜力、挖掘建筑人物与构筑物自身的历史文化价值。改造性再利用的方式主要为拆除重建与保留更新，措施包括功能置换、空间重构、形式改造、扩建改造、环境融合5个方面。功能置换是将原建筑与构筑物改作它用；空间重构的具体措施有化整为零、变零为整、局部改造；形式改造的具体方式有维持或恢复原貌、形式协调、形式对比、造型重塑；扩建改造是新建与增建，常见的有垂直加建与水平扩建两种方式；环境融合主要表现为场所精神的塑造与生态环境的维护。

### 8. 艺术景观与公共设施设计

在城市土地资源再利用中，所涉及的艺术景观类型常见的主要有壁画、雕塑、景观装置、景观小品、地景造型等；公共设施常见的主要有公共信息设施、公共卫生设施、公共交通设施、公共休息设施、公共照明设施、公共管理设施、公共服务设施、公共游乐设施、无障碍设施等。

艺术景观与公共设施设计目标包括实现使用功能、美化改善环境、体现区域特点、提高整体环境品质；原则包括功能原则、个性原则、生态原则、内涵原则；手法包括个性化、人性化、技艺化、系列化及生态化。

### 9. 八大技术手段的综合体系构建

城市土地资源再利用中生态修复与景观设计耦合模式的技术手段综合体系包括土壤污染控制与修复、地形地貌的利用与设计、道路的规划与设计、植被的修复设计、水体景观的修复与营造、环境废弃物的资源化与景观化处理、建筑与构筑物的改造性再利用、艺术景观与公共设施设计8个方面，具有科学性的全方位体系。它将各个生态元素与各种景观要素综合考虑，并将生态修复技术与景观设计手段全面融合，以达成"资源可持续利用、生态环境改善、文化景观建设"三位一体的目标。

这个技术手段综合体系在内容上具有全面性，在功能上具有多样性，在过程上具有同步性，在操作上具有灵活性，可广泛地应用于现代城市土地资源再利用的各类项目中，同时也是具有针对性的可操作体系，在实践中可根据城市土地资源的具体情况有所侧重并灵活使用。

## 1.4.4 设立模式的评价方式

城市土地资源再利用中生态修复与景观设计耦合模式的评价体系是一个多层、全方位的综合体系，主要包括环境影响评价、景观美学评价以及综合效益评价。

### 1. 环境影响评价

城市土地资源再利用中生态修复与景观设计耦合模式的环境影响评价主要包括土壤环境影响评价、地表水环境影响评价、大气环境影响评价、声环境影响评价、生态环境影响评价等内容，应该遵循依法依规原则、科学全面原则、客观公正原则以及广泛参与原则，方式表现为前期环境影响评价、竣工验收环境影响评价、跟踪环境影响评价3个层面。

### 2. 景观美学评价

城市土地资源再利用中生态修复与景观设计耦合模式的景观美学评价是重要评价内容和层次，以景观审美理论中的审美机制、审美途径、审美研究方法为依据。特点包括突出景观效果比对评价、采用多学科交叉性评价、强调主客-动静结合性评价3个方面。内容包括评价的要素与评价的指标两部分：评价要素包括整体性要素、基础性要素、变化性要素，评价指标包括客观方面与主观方面。流程包括确定评价要素、获取评价样本、设计评价量表、选择评价对象、采用评价方法等。

### 3. 综合效益评价

城市土地资源再利用中生态修复与景观设计耦合模式的综合效益评价内容包括环境效益、经济效益、社会效益、景观效益4个方面，遵循科学性原则、系统性原则、可行性原则、指导性原则，运用实地考察法、定性分析法、定量分析法、层次分析法的评价方法，评价指标体系由目标层（综合效益）、准则层（环境效益、经济效益、社会效益、景观效益4个判断指标）、指标层（30个指标）共同构建而成。

## 1.4.5　城市土地再利用的不同类型与相关案例分析

本研究根据国内外城市土地资源再利用的过往及现状、不同类型及代表项目的梳理，归纳出城市土地资源再利用中与生态修复与景观设计相关的典型案例，共四大方面、10个代表类型，分别是：以生态环境恢复为目标侧重的城市湿地型、矿山型、工业区型；以经济产业复兴为目标侧重的文旅风景区型、复合地产型、产业园型；以社会公共服务为目标侧重的城市公园型、广场绿地型；以文化保护传承为目标侧重的城市街区型、文化空间型等。

梳理分析典型案例，可为本研究所构建的城市土地资源再利用中生态修复与景观设计的耦合模式提供参考与依据。

## 1.4.6　武汉市江夏灵山矿区土地再利用实践项目

本研究团队在研究期内（2019—2021年）实施开展了江夏灵山矿区土地再利用实践项目。该项目是配合武汉市江夏区对灵山矿区实施全面生态环境治理，复垦工矿废弃地，整合区域资源实行产业转型，打造江夏"吉祥谷"特色养老小镇。

江夏灵山矿区土地再利用实践项目从矿区生态环境治理和景观规划两方面同时展开，将生态修复与景观设计的手法相结合，在项目的运行、综合技术手段应用、效益评价等方面，充分体现城市土地资源再利用中生态修复与景观设计耦合模式的理论，是该模式的具体化实践性应用，并取得良好的效益与评价，由此，也进一步验证了本研究所构建的城市土地资源再利用中生态修复与景观设计耦合模式的科学性和可行性。

# 1.5　研究的创新点

本研究的创新点主要在于构建了城市土地资源再利用中生态修复与景观设计的耦合模式，为现代城市土地资源再利用提供了新思路和新方案。该模式的创新之处主要表现为以下4个方面。

活动方式等[30]。

城市风貌优化作为城市土地资源再利用中生态修复与景观设计耦合模式的主要内容，对城市景观的优化、城市面貌的提升、人文建设的促进具有重要的现实意义。

### 2.4.4 历史文化保护

城市土地中需要保护的历史文化实体包括有历史、艺术和科学价值的文物，如遗址、古墓古建、石窟寺庙、石刻壁画等，近现代重要史迹及代表性建筑，以及突出价值和显著特色的历史文化名城（街区）等。这些历史文化实体是城市发展的缩影，记录着城市的进程，深深融入到城市文脉中，需要充分挖掘并展现出来，它们所蕴含的自然、历史和人文信息也需要传承与延续，并要在此基础上打造弘扬新的精神内涵，使其重新焕发活力。

历史文化保护是对有文化价值的自然资源和社会资源的维护与传承，也是对人类创造的物质成果转化和精神成果的重塑；是人类社会进步的表现，也是社会发展的要求。

历史文化保护作为城市土地资源再利用中生态修复与景观设计耦合模式的主要内容，对塑造良好的文化环境、构建城市可持续的场所精神、保障城市系统的健康运行具有重要的作用。

## 2.5 模式的特点

本书所提出的城市土地资源再利用中生态修复与景观设计的耦合模式在目标上具有多元化，在内容上具有全面性，在功能上具有多样性，在过程上具有长期性。

### 2.5.1 目标多元化

城市土地资源再利用中，生态修复与景观设计耦合模式的目标建立在多个层面，包括多方面的内容，表现为多元化的特质，具体包括实现环境安全与生态优化、实现经济效益与产业重构、实现人文和谐与社会发展3个方面。该模式的目标是以环境、社会、经济与文化共同构成的综合效益为目标的城市土地再利用模式。

### 2.5.2 内容全面性

从内容上看，城市土地资源再利用中生态修复与景观设计耦合模式是从环境科学与工程、景观设计学、资源环境经济学、生态学等跨学科视角，全面考虑了城市土地资源再利用中的各个生态元素与各种景观要素，充分涵盖了生态恢复与环境修复的多种技术，以及景观再造与环境设计的多项手段，针对城市土地资源再利用，构建出全领域覆盖、全生命周期的运行机制、技术体系和评价方式，其内容丰富，层次分明，逻辑合理。

### 2.5.3 功能多样性

从功能上看,城市土地资源再利用中生态修复与景观设计耦合模式是将多种技术手段融合并重、达到多重目标效果的体系,能同时实现城市土地资源再利用目标内容的 4 个方面,即资源再生利用、生态环境恢复、城市风貌优化、历史文化保护,以达成"资源可持续利用、生态环境改善、文化景观建设"三位一体的目标。这个模式特别适用于目标多元的现代城市土地资源再利用项目,通过实际运行打造多功能、高效率、高协同性的城市区域综合体。

### 2.5.4 过程长期性

从过程上看,城市土地资源再利用中生态修复与景观设计耦合模式,将生态修复与景观设计进行综合考虑、融合交叉,过程上实现了两者的同步运行、同时展开,由于该模式的内容丰富、技术复杂、参与主体众多,因此,运行建设时间周期较长。同时,该模式收效时间也具长期性,判断其成功与否要从全生命周期的角度看长远效益和综合指标能否达成。

## 2.6 本章小结

城市土地资源再利用中生态修复与景观设计耦合模式的理论体系,从模式的基础(生态修复与景观设计的耦合机制)、模式的内涵、模式的支撑、模式的内容、模式的特点 5 个方面进行构建。

该模式建立的基础是生态修复与景观设计的耦合机制。生态修复与景观设计的耦合机制,主要由 4 个方面的内容构成,它们分别是目标一致下的运行同步、观念更新下的内涵渗透、场地特性下的技术融合、社会需求下的统筹协调。

该模式的内涵建立在生态修复与景观设计的耦合机制上,以城市土地可持续利用、城市环境承载力、城市景观结构、城市历史文脉为依据;以资源再生利用、生态环境恢复、城市风貌优化、历史文化保护为内容;通过高效有序的运行机制、全面先进的综合技术手段体系,科学合理的评价方式,达成"资源可持续利用、生态环境改善、景观文化建设"三位一体目标的现代城市土地资源再利用模式。

该模式的支撑是土地可持续利用、城市环境承载力、城市景观结构、城市历史文脉。

该模式的内容涉及资源再生利用、生态环境恢复、城市风貌优化、历史文化保护 4 个方面。

该模式的特点表现为在目标上具有多元化,在内容上具有全面性,在功能上具有多样性,在过程上具有长期性。

城市土地资源再利用中生态修复与景观设计耦合模式的理论体系分解如图 2.2 所示。

第 2 章 城市土地资源再利用中生态修复与景观设计耦合模式的理论体系

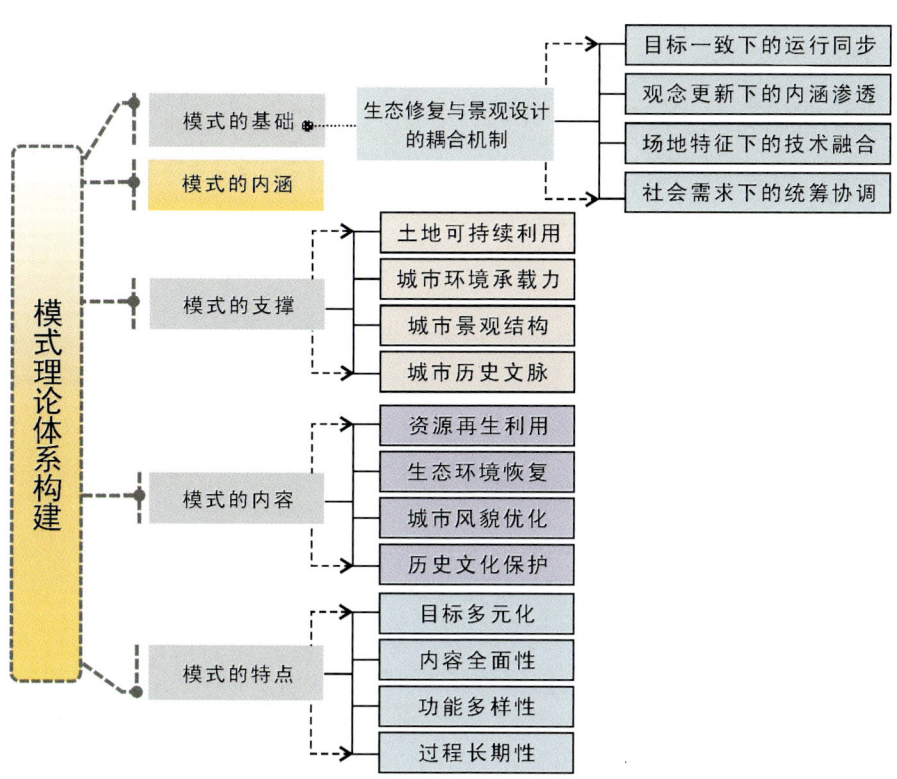

图 2.2 城市土地资源再利用中生态修复与景观设计耦合模式理论体系分解图

# 第 3 章　城市土地资源再利用中生态修复与景观设计耦合模式的运行机制

城市土地资源再利用中生态修复与景观设计耦合模式的运行机制是一个内容丰富、形式复杂的机制体系，以下分别从运行目标、运行主体、运行原则、运行策略及运行程序五大方面进行阐述。

## 3.1　运行目标

城市土地资源再利用中生态修复与景观设计耦合模式的运行目标是具有多元化内容的协同性目标体系，旨在实现城市土地资源的可持续利用，以全面且高效的方式实现城市生态、经济、社会、文化的协同发展。

### 3.1.1　多元化目标

城市土地资源再利用中生态修复与景观设计耦合模式的运行目标建立在多个层面之上，包括多方面的内容，表现为多元化的特质，具体包括实现环境安全与生态优化、实现经济效益与产业重构、实现人文和谐与社会发展 3 个方面。

**1. 实现环境安全与生态优化**

该机制运行通过有效地保护生态系统和生物多样性，提高生态系统的自我维持和自适应能力，以生态修复作为手段，维持城市生态系统的平衡；以控制污染作为切入点，提升城市土地与环境的安全性；以景观营造作为媒介，构建具有良好体验与美学价值的城市景观空间等。

**2. 实现经济效益与产业重构**

该机制通过对土地资源进行重新整合与改造利用，使其成为承载城市产业结构优化升级、带动城市经济发展的空间载体；通过挖掘城市土地资源系统内物化构成因素，开发潜在经济价值，并将潜在经济价值转化为现实效益；通过环境优化实现招商引资，带动全民参与，成为城市新风向标等。

**3. 实现人文和谐与社会发展**

该机制以城市历史文脉为依据,从记录社会发展历史、传承与保护文化的角度,通过对城市独特地域文化元素的重新规划与设计,提升城市用地文化价值意涵;通过对土地资源的再利用,将闲置资源转换与更新,调节社会公共资源的平衡,促进公共资源利用,从而减缓城市空间与人口问题带来的压力,同时也为城市居民提供新的就业机会与方向;通过对失落土地与空间的激活改造,以及相应公共服务与设施的完善,拓展公共空间和领域,提供良好的公众参与交流平台,提升人民的物质与精神生活品质,实现人文和谐与社会发展。

### 3.1.2 协同性目标

城市土地资源再利用中生态修复与景观设计耦合模式的运行目标具有多元化的特质,其层次丰富、内容多样。为全方位同时实现该模式的多元化目标,该模式需要建立一个能消解和平衡各目标之间制约与矛盾,促进各目标相互补充、相互融合、相互促进的综合协同目标体系。该模式运行机制目标的协同性主要体现在多项目标之间的有机协同与整体效应。

在该模式协同性目标系统中,首要的基础目标是城市土地的生态恢复与环境安全,只有通过以生态环境修复为主体的目标运作方式,以保障生态安全为前提,才能进一步实现城市土地所具有的经济价值、社会价值与文化价值等,才能在多层面逐一实现其他目标。

在该模式协同性目标系统的成效上,通过对原本的自然生态系统的恢复与改善、评估与利用,使得客观存在的环境目标与经济目标、社会目标、文化目标的制约和矛盾得到有效改善,消解城市经济、社会生产和自然环境在交互耦合中的不平衡因素。如通过生态环境的改善与土地价值的开发,实现环境效益与经济效益的激增;通过兼顾公平与效率的原则,实现经济目标与社会目标的共赢;通过文化宣传教育与法规政策制定,实现环境目标和社会文化的相互促进等。

## 3.2 运行主体

城市土地资源再利用中生态修复与景观设计耦合模式的运行是一个具有复杂性的系统工程,往往需要多个主体通力合作、共同参与,一般会涉及政府机构、相关企业、社会组织及公众等。

此模式的运行主体是以政府机构为主导,包括企业、社会组织、公众等在内组成的多方合作体;运行机制则是通过政府机构主导决策,结合多方力量共同参与、各部门通力合作,以实现多元化的协同性目标。

### 3.2.1 政府机构主导

政府机构主导是指政府通过制定相关政策、财政支出、监管措施等,形成由政府机构全面组织、管理、协调的至上而下的主导机制。具体体现为直接由政府、建设、国土、规划、园林等行政主管部门主导，或由政府设立专门的管理委员会、管理办公室等机构主导，或由政府设立国有开发公司主导，确立发展目标、进行项目筹备、开展投融资、制定政策与制度、组织管理与监管协调等。

政府机构作为城市土地资源再利用中生态修复与景观设计耦合模式的运行主体，在目标把控、成本投入、资源配置、协同管理、维护监管等方面具有其他主体不可比拟的优势。特别是对模式中社会公共服务性突出的目标，如环境污染治理、公共景观优化、文化遗产保护、科普教育宣传、城市空间建设、公共设施和市政设施健全完善等，政府机构的主导作用必不可少且具有决定性。

城市土地资源再利用中生态修复与景观设计耦合模式的运行往往周期较长，成本投入高，运营管理与工程维护较为复杂。在实际项目的运行中，如果仅靠政府或有关部门单方面主导，力量会较为有限，还需要结合来自市场、社会、公众等多方力量的参与和配合，才能保证模式的正常运行。

### 3.2.2 多方合作

多方合作是指企业、社会组织、公众在内的多方力量，在政府主导下共同参与、积极配合、通力协作的协同机制。

企业在资金筹措上具有灵活性与自主性的优势，能够通过多渠道的融资方式有效缓解政府财政压力；同时，企业在技术与手段上具有专业性和实操性，能够有效落实项目运行的实际具体内容。

社会组织在公共资源上具有协调性与传播性的优势，能通过动员社会资源、协调社会关系、提供公益服务与保障体系、倡导政策与舆论影响等，弥补政府机构、企业和市场的局限性，为项目运行提供多样支持并形成合力。

公众既是模式运行的受益者，也是模式运行的维护者，在项目开展前公众充分参与筹备，在项目运行中公众积极支持配合，项目运营后公众自发宣传维护，才能促进模式运行的可持续性。

包括企业、社会组织、公众在内的多方合作是一个长效机制，应该贯穿于城市土地资源再利用中生态修复与景观设计耦合模式运行的全过程，涉及相关项目的规划、监督、建设、管理与维护等各项内容。

## 3.3 运行原则

城市土地资源再利用中生态修复与景观设计的耦合模式是多学科交叉融合的综合性模式，其目标具有多元化与协同性，在实际运行的过程中要遵循安全性原则、经济性原则、可持续原则、整体性原则四大原则。

### 3.3.1　安全性原则

安全性原则是城市土地资源再利用中生态修复与景观设计的耦合模式运行的首要原则，主要涉及工程安全和设计安全两个层面。

工程安全是指在模式的运行过程中，项目工程应结合各类城市土地资源特性，以保障生态系统健康与可持续性发展为准则，依据生态学、环境科学、资源学、建筑学与工程学的科学原理，实施项目内容并展开工程建设，保障模式运行全周期的稳定与安全。

设计安全是指在模式的运行过程中，项目设计应严格按照科学规范与设计标准，在规定与要求的范围之内展开设计，以确保项目能有效抵御各类自然灾害、承载环境荷载、应对不稳定因素、处理动态变化等，以达到环境的恢复与景观的优化，从而创造经济与社会价值，实现城市土地资源的可持续性利用。

### 3.3.2　经济性原则

经济性原则是城市土地资源再利用中生态修复与景观设计的耦合模式运行的基本原则。

经济性原则是指在模式的运行中通过控制成本、节约资源、循序渐进式地实现城市土地资源效益的最大化，具体包括：通过规划设计与评估决策选择最适宜的实施方案，实现整体效益的最大化；尽可能减少对场地生态演替和工程建设造成的预测误差，将潜在风险最小化；充分利用生态系统的自我恢复能力与现实景观条件，将场地现状的利用率最高化；采用合理投入与最大产出的科学技术路线，合理调节利用土地资源，将建设与运营成本最低化等。

### 3.3.3　可持续性原则

可持续性原则是城市土地资源再利用中生态修复与景观设计的耦合模式的核心原则。该模式的运行应充分突出可持续发展的理念，重点体现在生态和绿色两个层面。

生态层面要求遵循生态系统的自组织功能与恢复再造能力，有选择地利用自然界的物种、结构、系统，形成人工与自然交互的产物。在指导思想上保持"天人合一"的人与自然的辩证观和现代辩证唯物主义的生态观；在实施行为上遵循生态优先原则以及国家出台的一系列科学、完整的生态治理政策等。

绿色层面要求以环境资源为核心概念，遵循资源利用合理化、废弃物生产少量化、对环境无污染或少污染等，强调"减量化、再利用、再循环"（reducing、reusing、recycling）的3R原则，持续性地将"绿色理念"贯穿于模式运行的全生命周期中，以保障模式运行可持续性发展目标的实现。

### 3.3.4 整体性原则

整体性原则是城市土地资源再利用中生态修复与景观设计的耦合模式的重要原则，是指从土地资源的整体生态系统和全景观尺度出发，综合考虑各生态要素与景观元素的结构功能及其之间的交互作用，在模式运行中采用整体出发、全面布局的方式。

城市土地资源再利用中生态修复与景观设计的耦合模式是将生态修复与景观设计进行同步运行，实现多元化协同性的运行目标。因此，整体性原则成为了模式运行的重要原则。在模式运行的过程中，整体性原则主要体现在对场地内部各项要素之间、场地内部与外部以及工程项目建设全过程3个层面的关系中。

从场地内部各项要素上看，它包括光、热、水、气候、土壤、生物等生态元素，也包括地形、植被、水体、道路、构筑物等各种景观要素，要综合考虑它们各自的结构功能及其之间的交互作用，兼顾场地建设的生态性、科学性、实用性与美观性。

从场地内部与外部关系上看，一方面，生态系统是随时进行内外部能量传递和物质循环的开放系统，要充分考虑生态系统与周围的交互作用；另一方面，场地景观是城市景观中非孤立的单元与部分，要纳入到城市整体景观规划与建设的网络系统中。

从工程项目建设的全过程上看，无论是场地生态演进还是景观更迭都是动态的过程，所以该模式的运行要从时间与历史的维度出发，进行长期准备、长期监测、动态管理、灵活调配等。

城市土地资源再利用中生态修复与景观设计耦合模式运行原则分解如图3.1所示。

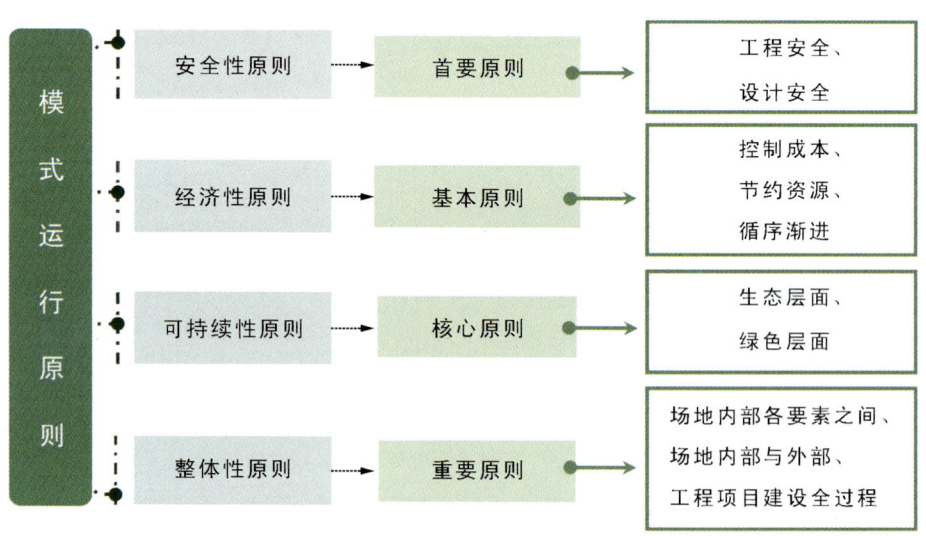

图3.1 城市土地资源再利用中生态修复与景观设计耦合模式运行原则分解图

## 3.4 运行策略

城市土地资源再利用中生态修复与景观设计耦合模式的运行策略主要包括多维把控、多观融合、多规合一、多手段并用 4 个方面。

### 3.4.1 多维把控

多维把控是指该模式运行在时间维度上和空间维度上采用的多层次结合与全面把控策略。它在时间维度上包括过去—现在—未来的全线性动态过程,在空间维度上包括地表、地上或地下多个空间区域范围。

多维把控在时间维度上,要对场地过去的环境演替、历史发展、文脉传承等做好背景调查工作,也要充分调研场地环境与资源的现状、正确评估现实风险、客观分析实际条件,进行科学的统筹规划与合理的改造建设,还要对改造建设后的场地严格管理,监控跟进,确保城市土地资源的可持续性利用。

多维把控在空间维度上,要对场地全空间区域范围综合统筹,包括城市土地的地表、地上或地下等多个空间,进行土地分层次地开发利用,更能让具有稀缺性和不可再生性的土地资源得到充分、合理的利用。

多维把控的策略是将时间周期与空间区域共同考虑,对不同土地区域在不同时间跨度的差异化做协调与把控。

### 3.4.2 多观融合

多观融合是指该模式运行融合宏观、中观、微观的不同尺度关系与因素,将其纳入统一整体的策略。

城市土地在不同的尺度关系上呈现出不同的形式,具有不同的状态与属性。它在宏观尺度上表现为"点",在中观尺度上表现为"斑块",而在自身微观尺度上则表现为"面"。多观融合的策略既要体现城市土地在不同尺度关系下生态修复和景观设计的侧重与区别,又要兼顾统一整体的布局体系,因此,要建立以单元—片区—专项为层次的运行策略,对应点—斑块—面的尺度关系。在宏观层面上纳入国土空间总体规划,明确模式运行的方向和重点;在中观层面对片区进行详细规划,激活土地资源和优化产业结构;在微观层面上构建场地的景观空间与实用功能。

多观融合的策略是在模式的运行中,从宏观、中观、微观角度,融合不同尺度关系,进行统筹规划。

### 3.4.3 多规合一

多规合一是指将国民经济与社会发展规划、城乡规划、土地利用规划、生态环境保护规划等多个规划融合到一个区域上,实现一个市县一本规划、一张蓝图,解决现有各类规划自成体系、内容冲突、缺乏衔接等问题[31]。

多规合一作为城市土地资源再利用中生态修复与景观设计耦合模式的运行策略,是指在政府主导下,强化城市规划、土地利用规划、城市生态环境保护规划、景观规划设计等各类规划的衔接,以确保城市土地空间、边界、规模等重要参数上的一致性,信息平台上的统一性,改造建设上的同步性等,从而科学、高效地实现空间布局优化与土地资源配置。

城市规划是为实现城市发展目标、合理利用城市土地、协调城市空间布局、开展经济社会建设所作的综合部署和具体安排,可分为总体规划、控制性详细规划和建设性详细规划,是建设城市和管理城市的基本依据。

土地利用规划是在区域范围内,根据可持续发展要求和区域条件对土地开发与利用、治理与保护在时间和空间上所作的总体统筹安排和战略布局。土地利用规划目的在于加强土地利用的宏观计划与规划管理。生态环境保护规划的目标是加强环境保护、推进生态建设、减少污染物排放量,增强生态系统稳定性,改善人居环境,构建资源节约型、环境友好型社会等。景观规划设计是根据场地区域的特征和属性,依照尊重自然适应自然、保护资源节约资源、以人为本、可持续性发展等原则,进行的功能设施、景观形象、行为心理等内容的规划与设计。

多规合一是在模式运行中将城市规划、土地利用规划、城市生态环境保护规划、景观规划设计等各类规划综合衔接的策略。

### 3.4.4 多手段并用

在城市土地资源再利用中生态修复与景观设计耦合模式所涉及的领域从科学技术到文化艺术,所覆盖的层面从宏观调控到具体操作,所以运行策略需实行多手段并用的方式。

在模式的运行中,多手段并用的策略主要包括维护自然演替、引入各类循环机制、多种技术手段综合运用等。

维护自然演替是模式运行的基本手段,即充分发挥生态系统的自组织或自维持力,使人为干预与自然演替相互协调、相互适应,达到土地资源生态系统动态平衡的稳定状态。

引入循环机制是在模式的运行中采用水资源的回收利用、绿色能源和可再生资源的利用、环境废物和污染物的无害化处理与再利用等手段,实现能源与资源高效循环利用,减少环境负荷,节约成本。

多种技术手段综合运用是指在模式的运行中,采用土壤的修复、地形地貌的利用与设计、道路规划与设计、植被修复与设计、水体景观的修复与营造、环境废弃物的利用与再生、建筑与构筑物改造、公共艺术与环境设施设计等技术手段,同时实现生态环境修复改善与景观再造优化的目标。

多手段并用是基于城市土地资源再利用中生态修复与景观设计耦合模式的复杂性，是不拘一格地采用多样化方式与手段的模式运行策略。

城市土地资源再利用中生态修复与景观设计耦合模式运行策略分解如图 3.2 所示。

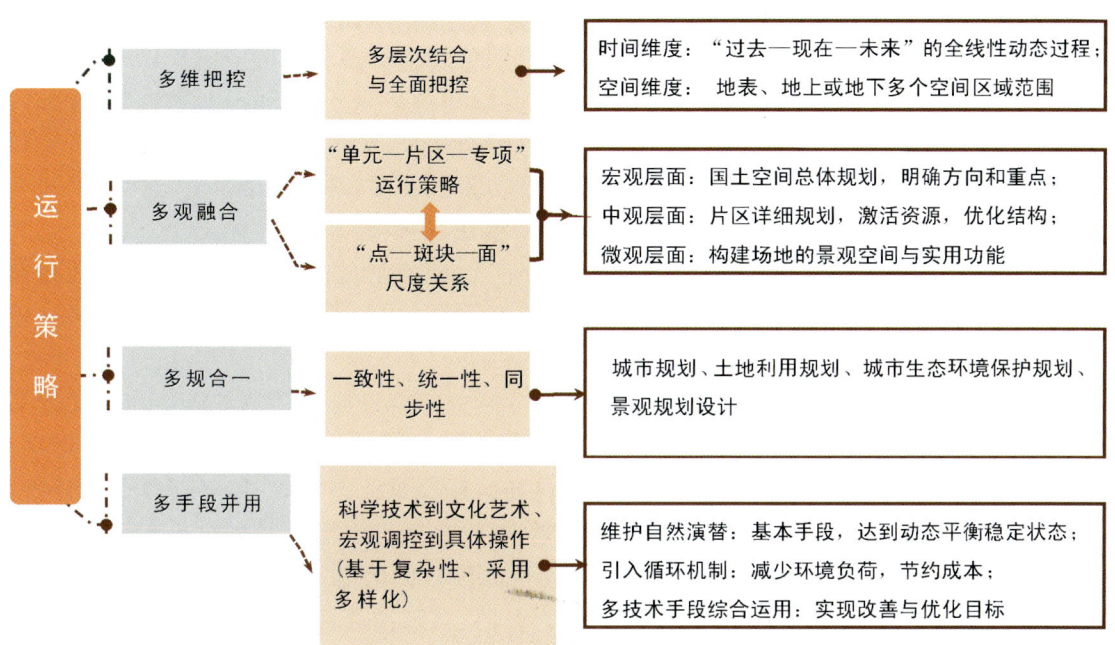

图 3.2　城市土地资源再利用中生态修复与景观设计耦合模式运行策略分解图

## 3.5　运行程序

城市土地资源再利用中生态修复与景观设计耦合模式的运行程序以全生命周期管理理念为参照，采用完整化、系统化与动态化的运行程序。

生命周期管理理念是基于模式运行的全生命周期特征和内容，采用动态连续的生命周期评价方法、系统优化等动态连续的手段，使模式的运行具有全面性、连贯性、可持续性等，从而减少模式运行实施或土地再利用过程中产生的不确定性。生命周期管理理念是模式运行的坚实科学基础，能对运行过程从整体上层层把控，形成具有完整化、系统化与动态化的运行程序，具体的程序阶段为调研分析→评估决策→方案设计→工程建设→管理维护。

### 3.5.1　调研分析

调研分析是运行筹备与建设阶段的起点，为模式运行提供资料背景与现实参考，并贯穿后续运行过程的始终，在运行程序中至关重要。

城市土地资源再利用中生态修复与景观设计耦合模式运行程序的调研分析包括多方面的考察内容，如土壤资源、地形地貌、自然生态系统、水循环体系、道路以及建筑存量等，还要结合考察内容的相关数值指标，分析土地资源的种类与复杂程度，并根据环境污染物对环境影响的劣性程度评估，辨别土地资源中的潜在危害因素等。

该模式运行的调研方法多样，比较常见的主要有田野调查法与PSPL调研法。田野调查又叫实地调查或现场研究，是要求研究人员在项目实地中的多个区域停留较长的时间，通过开展个体走访、问卷调查、相关数据观测和影像记录等的研究方法。PSPL调查法，即公共空间—公共生活调研法（public space & public life survey），是侧重对城市公共空间质量和城市居民生活的一种评估方法，其核心是空间中的人及其活动，是对城市公共空间尺度和类型的观察，一般由场地标记法、现场计数法、实地观察法、访谈法等组成[32]。

该模式运行的调研活动通常采用多次集中的形式，因为在实际调研过程中，通常会存在调研内容不充分、原始资料数据采集不确定、前期归纳整合不完整等问题，因此在调研过程中要多种方式并用，多次集中开展。

该模式运行的调研步骤通常包括3个方面：一是进行项目场地相关资料整理与文献采集，主要有项目场地总规图、区域的自然地理资料与历史文化文献等。二是进行实地考察，收集项目实地以及周边的物质空间环境特征，包括区域建筑业态布局、道路交通现状分析、地形水体物质空间情况、公共服务设施配套问题等；收集项目实地的人文与社会特征，如人群活动分析、区域人口、性别、年龄、职业等社会构成因素的信息。三是分析与借鉴优秀案例，选择相似度较高的国内外优秀经典案例作为参照，在归纳共性与借鉴经验的基础上，开发项目个性与优势。

### 3.5.2 评估决策

评估决策是以调研分析内容为参照，根据政府以及有关部门制定总体规划意见，进行项目各项指标评估与方案措施的制定等。

城市土地资源再利用中生态修复与景观设计耦合模式运行的评估决策通常以多维度、全生命周期性形式呈现，是长期跟踪、周期评价、综合性规划改革的评估决策体系。具体内容包括对项目方案的技术性评估决策、项目可利用土地资源的价值评估决策、工程建设的效能评估决策以及项目竣工后的绩效考核评定等。

城市土地资源再利用中生态修复与景观设计耦合模式运行的评估决策通常分为3个阶段：第一阶段是基地初步评价、基地详细物质空间评估、经济效益评估等；第二阶段是结合数据进行相关计算和评价策略，例如判断土地资源的污染源所造成的环境影响与危害程度，评估各类生态修复手段对土地资源的优化能力等；第三阶段是分析决策并制定措施意见，整理多方数据，明确场地改造方向与生态修复方法，结合多个部门、企业共同制定应对措施，并设计多个初步改造方案，由专家意见进行综合评价与排序，为后续具体方案提供正确导向，为工程建设提供合理化保障。

该模式运行评估决策体系的建立不仅依托于传统实证主义的技术评估方法，还要建立在运用多维交叉透视方法研究社会行为、心理和文化的基础上[33]。多维交叉透视强调在技术方法上将城市土地资源与城市的社会性、心理性、文化性内容综合评定。

值得注意的是，随着时代技术的发展，基于大数据的评估决策理念更契合城市土地资源再利用中生态修复与景观设计的耦合模式。大数据理念的优势体现在以下3个方面：一是更快速、全面地监测获取信息，大数据能快速地获取城市空间内包括居民活动、基建运行、公共服务设施指标等多领域信息，能更全面地综合城市中生态环境、社会经济、空间变换要素等多方面内容。二是能动态多元地覆盖需求性评价，特别是对于流动性与功能性强的城市空间，如地铁、商圈、社区等，通过大数据提供的企业经济、产业生态布局、居民行为活动、公共设施等数据，对进行城市土地资源的再开发、功能混合程度、用地效率、空间发展质量的评估决策尤为重要[34]。三是大数据的引入能转变传统被动式评估决策为可持续性评估决策，大数据为多方参与提供平台，实现政府与多元主体间的信息共享与交互，开展合作，满足多元化群体的共通需求，建立具有宜居性与可持续的城市土地资源评估决策新模式。

### 3.5.3 方案设计

方案设计是城市土地资源再利用中生态修复与景观设计耦合模式运行的核心环节，是在评估决策的基础上，完成包括污染防治方案、场地总体规划设计、场地景观设计、基础设施修缮设计和施工图设计等方案。

该模式方案设计的首要任务是需要对污染控制与生态修复提出解决措施与方案，包括对土壤污染的控制、水系和水体的修复、空气质量的提升、噪声的消除、环境废弃物的处理以及多元化自然生态体系的构建与维护等。

该模式方案设计的主要内容是场地的总体规划设计，对城市土地资源及空间格局重新规划，解决用地紧张及活化空间问题。场地总体规划设计是项目建设整体性与轮廓性的全面规划。它既是近期建设计划，也要考虑远景发展；既是从规划总体方向上设计，也要落实每个细节构成要素。总体规划图一般配备的图件可分为两大类：平面总体规划类和要素配置规划类。平面总体规划包括场地区位图、土地利用现状图、现状用地权属图、建设现状图（包含各类建筑范围、绿化、工程管线位置等）、土地利用规划图、与土地利用总体规划协调图等。其中，与土地利用总体规划协调图是指对需要协调的区域进行突出标记显示。要素配置规划类包括道路交通规划图、公共服务设施规划图、生态用地规划图、竖向规划图（包含道路交叉点、变坡点高差、室内外地坪规划标高）、工程管网规划图、其他图纸如鸟瞰图等。另外，总体规划图还应配有总体规划说明书，包括对项目承建、投资估算等内容的详细说明，内容可根据城市土地资源不同规模、性质和特点进行适当增减。

该模式方案设计的具体内容还包括场地景观设计、基础设施修缮设计和施工图设计等。场地景观设计是结合场地地理因素与历史特色，塑造具有地域文化风貌与美学价值的景观，包括通过地形地貌再造、水体再造与设计、植物的规划与配置、道路重新规划、建筑格的重建与改造等。基础设施修缮设计主要是对场地原有的基础公共设施进行与更新改造，根据因地适宜、以人为本、可持续性发展的原则,以公共艺术介入环境空间,构建适合城市居民的美好生活。施工图设计是设计意图和全部结果的实践性表达,作为施工制作的依据,它是设计和施工工作开展的桥梁。

### 3.5.4　工程建设

工程建设是城市土地资源再利用中生态修复与景观设计耦合模式运行的实践环节,分为建设准备、施工、竣工验收和考核评价阶段。

建设准备是在具体项目正式开工前,政府与有关部门需要完成相应的准备工作,如组建项目法人、组织订购材料和设备、办理建设工程质量监督手续与施工许可证等。具备开工条件后,建设单位申请开工,正式进入施工环节。工程项目竣工之后,需要全面考核建设成果,检验设计和施工质量。考核评价阶段指项目在投入使用或运营一段时间后,对项目总体过程的一次综合性评估。

城市土地资源再利用中生态修复与景观设计耦合模式的运行主体虽然是以政府机构为主导,包括企业、社会组织、公众等在内组成的多方合作体,但在工程建设中应采用工程建设总承包模式。

早期项目的工程建设常采用分体模式,包含设计、招投标、建造3个模块,但随着土地资源再利用项目内容的复杂化与综合化,近年逐步被工程建设总承包模式取代。工程建设总承包是为实现项目目标而采取的包工方式,相较于传统的工程建设分体模式,具有降低投资成本、优化各类资源结构配置、节约工期、促进设计技术改进与创新等优势。目前工程总承包模式不断在环境、矿山、建筑、景观等领域的建设项目中推广并加深应用。工程总承包按照过程内容可分为设计采购施工总承包、设计采购与施工管理总承包、设计施工总承包等。根据项目规模、类型和需求性的不同,具体的工程模式选择也不同。工程总承包模式是承包企业依照合同规定,从设计采购到运行服务对项目全周期负责的一种模式,因其在质量控制、成本控制与进度控制上的全权把关,是我国工程建设项目中目前最主流、最广泛、最推崇的一种模式。因此,在城市土地资源再利用中生态修复与景观设计耦合模式的运行中,工程建设也应该采用此种模式。

### 3.5.5　管理维护

管理维护是城市土地资源再利用中生态修复与景观设计耦合模式的收尾阶段,是指对工程建设后续投入运营监督与管理,对相关设施的持续与追踪,对此模式运行机制的评价、反馈。

管理维护阶段的主要任务是始终坚持可持续性发展的原则,协调与改进方案措施与未来城市发展出现的差异化问题。管理维护不仅依靠政府与有关部门的人力物力等资源的持续投入,更依赖于社会公众自发性地维护意识,管理维护要强调社会公众的参与,公众居民作为最终受益者的同时,也应当成为模式运行中不可分割的一部分,共同维护模式运行的良性发展。

管理维护需要构建系统性的保障机制和多元化的管理格局,主要从以下3个维度展开:

一是制定具有全局观、前瞻性的法规制度体系。管理维护工作通常涉及资金来源与投入、项目运行与监管、工作人员调动与作业执行、相关风险影响的补偿机制等事项,一般由政府部门与其下属机构组织或委托企业代为执行,需要制定相关法规和条例,以明确管护过程各方的权责问题。同时,也应鼓励市场和企业通过投资等方式参与管护工作;鼓励非盈利组织和公众成立志愿小组参与日常管护、监督工作等。法规制度体系的完善不仅是对多方利益的综合平衡,也紧密联系与协调了政府、企业、公众之间的关系。

二是建立规范评估机制,加强维护管理过程中的监督体系。评估机制包括项目投产后实际收益的对比预测,公共服务类设施在安全性、舒适性、私密性方面的评价指标,以及项目场地面临特殊情况下的对抗性与恢复能力等。监督体系是在明确评估标准之后,建立专业的监管部门,推进透明化、长期性、安全治理的监督体系。监督体系可通过社交媒体或公共空间作为交流平台,为公众反馈提供途径,促进不同主体间的相互沟通、合作和监督,形成多方利益综合最大化的信任监督机制体系,提高管护治理能力。

三是加强与创新管理维护的技术手段。管护工作涉及多学科领域的融合,应结合信息化时代的科技手段,基于城市土地资源的大数据库和管理平台,建立数字化的管理系统,提高现代综合检测水平。如城市土地资源中的公共服务设施和基础设施管理维护中可建立预警与应变系统,通过数据分析快速发现灾变反应并及时处理,将灾害损失降至最低[35]。

四是提高全民参与意识,建立公众参与机制。公众作为工程项目的受益者,应当培养管理者的服务意识,尤其是对于城市公共服务类设施,全社会应形成共同参与维护、延长使用和节约成本的维护机制,通过各类宣传引导的社会性公益性活动,使公众产生责任感,主动维护、志愿服务等。

城市土地资源再利用中生态修复与景观设计耦合模式的运行程序分解如图3.3所示。

## 3.6 本章小结

城市土地资源再利用中生态修复与景观设计耦合模式的运行机制由运行目标、运行主导、运行原则、运行策略、运行程序共同构筑。

运行目标是具有多元化内容的协同性目标体系,旨在实现城市土地资源的可持续利用,以全面高效的方式实现城市生态、经济、社会、文化的协同发展。运行主体是以政府机构为主导,由包括企业、社会组织、公众等在内组成的多方合作体。运行原则为安全性原则、经济性原则、可持续性原则、整体性原则。运行策略主要包括多维把控、多观融合、多规合一、多手段并用4个方面。运行程序包括调研分析、评估决策、方案设计、工程建设、管理维护5个阶段。

城市土地资源再利用中生态修复与景观设计耦合模式运行机制分解如图3.4所示。

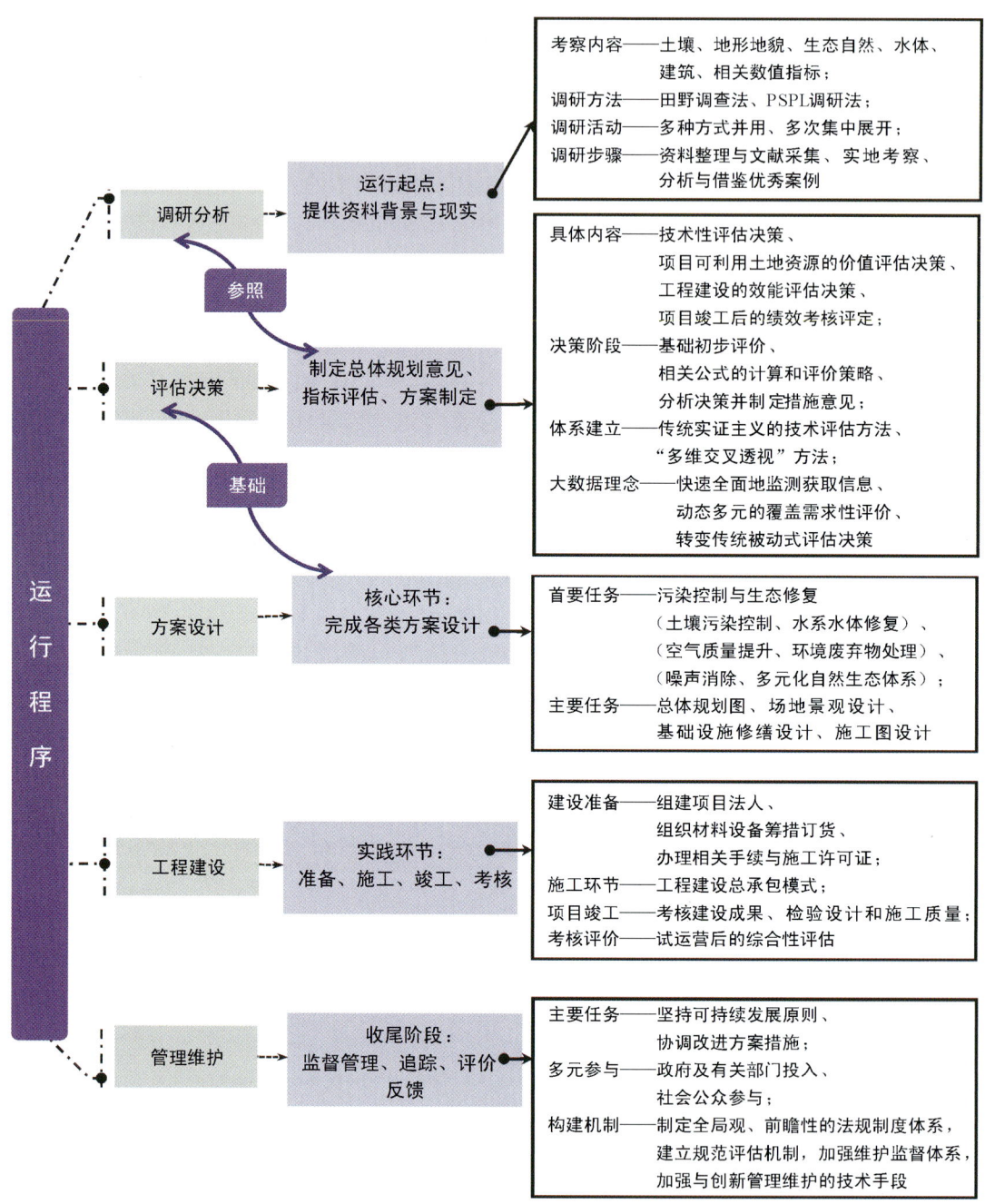

图 3.3 城市土地资源再利用中生态修复与景观设计耦合模式的运行程序分解图

第 3 章　城市土地资源再利用中生态修复与景观设计耦合模式的运行机制

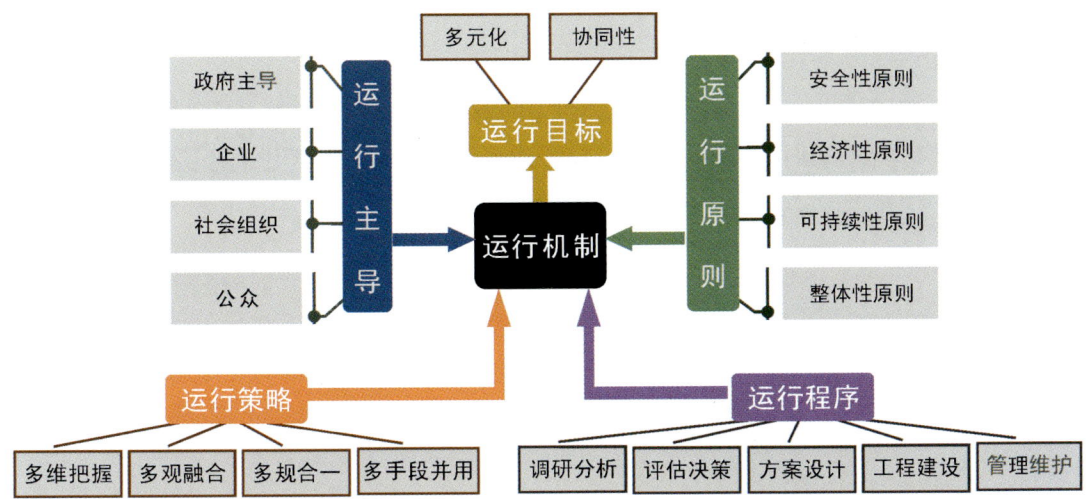

图 3.4　城市土地资源再利用中生态修复与景观设计耦合模式的运行机制分解图

# 第 4 章 城市土地资源再利用中生态修复与景观设计耦合模式的技术手段体系

城市土地资源再利用中生态修复与景观设计耦合模式的技术手段体系是建立在生态修复与景观设计耦合机制的基础上，将城市的土地资源中所包括的各个生态元素（光、热、水、气候、土壤、生物等）与各种景观要素（地形、植被、道路、水体、环境废弃物、建筑、设施等）综合考虑，将生态修复技术与景观设计手段全面融合，形成的综合技术手段体系具体包括8个方面的内容，分别是：土壤污染控制与修复、地形地貌的利用与设计、道路的规划与设计、植被的修复设计、水体景观的修复与营造、环境废弃物的资源化与景观化处理、建筑与构筑物的改造性再利用、艺术景观与公共设施设计。

这8个方面的内容是在生态修复与景观设计耦合关系下的不同技术和局部手段，共同构成了城市土地资源再利用中生态修复与景观设计耦合模式的技术手段综合体系。

## 4.1 城市土壤污染控制与修复

土壤是指陆地表面具有肥力、能够生长植物的疏松表层，其厚度一般在2m左右。"万物土中生"，土壤质量决定万物的质量。土壤是其他生态景观元素的物质载体，是植物生长的基础，与水资源、空气质量、人的健康关系密切，是场地生态系统的重要组成部分。

土壤污染控制与修复是城市土地资源再利用中生态修复与景观设计耦合模式的先行技术手段，是该模式展开后续技术手段的前提和基础。

### 4.1.1 城市土壤环境问题

城市土壤环境问题是城市及其周边土壤在高强度的环境负荷下，物理性质、化学性质、生物特征发生改变，对污染物的容纳-净化功能接近极限甚至被超过，从而导致土壤功能退化。

不到全球地表面积2%的城市却是80%工业与生活污染物的来源。城市土壤理化的性质变化和土壤中有害物质的增加，往往是城市生态环境恶化的根本原因[36]。

城市土壤环境问题的可归结为土壤退化，包括物理退化和化学退化。

**1. 城市土壤物理退化**

城市土壤物理退化的原因一方面在于城市中存在大量的粗骨物质，影响土壤水分的运动,使水分更多地以优势流的方式进行,更易于污染物的传输,而土壤不能充分发挥过滤功能,直接影响地下水质量。另一方面在于城市土壤普遍存在各种压实现象,如机械压实、踩踏压实、打击压实、建筑压实、堆放压实、客土压实等。压实后的土壤结构被破坏,孔隙减少,容重增加,水分调节能力下降,强度增加,对城市生态系统形成诸多不良影响,包括地下水自然回灌减少,地表径流量增加,河流污染物负荷增加,影响城市气候、植物生长及微生物活动等。

另外,在城市土地资源再利用中常出现大规模土壤置换,若缺乏科学的环境风险评估,置换后土壤很有可能成为污染源。

**2. 城市土壤的化学退化**

研究表明,城市土壤中的物质聚集主要是以磷素富集为主的养分积累、以重金属和有机物污染为主的污染物积累[37]。

大部分城市土壤磷素含量明显高于农业土壤,存在磷素富集和富营养化,高浓度的磷素对环境威胁很大。除磷素外,其他的养分元素(如氮)也在城市土壤中富集,城市土壤处于养分积累状况比较明显的富营养状态。

城市土壤中重金属含量一般要高于农业和森林土壤,重金属污染主要涉及 Cu、Zn、Pb 和 Hg 几种典型的"城市重金属",城市土壤的外源重金属主要来源于人类生活、交通运输、废弃物处理、采矿和冶炼、制造业、发电厂、燃料燃烧等。

城市土壤中持久性或难降解有机污染物在工业区、居住区、花园绿地附近的含量较高,是农田土壤中含量的几倍,并呈现从中心城区向郊区逐渐递减的趋势[38]。多氯联苯(PCNs)、多环芳烃(PAHs)、塑料增塑剂、除草剂、丁草胺等,这些高致癌的物质常在工业区周围的土壤中被检测到,并超过国家标准多倍[39]。

## 4.1.2 城市土壤污染的危害和风险

在城市土地资源再利用中,土壤污染的危害和风险主要表现为对水环境的影响、对城市空气的影响、对生物的影响3个方面。

**1. 对水环境的影响**

土壤通过过滤、吸纳降水和径流中的污染物质,发挥着水体净化器的功能。土壤在长期的城市化进程中,会蓄积大量的污染物质,从而对水体构成威胁。同时,城市中普遍存在土壤压实现象,降低了土壤孔隙度,减少了土壤的含水量,一方面使土壤水分入渗作用减弱、短期储蓄缓冲功能消失,导致洪涝灾害的出现;另一方面水分入渗量减少降低土壤的净化能力,加剧污染物的表聚现象,增加径流携带的污染物负荷,导致地表水污染。

**2. 对城市空气的影响**

在城市建设的背景下,土壤扬尘将会是我国城市大气污染的主要持续来源。大气颗粒物有很大部分来自土壤扬尘。城市内土壤扬尘的污染物携带量高,传播高度低,致使污染物以大气颗粒直接进入人体,危害人体健康。另外,城市土壤影响空气质量的另一个重要方面是有机污染物和重金属的直接挥发。

**3. 对生物的影响**

城市土壤污染的生物效应主要体现在对城市生态过程和生态系统服务功能的破坏,影响植物、土壤动物、微生物的生存和繁衍,对人体健康也存在威胁。土壤是植物和一些生物的营养来源,污染物会通过食物链发生传递和迁移,对人体健康造成风险;城市建设用地土壤污染还可能经皮肤接触、口摄入与呼吸等途径,对人体健康造成危害。

### 4.1.3 土壤污染修复与控制

对土壤污染控制与修复,分别从污染土壤的修复技术与土壤污染的控制方法两方面进行介绍。

**1. 污染土壤的修复技术**

污染土壤修复往往是控污、减污、降毒、化险的综合净化过程,目的是去污染、复质量、再利用、保安康,即实现土壤的生产力恢复、场地安全、生态健康、景观美化。污染土壤修复技术体系主要包括生物修复、化学修复、物理修复及其联合修复技术等。

生物修复技术包括植物修复、生物修复等技术,属于绿色环境修复技术。植物修复是利用植物的生长吸收、转化、转移土壤中的有机污染物;生物修复是利用微生物的生命代谢活动来降低土壤中有毒有害物质的浓度。

物理修复技术是指通过物理过程去除或分离土壤中的污染物(特别是有机污染物),方法主要有蒸汽浸提修复、固化修复、物理分离修复、玻璃化修复、热力学修复、热解吸修复、电动力学修复、换土修复等。

化学修复技术是利用重金属与改良剂之间的化学反应进行土壤中的重金属固定、分离提取等。经济有效的改良剂是该技术的关键,主要有原位化学淋洗、异位化学淋洗、溶剂浸提技术、原位化学氧化、原位化学还原与还原脱氯、土壤性能改良等。

联合修复技术是联合协同两种或两种以上修复技术,不仅可提高单项修复的效率,也可弥补单项技术的局限,已成为土壤修复技术中的重要方式。

常用的城市土壤污染修复技术比对如表 4.1 所示。

**2. 土壤污染的控制方法**

世界上大约 90% 的污染物最终滞留在土壤内,土壤是污染物的归宿。面对日益加剧的土壤污染,除采取有效的修复技术与措施外,对土壤污染的控制更主要的是以防为主,加强综合防治与环境管理才能从根本上解决问题。

**表 4.1 常用的城市土壤污染修复技术比对表**

| 类型 | 修复技术 | 优点 | 缺点 | 适用类型 |
|---|---|---|---|---|
| 生物修复 | 植物修复 | 成本低,不改变土壤性质,无二次污染 | 耗时长,污染程度不能超过修复植物的正常生长范围 | 重金属、有机物污染等 |
| | 原位生物修复 | 快速,安全,费用低 | 条件严格,不宜用于治理重金属污染 | 有机物污染 |
| | 异位生物修复 | 快速,安全,费用低 | 条件严格,不宜用于治理重金属污染 | 有机物污染 |
| 物理修复 | 蒸汽浸提 | 效率较高 | 成本高,耗时长 | 挥发性有机化合物(volatile organic compound, VOC)污染 |
| | 固化修复 | 效果较高,时间短 | 成本高,处理后不能再农用 | 重金属等 |
| | 物理分离修复 | 设备简单,费用低,可持续处理 | 筛子可能被堵,扬尘污染,天然颗粒组成被破坏 | 重金属等 |
| | 玻璃化修复 | 效率较高 | 成本高,处理后不能再农用 | 有机物、重金属等 |
| | 热力学修复 | 效率较高 | 成本高,处理后不能再农用 | 有机物、重金属等 |
| | 热解吸修复 | 效率较高 | 成本高 | 有机物、重金属等 |
| | 电动力学修复 | 效率较高 | 成本高 | 有机物、重金属等,低渗透性土壤 |
| | 换土法 | 效率较高 | 成本高,污染土还需处理 | 有机物、重金属等 |
| 化学修复 | 原位化学淋洗 | 长效性,易操作,费用合理 | 治理深度受限,可能会造成二次污染 | 重金属、苯系物、石油、卤代烃、多氯联苯等 |
| | 异位化学淋洗 | 长效性,易操作,治理深度不受限制 | 费用较高,淋洗液处理问题,二次污染 | 重金属、苯系物、石油、卤代烃、多氯联苯等 |
| | 溶剂浸提 | 效果好,长效性,易操作,治理深度不受限制 | 费用高,需解决溶剂污染问题 | 多氯联苯等 |
| | 原位化学氧化 | 效果好,易操作,治理深度不受限制 | 使用范围较窄,费用较高,可能存在氧化剂污染 | 多氯联苯等 |
| | 原位化学还原与还原脱氯 | 效果好,易操作,治理深度不受限制 | 使用范围较窄,费用较高,可能存在氧化剂污染 | 有机物 |
| | 土壤性能改良 | 成本低,效果好 | 使用范围窄,稳定性差 | 重金属 |

城市土壤污染的控制方法主要涉及以下几个方面：

一是切实加强土壤污染物来源控制。包括加大工矿企业污染控制力度、对造成土壤污染的企业实行限期治理、排查整治工矿污染及土壤环境隐患、加强监管治污设施、规范危险废物储存和处理、严格控制污水和污泥等。

二是严格管控受污染土壤的环境风险。包括加强土壤污染调查,特别是开展高污染风险区调查、加强受污染土壤安全利用与管理、强化被污染地块的环境监管。

三是优化城市产业发展规划布局。防止无序开发城市项目造成土壤污染以及重污染企业、资源开发与开采、各类城市区域建设活动对土壤造成污染。

除此之外,城市土壤污染的防治工作还需从多层面综合考虑,具体包括:健全我国土壤污染防治法制和管理体系,完善相关的政策法规标准,完善土壤环境质量标准体系;加强土壤污染治理与修复技术的科研力度、强化科技支撑能力、夯实科技基础等;进行广泛的宣传教育,提高全民对土壤污染危害的认识,增强公众的环保意识;建立土壤污染防治投入机制,建立公共财政投入为引导的多渠道广泛参与投入机制等。

### 4.1.4 小结

城市土壤环境问题可归结为土壤退化,城市环境中的土壤退化包括物理退化和化学退化。在城市土地资源再利用中,土壤污染的危害和风险主要表现为对水环境的影响、对城市空气的影响以及对生物的影响。

污染土壤修复技术主要包括生物修复、化学修复、物理修复及其联合修复技术等。城市土壤污染的控制方法主要有控制污染物来源、管控污染土壤环境风险、优化城市产业规划布局等方面。

土壤污染控制与修复是城市土地资源再利用中生态修复与景观设计耦合模式的先行技术手段,目标是让土壤恢复到自然健康状态,为该模式后续技术手段的开展提供安全的基础和前提。

## 4.2 地形地貌的利用与设计

### 4.2.1 地形地貌的概念

在环境设计与景观设计的范畴内,地形地貌是指景观和场地的地表形态,表现为场地表面三维空间尺度上的起伏与变化。它们是场地的骨架,承载了场地内一切环境景观元素与设施构件等,并为场地提供存在的基面和背景依托。地形地貌是内力或外力综合作用的不同结果,内力作用决定其构造格架,外力作用细化其基本形态。

地形地貌是环境设计与景观设计中重要的载体元素和内容,地形地貌的利用与设计不仅对场地中土地的恢复和土壤的修复起到重要的帮助作用,同时也对场地整体环境的优化和景观效果的提升具有显著效果,是生态性和艺术性并重的环境设计手段与内容。

## 4.2.2 地形地貌的分类

地形地貌依据空间尺度大小,可划分为大地形(以人为标准界定的超人尺度地形)、小地形(以人为标准界定的人性尺度地形)和微地形(雕塑式地形)。

大地形是相对于国土范围、城市规划及风景区来讲的,包含高山、高原、盆地、草原、平地等大规模的地形地貌变化。大地形以自然地形为主,在环境景观设计中,一般不改变这种地形地貌的天然性[40]。

小地形是自然地形与人工地形相结合的地形地貌,主要包含台地、土丘、斜坡、平地,或者是因台阶和坡道引起有水平面变化的地形地貌。环境和景观中所涉及的设计对象一般是指此类地形地貌,如小型城市公园、街头绿地、私家园林等场地。

微地形常指人工化的地形地貌,是起伏最小的地形地貌,如场地中那些有微小起伏的土坡、沙丘、草坡、石头或石块隆起的变化等。微地形本身具有雕塑特性,比如地景雕塑、人工山石等。

各类地形如图 4.1~图 4.3 所示。

图 4.1　大地形

(图片来源:https://www.sohu.com/a/129579024_563613)

图 4.2　小地形

(图片来源:https://zhuanlan.zhihu.com/p/103350669)

在现代城市土地资源再利用中的环境和景观设计主要涉及的是小地形和微地形,从空间形态上看具体包括平地、凹地、凸地等类型。

平地是指土地基面在视觉上与水平面平行的地形地貌,完全水平的地形很少,多是看似水平,一些坡度微小、起伏变化较小的地形都可视为平地。平地一般具有稳定、开敞、多向的特征(图 4.4)。

图 4.3　微地形

(图片来源:https://huaban.com/pins/1056912218/)

图 4.4　平地形

(图片来源:https://huaban.com/pins/1210561216/)

凹地是指比周围环境地势低的地形地貌。它不是空间实体,而是一种呈碗状洼地的空间虚体,具有内向、静态、隐蔽的特点,也具有较强的空间独立性,与其邻近空间的连接性较弱,易形成孤立感和私密感(图 4.5)。凹地的劣势在于容易积水、比较潮湿等。凹地因空间呈聚集性,视线较封闭,既可观景,又可布景,也有潜在的功能,那就是和景观中的水元素结合,形成湖泊、水池等水体景观。如在自然界中,湖泊往往在暴雨季节可储存水资源,在干旱时就是一处凹地。

凸地是一种正向实体,同时是被填充的空间,例如土丘、丘陵、山峰等,通常表现为同心环形等高线,具有明显的动态特征(图 4.6)。此外,凸地还表现出更强的地域限制性、内向性以及地标性特征。在低矮与平坦的地形环境中,凸地往往是景观环境中的焦点或者具有支配地位的要素。

在实际的景观环境空间中,平地、凹地与凸地并不会孤立存在,它们往往在场地中彼此相互连接、互相融合,共同构成了复合地形,是有机统一的整体。

的韵味,甚至具有一定的警示意味,这种特殊的地貌环境常会成为艺术家偏爱的创作场地,因为场地的内涵与意味正好与生态艺术的理念与严肃的审美追求不谋而合。例如,上海辰山植物园矿坑花园原址是历经沧桑的人工遗址,在地貌修复与设计中结合了原址地形特点,利用原有山水条件,突显山体自身的裂纹和肌理,产生富有独特韵味的景观效果,赋予场地中国山水画般的形态和意境(图4.9)。

图 4.9 上海辰山植物园矿坑花园

(图片来源:https://www.sohu.com/a/302877989_750199?sec=wd)

**3. 不同场地的针对性设计**

在城市土地资源再利用中,由于场地地形地貌的成因与现存条件不尽相同,不同的场地采取利用与设计的具体方式各有不同。

依据污染和破坏程度,地形地貌可分为污染型场地和无污染场地两类。污染型场地包括污染严重、轻度污染、潜在污染的场地,往往存在地形复杂、地表破坏严重、生物多样性退化等问题,地形地貌利用与设计的前提和重点是污染的消除和生态的修复,并要结合土壤修复、水体修复、植被修复等进行综合考量。无污染场地在地形地貌利用与设计上则更侧重于资源的再利用、城市的生态疗愈、景观环境的美化等。

在城市土地资源再利用中,地形地貌利用与设计针对不同的场地采用的具体方法会有明显的不同,以下就矿区场地、工业场地、垃圾填埋场在地形地貌利用与设计上的不同为例进行说明。

矿区场地包括矿山地、煤矿地、采土场、原料场等,其暴露的地表土壤层和裸露的岩石表层因雨水冲刷、风力剥蚀极易被侵蚀,稳定性差,存在滑坡、水土流失、泥石流等安全隐患。地形地貌利用与设计重点是对工程场地、弃渣堆体、矿坑边坡和边脚针对性的加固,同时进行地表整理和地貌塑造，达到稳固地表、有利于地表排水、适宜植物生长与造景等要求。

工业场地大多位于城市中心区域，如工厂、码头、各种货物堆场与弃渣场等，通常地形平缓、高差小，还会伴随着一定程度的污染。在场地的再利用中，首先是通过化学、生物及物理手段对场地中的工业污染物进行降解和处理，再结合场地的现有地形地貌条件、历史文脉、场所精神等进行利用和设计。

垃圾填埋场场地中通常存在各种生活垃圾、建筑垃圾、电子垃圾等，污染问题比较严重，一般会伴有堆积成山的废弃物，有较大的地势高差和地形变化。在地形地貌的利用和设计中要着重考虑垃圾渗滤液的处理、填埋气体的控制与回收、雨水的排导、防渗、回收系统等问题，以防止渗滤液和雨水污染地表水、地下水。同时，在坡脚处要设置集排水系统要注意地形坡度，设置高差，以便排水和收集沼气，场地中不宜有过多山顶，以减少气体爆炸的安全隐患等。

在城市土地资源再利用中，地形地貌的利用与设计应根据各种不同场地的特殊性和要求采用具体有针对性的方式展开。

**4. 利用与设计的表现形式**

地形地貌利用与设计的表现形式丰富，常见的形式有独立几何式、规则组合式、艺术曲线式、自然抽象式、传统山水式、大地艺术式等。

独立几何式是以大型且独立的几何式地形地貌要素独立成景，对场地空间具有较强的控制感和限制性，可有多种几何形体，如圆锥、棱锥、圆环、圆台等。独立几何式的地形地貌往往要有足够大的体量和变化突出的形式，形式上具有稳定、集中、向上等特征，功能上具有向心力，在场地中起到引导和汇聚等作用(图 4.10)。

图 4.10　独立几何式地形地貌

(图片来源：https://www.sohu.com/a/164667540_756825)

规则组合式是多个单体地形地貌要素有序排列与组合的形式，遵循点、线、面相结合的原则。作为多个单体地形地貌要素"点"通过重复、分散、镜像、聚集等不同方式的组合，形成"线"和"面"，丰富场地层次，引导视线，分割空间。规则组合式地形地貌具有规律性、秩序感和逻辑性(图 4.11)。

艺术曲线式是利用地形的塑造与变化，形成柔美而流畅的曲线地貌形式，从而分割场地空间、引导路线等。艺术曲线式的地形地貌常常有超强的吸引力和极佳的律动感，能形成独特的形式魅力(图 4.12)。

第 4 章　城市土地资源再利用中生态修复与景观设计耦合模式的技术手段体系

图 4.11　规则组合式地形地貌

(图片来源：https://www.sohu.com/a/164667540_756825)

图 4.12　艺术曲线式地形地貌

(图片来源：https://www.sohu.com/a/164667540_756825)

　　自然抽象式是运用抽象、重复、变形等艺术手法，保留、强化、借鉴、模拟具有特色的自然原始地形地貌。自然抽象式的地形地貌在既可以带来自然的美感，又能够创造多样性的空间，可以形成山峰、山谷等微地形结构，也可以创造凸起的山脊、山顶的制高空间和山谷驻地等延展空间等(图 4.13)。

图 4.13　自然抽象式地形地貌

(图片来源：https://bbs.zhulong.com/101020_group_687/detail33484993/)

　　传统山水式是以我国传统山水地形观为核心的地形地貌利用和设计。中国古典园林的设计就经常巧妙地借助地形进行空间分割和园区布局。传统山水式就是在地形地貌利用和设计中追求并体现"天人合一""虽为人作，宛若天工""知者乐水，仁者乐山"等儒释道思想，在环境空间的设计中尊崇并体现优秀的中华传统文化(图 4.14)。

图 4.14　传统山水式地形地貌

（图片来源：https://bbs.zhulong.com/101020_group_687/detail33484993/）

大地艺术式是以大地艺术为表现形式的地形地貌利用和设计。大地艺术源于观念艺术，强调对生态和自然的关注，倡导人与自然的和谐共生。在大地艺术中常可以看到以自然为材料，以大地、山川、河流为空间，挖坑填土的大尺度地形地貌塑造。大地艺术极大地丰富了地形地貌设计的形式与语言，将观念美和艺术美融入地形地貌中（图 4.15）。

图 4.15　大地艺术式地形地貌

（图片来源：https://m.sohu.com/a/277549296_742101）

在城市土地资源再利用中，地形地貌利用与设计的方法与表现形式如图 4.16 所示。

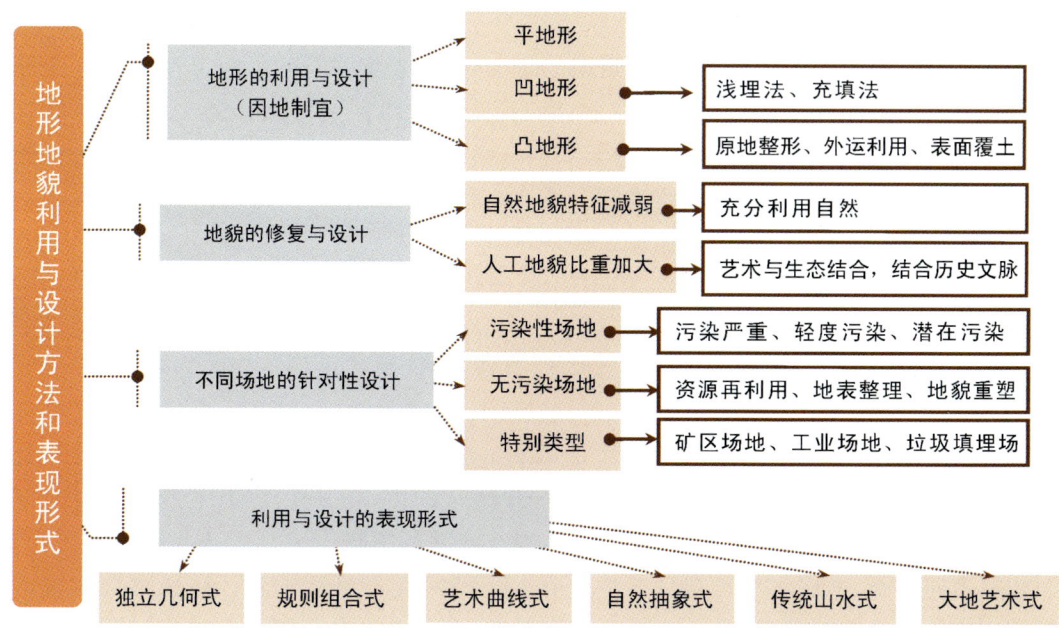

图 4.16　地形地貌利用与设计的方法和表现形式示意图

### 4.2.5　小结

地形地貌是环境设计与景观设计中重要的载体元素和内容，依据空间尺度大小，可分为大地形、小地形、微地形，从空间形态上有平地、凹地、凸地等类型。地形地貌的利用与设计在城市土地资源再利用中有着重要的功能和价值，主要表现在基面与背景功能、景观功能和生态功能 3 个方面。

在城市土地资源再利用中，地形的利用与再造设计应遵循因地制宜、因形就势的原则；地貌的修复与设计应采用修复与保护结合、艺术与生态结合的原则。由于场地地形地貌的成因与现存条件不尽相同，针对不同的场地，采取利用与设计的具体方式各有不同。地形地貌利用与设计的表现形式丰富，常见的形式有独立几何式、规则组合式、艺术曲线式、自然抽象式、传统山水式、大地艺术式等。

地形地貌的利用与设计不仅对场地中土地的恢复和土壤的修复起到重要的帮助作用，同时也对场地整体环境的优化和景观效果的提升具有显著效果，是生态性和艺术性并重的环境设计手段与内容。

## 4.3　道路规划与设计

道路首先是作为运输通廊的交通空间存在，从其形态上来看是一种"线型"空间，具有显著的方向指引性和空间通达性。它划分架构场地空间结构，组织连接场地空间内容，是整个场地的支撑网络和连接通道。

在城市土地资源再利用的场地中,道路一般具有指向性、引导性、标志性和可达性等特点,在规划与设计中,应从可达、连通、安全、生态、应急等因素出发,通过整合场地外部交通网络与改善场地内部道路结构形态,去构建连续、安全、宜人的场地空间。在城市土地资源再利用中,道路的规划与设计是场地建设中最基本和重要的内容之一。

### 4.3.1 道路的分类

道路类型划分的依据多样,可按活动主体、等级、功能特征进行不同的划分。

依据活动主体,道路类型可划分为车行道、人行道、非机动车道及人车混合道。车行道是指专供汽车行驶的道路;人行道是指禁止车辆行驶,供行人自由安全步行的道路;非机动车道是指专供非机动车行驶的车道,又可细分为自行车道、人行道、盲道及残疾人设施专用道等;人车混合道是指机动车、非机动车、行人混合行驶的道路。

依据道路等级,道路类型可划分为快速路、主干路、次干路及支路。快速路是为城市提供长距离快速交通服务的道路,一般为双向行车道,在中央设有分隔带且进出口均设有立体交叉控制,路况视线良好,可满足车辆高速安全畅通行驶;主干路是连接城市不同区域的主要交通干路,主要职能是交通功能;次干路是区域内的主要道路,与主干路共同构成城市道路网,主要职能为集散交通与服务;支路是次干路与街坊路间的连接,主要职能为局部区域的交通及服务。

依据功能特征,道路类型可划分为交通性道路、商业性道路、生活性道路、休闲游览性道路等。交通性道路是城市交通的基础框架,连接城市各个不同的功能区,承担交通运输功能;商业性道路是两侧商业发达或间隔拥有多处购物和娱乐场所的道路;休闲游览性道路是以行人的休闲、休憩和布置绿化为主的道路;生活性道路是为城市居民生活、居住、工作等提供交通服务的道路。

### 4.3.2 道路规划与设计的目标

在城市土地资源再利用中,道路规划与设计的目标主要包括3个方面:一是搭建生态廊道,二是构建景观骨架,三是实现场地功能。这三者是相互裨益、协同作用的关系。在道路的规划与设计中,应秉持因地制宜原则,通过生态廊道的科学搭建、景观骨架的完整构建、场地功能的充分实现,共同建构生态、合理、高效的场地道路系统。

**1. 搭建生态廊道**

生态廊道也称生物廊道,是可以满足生物物种迁徙、交换、扩散和通过的条带性或线性生态空间,其作用是连接分布孤立分散的生态单元与系统,是构建和谐完整生态系统的重要纽带。

在城市土地资源再利用中,由于建设和破坏,许多场地中生物的栖息地呈碎片化或块状化分布，相互不连通，各种群之间孤立，无法交流，近亲繁殖严重，最终导致物种退化甚至灭绝。通过搭建生态廊道可以充分地保障场地内生物迁徙的通过性和安全性，极大地丰富区域内的生物多样性。

城市土地资源再利用中的生态廊道规划与设计，在原则上一般要求有较强的连续性、较多的数目及合理的宽度；在类型上可根据场地的区域范围设计成相应的带状廊道、道路廊道、河流廊道等；在形式上可根据基址的具体情况设计为不同的形态，比如各种穿越型兽道、小动物通道、生态跨线桥、桥涵、暗沟、暗管等。目前在搭建生态廊道方面我国已有较多经验和成功实例，例如湖北神农架生态区为消除 G347 国道对景区野生动物和保护区生态系统的隔离影响，根据当地野生动物生活习性、迁徙规律、觅食习惯等修建了缓坡式、上跨式、下涵式等不同形式的生态廊道，为当地野生动物提供安全的通道，减少公路系统对其生存的干扰和伤害（图 4.17、图 4.18）。

图 4.17　上跨式生态廊道

（图片来源：https://www.qnget.com/54651.html）

图 4.18　下涵式生态廊道

（图片来源：https://www.qnget.com/54651.html）

**2. 构建景观骨架**

在城市土地资源再利用中，道路是形成场地空间结构和景观骨架的本体性要素。首先，道路本身是场地中的"线型"空间景观存在；其次，道路连接并划分着场地中各部分的空间和景观；再次，道路构建了场地景观的区域、边界、节点等重要空间要素。因此，道路规划与设计对场地空间景观的组织、连通起到了决定性的系带作用，道路系统的构建也就决定了整个场地的景观骨架。

道路的规划与设计对场地景观骨架的建构具体体现在道路景观本身、划定景观边界、形成景观区域、创建景观节点、影响景观感受等几个方面。

道路景观本身是指场地中的道路作为"线型"景观，其方向、韵律、节奏及断面等形式特征本身就是构成景观的内容。

划定景观边界是指场地中的道路能界定、区别或连接不同的空间，形成不同景观之间的分界线，例如场地中的道路可以是山体、水面、建筑、广场、植物或以上若干景观要素组合体的边界。

形成景观区域是指道路能在地形、建筑、植物、路面、边界线等要素特征上形成具有某些共同特征的景观，通常为连续性的较大面积与较长的景观空间。

创建景观节点是指道路在交叉口、交通路线上形成空间与景观的变化点和焦点（如广场、公园、雕塑等），即景观节点。景观节点在整个景观环境中为视觉与行为的集中点，是具有标志意义的景观元素。

影响景观感受是指道路能通过不同的形式影响人们对场地景观的直观感受，如直线型道路创造节奏强烈、氛围庄严的开阔景色；曲线形道路形成生动鲜明、变化丰富的多样景致等。

道路景观如图4.19所示。

图4.19 道路景观

（图片来源：https://kuaibao.qq.com/s/20200312A06HO300?refer=spider）

二是从道路本身出发。将道路系统作为统一整体,综合考虑道路两侧的建筑物、绿化、街道设施、历史文化等,能和谐地与周围景观环境融为一体。

(2)在道路规划与设计中保持连续性包括3个方面内容:

一是布局结构上的连续性。道路的布局结构既要与场地内的各种景观元素相结合,形成"林园相映,林水相依,林路相联"的有机整体,也要与所在城市的整体景观,如水体、绿化、建筑、基础设施等融为一体、相互协调,形成"城在林中、路在绿中、房在园中、人在景中"的总体格局。

二是历史时间上的连续。道路记载着场地的历史演进,是某一特定地域的自然演变、人类群体进化、物质文化更迭的综合反映。道路规划与设计要将道路景观要素置于特定的时空连续体中加以组合和表达,充分反映场地演进和进化,重拾对环境及文化的认同,唤起对原有场所的回忆等。

三是视觉空间上的连续。道路景观的视觉连续性可以通过道路两侧的绿化、建筑布局与风格、环境色彩及环境设施等的延续和设计来实现。

**2. 与原生生态景观相结合**

在城市土地资源再利用中,道路规划与设计要秉持可持续发展的原则,要求其规划和设计与原生生态景观紧密结合。即以场地自然环境特征和现状景观元素为基础,运用规划设计的手段,尽量减少人工干预,降低场地建设对环境的影响,保障原生环境的生态作用,充分发挥原生景观的功能,加强自然可再生能源的利用,节约不可再生资源等。

如在道路的绿化上,积极重视乡土植物的应用与开发、合理利用乡土植物资源,避免植物资源的浪费;对于引入的外来植物,必须经过科学的调查和分析,避免盲目选用外来物种,引起植物因环境不适而死亡或者出现生物入侵等生态问题。

如在道路的建设中,应注意利用原始地形地貌、保护原生植被,充分保留它们的自然生态价值,同时也要特别保护场地中的古树名木、历史遗迹遗址等,保留其历史文化价值。

如在道路绿地的植物配置中,应尽量维护原生场地的植物种类,避免出现种类减少、景观雷同、群落结构简单、形式单一的植物配置,应加强层次丰富、结构稳定的生态植物群落景观建设,发挥生态效益,改善道路环境。

道路规划和设计与原生生态景观的结合有多种不同的方式和手段,多数情况下还需根据场地的具体现状灵活处理。

**3. 凸显人性化与个性化**

在城市土地资源再利用中,道路规划与设计还要凸显人性化与个性化。

道路规划与设计的人性化,是指从"人"的角度出发,根据人的各种生理和心理的需求展开规划与设计。道路规划与设计的目标是为"人"提供舒适优美的交通空间,要优先考虑道路对人的安全性、引导性、可达性、便捷性等特点,也要充分考虑道路设施对人的关怀,如功能齐备的公共设施、合适的街道照明、耐久防滑的地面铺装、舒适美观的沿路景观以及无障碍设计的配套等。凸显人性化的道路规划与设计才是高效而实用的。

道路规划与设计的个性化,一是指在道路的建设上,挑选提炼能反映城市与场地特有风采和面貌的色彩、形式、材料等元素展开规划与设计,创造具有一定独特性和辨识度的道路景观,避免雷同与千篇一律;二是指充分利用场地特殊的地理位置、悠久的历史文化等优势,挖掘道路景观的地方特色,根据历史文脉和场所精神展开规划与设计,如道路绿化中采用地方特色的基调树种,富于地方特色,如保持道路与周边传统建筑协调一致,加强居民对地域环境及本土文化的认同感,赋予各种道路设施风格化、艺术化、独创性的设计等。

道路规划与设计的策略如图 4.23 所示。

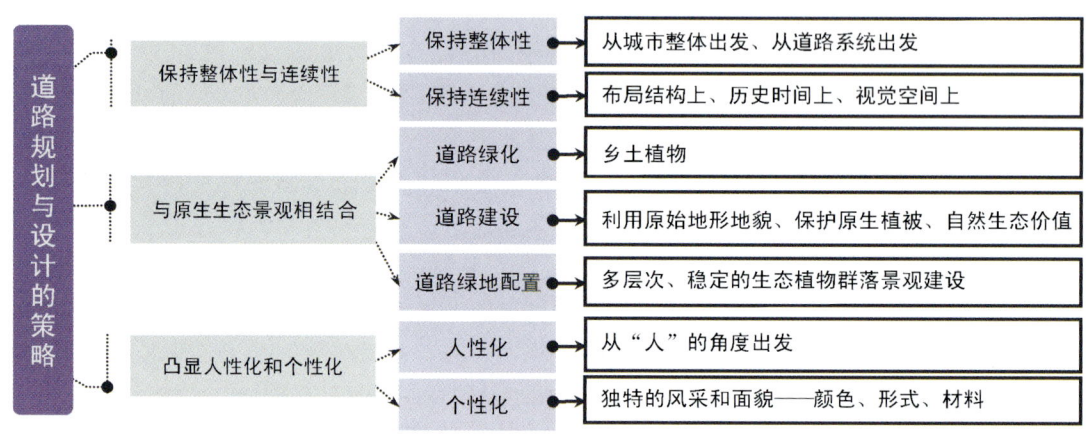

图 4.23　道路规划与设计的策略示意图

### 4.3.5　小结

在城市土地资源再利用中,道路的规划与设计是场地建设中最基本和重要的内容之一。道路类型划分的依据多样,可按活动主体、等级、功能特征进行划分。道路规划与设计的目标主要包括搭建生态廊道、构建景观骨架、实现场地功能;内容包括道路修复与更新、道路绿化设计、道路附属物设置;策略主要是保持整体性与连续性、与原生生态景观相结合、凸显人性化与个性化。在城市土地资源再利用中,只有通过生态、合理、高效的场地道路系统规划与设计,才能构建连续、安全、宜人的场地空间。

在城市土地资源再利用中道路规划与设计如图 4.24 所示。

## 4.4　植被的修复设计

植物是城市环境景观的主要元素和组成部分,随着现代城市的建设和发展,人口膨胀和环境污染正在加剧,同时,居民对环境质量的需求也在增强,利用植物的规划与设计增加城市绿化覆盖率、调节和改善城市生态环境、营造高质量的城市景观成为了现代城市建设中的关键手段和途径。

第 4 章　城市土地资源再利用中生态修复与景观设计耦合模式的技术手段体系

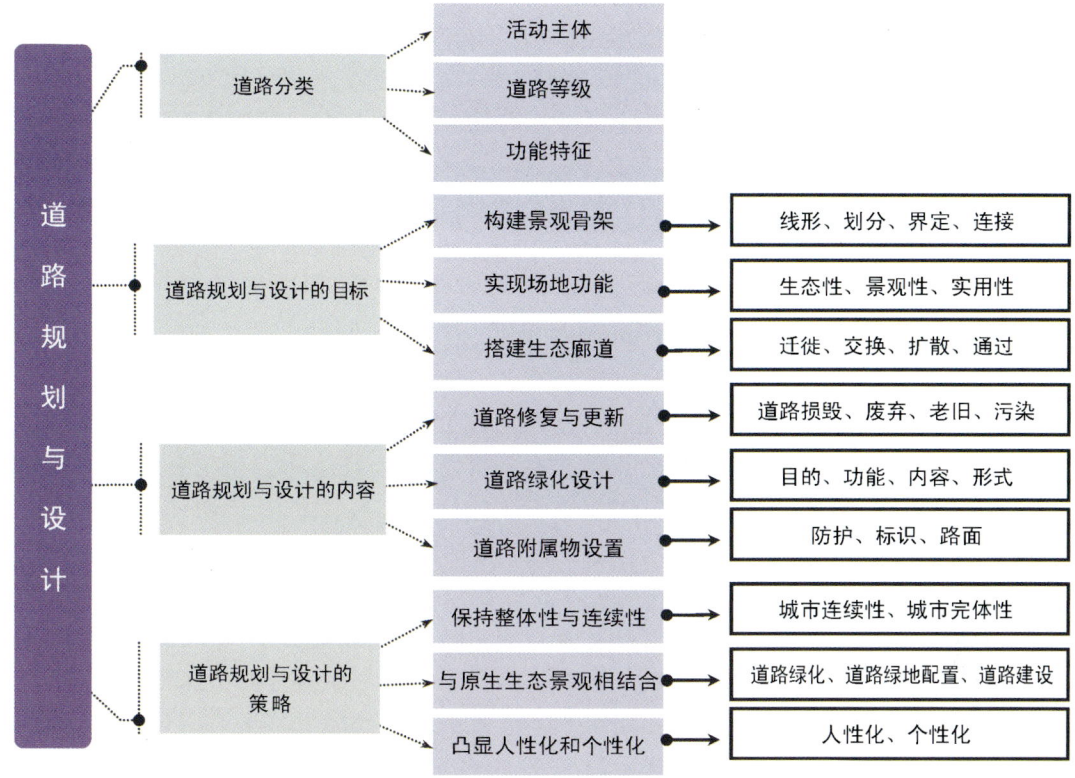

图 4.24　城市土地资源再利用中道路规划与设计示意图

但在城市土地资源再利用中，场地中往往存在土地贫瘠、土壤污染、植被破坏、生态系统面临诸多威胁的问题，加之城市建设的不同要求以及土地再利用目标的特殊性，不同于一般场地的植物规划与设计，城市场地设计要充分发挥植物的修复作用，将场地的污染治理、生态修复与植物的景观规划设计融合起来，进行植物的修复设计。

## 4.4.1　植物与分类

植物是生命的主要形态之一，也是城市环境景观的主要元素和组成部分，具有重要的生态和景观作用。

在城市土地资源再利用中，作为环境景观元素的植物，主要指的是适用于城市造景、园林绿化的植物，包括各种树木与花卉以及适用于园林绿地和风景名胜区的防护类与经济类植物等。常见的分类如下：

（1）总体上可以分为木本植物和草本植物两大类。木本植物是指质地坚硬、茎内木质部发达的植物，一般为直立形态且寿命长，能多年生长，可分为乔木类、灌木类、藤本类、丛木类、匍匐植物类等。草本植物是指支持力弱、茎内木质部不发达或含木质化细胞少的植物，一般茎干软弱，形态矮小，寿命短，按生活周期的长短又可分为一年生、二年生、多年生，也可分为花卉类与草坪植物类。

（2）按照植物的生态习性可分为阳生植物、阴生植物、半阴生植物、水生植物、旱生植物、中生植物、岩生植物、沙生植物、高山植物、热带植物、温带植物、寒带植物等。

（3）按照植物的观赏部位可分为观叶类、观花类、观茎类、观芽类、观果类、观根类、赏奇类、芬芳类等。

（4）按照植物的景观用途可分为绿篱植物、花架植物、赏景植物、地被植物、庭荫树、行道树、花灌木、片林等。

### 4.4.2 植被修复设计的功能和作用

植被是环境与景观的重要元素，也是生态系统的重要组成部分，在环境与景观中具有生态、美学、社会、生产等诸多方面功能。生态功能是植物保护自然环境、使生态系统免受破坏或不良发展的功能；美学功能是指植物营造良好观赏性景观的功能；社会功能是指植物益于人类文化生活和身心健康的功能；生产功能是指植物作为满足人们物质生活需要产品的功能。

但在城市土地资源再利用中，场地中往往存在土地贫瘠、土壤污染、植被破坏、生态系统面临诸多威胁的问题，加之城市建设的不同要求以及土地再利用目标的特殊性，植物作为重要的生态景观元素，在这样的场地中发挥的功能和作用与普通的场地应是有所区别和侧重的。

在城市土地资源再利用中，植被修复设计要特别突出植物在修复、生态和景观3个方面的功能和作用。

#### 4.4.1.1 修复功能和作用

植物具有强大的环境修复功能。在城市土地资源再利用中，植物对场地中的土壤环境、水体环境、大气环境等具有重要的修复作用。

**1. 植物修复功能**

植物修复功能是指植物及其共存微生物通过与环境之间的相互作用，清除、分解、吸收或吸附土壤、水体、大气中的污染物，从而达到净化、恢复、改善环境的作用[46]。植物修复是一种经济、有效、前景广阔的绿色生态技术，因其技术和经济上的优越性被广泛应用。

**2. 植物修复作用的过程和机理**

植物修复作用的过程和机理常分为3类，分别是植物稳定、植物挥发和植物吸取。植物稳定是利用植物吸收、沉淀来固定环境中的污染物，降低污染物的生物有效性、防止污染物进入地下水和食物链[47]。植物吸取是利用植物吸收污染物，并将其转移、贮存到植物茎叶，然后进行收割离地处理。植物挥发与植物吸取相关联，是利用植物的吸取、积累、挥发功能减少污染物。

**3. 植物对于不同环境元素的修复功能**

植物修复的实质是植物通过吸收、挥发、根滤、降解、稳定等作用,对环境污染物进行转移、容纳或转化。以下具体分析植物对不同环境元素的修复作用:

(1)在对土壤的修复中。土壤中的无机污染物,如重金属等可以通过植物根系吸收并运至地上部分,植物根系通过分泌特殊有机物促进重金属溶解与吸收,或通过根毛从土壤颗粒上直接交换、吸附重金属;土壤中的有机污染物可以通过直接被植物吸收、在植物组织内代谢或根际刺激效应增加分解等被矿化成无毒、低毒的化合物。植物根系和根际微生物(细菌和真菌)对土壤的修复起关键作用。

(2)在对水体的修复中。水生植物可以发挥吸收利用和富集作用,直接吸收利用污水中的营养物质进行生长发育;水生植物对水体中微生物的污染降解发挥着不可或缺的作用,因为微生物降解污染物质所需的氧主要来自水生植物输送,同时水生植物还是微生物的栖息地;水生植物也具有过滤沉淀颗粒的作用,其发达的根系可以形成过滤层,过滤掉水体污染物,并进行离子交换、整合、吸附、沉淀等,使水体变清澈。

(3)在对大气的修复中。植物通过地上部分的叶片气孔及茎叶表面对大气中的化学污染物吸收积累、代谢降解、排出移除,通过光合作用减轻温室效应。此外,植物还具有滞尘作用,能阻挡、过滤和吸附大气中的烟尘和粉尘,减少附着在尘埃或飞沫上的病原体随气流移动传播。

另外,植被修复的功能不只体现在对土壤环境、水体环境、大气环境的修复上,也体现在对人的身心健康起到非常重要的疗愈和修复作用,怡人的植被景观有助于减轻心理压力,调整烦躁情绪,抚慰心灵创伤等。

### 4.4.1.2 生态功能和作用

在城市土地资源再利用中,植被修复设计对场地的生态作用主要表现在维护生态平衡、保护生物多样性、改善小气候、净化空气、消除噪音、防风固沙与保持水土等方面。

**1. 维护生态平衡**

植物具有维护场地生态平衡的功能。生态学表明营养级链对物种多样性的影响极为重要,草食动物同植物之间存在的自上而下的相互作用以及肉食动物同草食动物间的相互作用共同影响着生物多样性的分布。维护生态平衡,仅依靠保护动物本身是不足和无效的,更应重视养护物种丰富的植被生态系统,为其提供丰富的营养物质和良好的栖息环境,才能更好地维持场地的生态平衡,丰富动植物生态系统。

**2. 保护生物多样性**

植物具有保护场地生物多样性的功能。生物多样性包括遗传多样性、物种多样性、生态系统多样性、景观多样性等,在城市土地这一特定环境中,与植物修复设计关系最大的是物种多样性和景观多样性。

在城市土地资源再利用中,物种多样性是指场地的小生境中多种多样的物种类型和植物种类,通常其群落结构愈复杂,共存物种愈多,抗干扰和自动调节能力愈强,系统也就愈稳定。所以,在植物修复设计中应遵从生物多样性原理,模拟自然群落的植物配置。配置多物种组成的植物群落,相对单物种群落更具稳定性,更能有效利用资源。

在城市土地资源再利用中,景观多样性主要是指场地景观多样的异质性,植物景观中的乔灌木、地被类、藤本植物及其不同的组合,可以构成不同的异质景观单元和内容,而场地中植物景观的异质程度越高,景观的多样性就越高。

**3. 改善小气候**

植物具有改善环境小气候的功效。植被的蒸腾作用可将水分以水蒸气的形式蒸发到空气中,同时又能阻挡寒风、防风保温,从而调节周围环境的温度、增加周围空气的温度,以改善场地环境的小气候,被称为"天然加湿器"和"温度调节器"。植物改善小气候的能力受到不同种类、形态、叶片大小、枝叶浓密及配置密度等多种因素的影响,一般来说,植被实体结构愈复杂,调温增湿的效应就愈明显。

**4. 净化空气**

植物具有净化场地空气的功能。植物可以吸收 $CO_2$ 和释放 $O_2$,固碳释氧,提高空气质量;可以吸收空气中对人体有害的气体,如 $SO_2$、$HF$、$HCl$ 等;还可以吸附游离在空气中的烟尘;也可以消除或减少空气中的病原体和有害病菌,给场地带来健康、新鲜、洁净的空气,创造优良的环境。

**5. 消除噪声**

植物具有消除场地噪声的功能。植物有阻挡、吸收噪声的作用,被称为"绿色消声器",植物枝叶的摆动能够减弱声波的传递,植物茎叶表面的茸毛与气孔可以吸收声音。植物减噪功效与树种及群落结构相关,通常树冠浓密、叶面粗大的树种吸声能力强,实体结构复杂、下层植被及地被稠密的植物群落减噪能力更强。

**6. 防风固沙与保持水土**

植物在场地中具有防风固沙、保持水土的功能。植物的这种能力是由植被的结构及面积决定的。研究表明,植物覆盖的面积大小同减少二次扬尘进而减少总降尘量的作用成正相关[48]。植被实体结构愈复杂,面积愈大,防风固沙、保持水土的能力也愈强。

### 4.4.1.3 景观功能和作用

在城市土地资源再利用中,植被修复设计对场地的景观作用主要表现在植物的景观美学功能上,具体表现为空间布局作用、协调柔化作用、观赏美化作用等。

**1. 空间布局作用**

利用植物的造型与组合可在场地中构成由地面、立面和顶面组成的空间区域,在地面上地被植物与矮灌木可划分、形成、覆盖空间;在立面和顶面上树干、树冠、藤蔓等可闭合、限定、隔离空间。这些空间可以是实体性的,也可以是虚体性的,包括各种开敞空间、半开敞空间、封闭空间、竖向空间、覆盖空间等。利用植物进行空间布局,要充分结合其形态、大小、高低、色彩、季相及生命周期变化,利用艺术手法(如对比、重复、韵律等)进行巧妙的设计和布局,产生疏密不同、层次丰富、尺度合宜的景观空间。

**2. 协调柔化作用**

不同于场地中的硬质景观,如山石、道路、建筑物、人工设施等,植物是软质景观元素,是具有生命力的物质,在场地中能起到协调与柔化的作用。植物独特的外形、弯曲的枝干、流畅的叶形、丰富的色彩、美丽的风姿等,能与场地中的硬质景观形成鲜明的对比和补充,减弱直线、生硬、冰冷的感觉。同时,植物的自然属性和生命状态,能消除场地中过度的人工痕迹,增加场地景观的生气与感染力,给人以生动温暖的感受。

**3. 观赏美化作用**

首先,植物自身所具有的形态、质感、色彩、气味等就是构成景观美感和观赏性的要素,各种乔木、灌木、藤本、地被及水生植物在场地中展现出不同的形体、色彩、线条、动态和质地,成为极具观赏性的自然之美;其次,植物的配置与组合能构成多样化的观赏空间和景观效果,并与场地中的建筑、小品、水体、山石相呼应,创造出寄情于景和触景生情的意境之美;再次,植物的季相变化可以在单位时间和周期内,营造不同的美丽景象,保持场地景观持续的观赏性和不同吸引力,即"收四时之烂漫"的变化之美。美感丰富的植物景观满足了人生理与心理、感性与理性的多重需求,极具观赏性和体验感。

在城市土地资源再利用中,植被修复设计在修复、生态和景观3个方面的功能与作用如图4.25所示。

### 4.4.3 植物修复设计的技术和方法

#### 4.4.3.1 技术原则

现代城市植物景观设计要求以可持续发展为目标,同时兼顾生态、经济、社会、景观效益的高度统一,而城市中再利用的土地一般都属于生态环境比较敏感的区域,因此,植物的修复设计应以保护自然原生景观、维护生态系统的完整性和良性循环为首要宗旨。

在城市土地资源再利用中,植物修复设计应遵循因地制宜、以乡土植物为主、师法自然的原则,做到"适地适树、宜乔则乔、宜灌则灌、宜草则草",遵循植物的自然演替及生长规律,优先选择乡土植物和本土植物,建构多物种、多层次、高效、稳定的植物群落,维护场地生态系统的自组织调节与系统稳定性,同时兼顾经济效益与景观效果。

因地制宜是指要依据场地自身生态环境的特性选择适宜的植物种类,即植物生态习性与栽植环境相符合;以乡土植物为主,是因为乡土植物具有高度的环境适应性,最适宜生长,

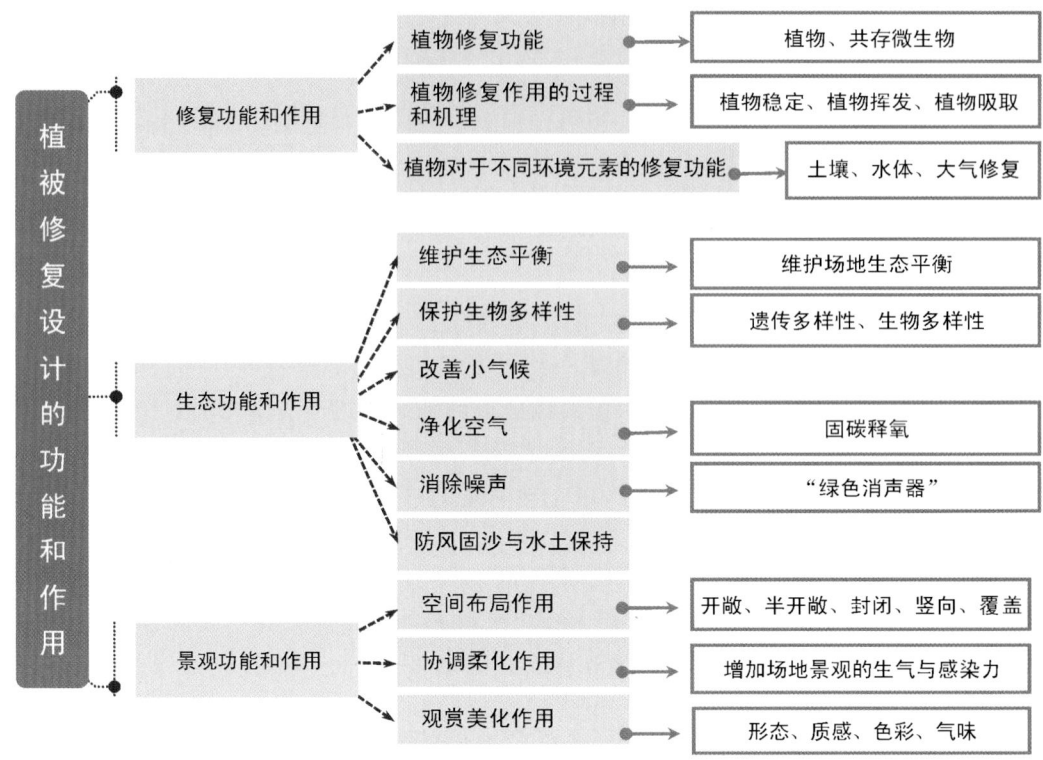

图 4.25 植被修复设计在修复、生态和景观 3 个方面的功能与作用示意图

也最能体现地域特色,应作为植物配置的主要来源;师法自然是指要遵循场地中植物群落构建的自然规律,学习参照自然群落的组成、结构和原理进行植物配置。

#### 4.4.3.2 技术关键点

区别于普通的植物景观设计,在城市土地资源再利用中植物修复设计的技术关键点是植被种类的选择。植被种类的选择要从生态性、经济性和景观性 3 个方面综合考虑。

首先,植被种类的选择要遵循生态修复的原理,合理选择具有针对环境修复功能的植物;尽量选择乡土植物和先锋植物;优先选择适应力强、生长周期快、成活率较高、抗逆性好的品种;多样选择适应立地条件的不同植物类型;科学选择植物群落中的优势种类与伴生种类等。

其次,植被种类的选择要遵循经济性原则,在节约成本、方便管理的基础上,充分考虑经济价值在内的综合效益,多选用寿命长、生长速度中等、耐粗放管理、耐修剪的植物等。

最后,植被种类的选择还要充分考虑景观价值,多选择具有观赏价值和美学价值的品种,多布置色叶特征明显、多年生花卉或花灌木等具有较高观赏价值的植物,适当配植蜜源植物、香源植物、鸟嗜植物、保健植物等,增加景观的丰富性和吸引力,营造优美的植物景观。

#### 4.4.3.3 技术方法

在城市土地资源再利用中,植物修复设计的方法除按常规的植物景观设计方法(如现状分析、概念规划、方案设计、现场调整等)外,由于场地和改造目标的特殊性,要求特别重视场地中植物的恢复与再造,对此,植物修复设计应采用保留与恢复、种植与改造两种具体的方法展开。

**1. 保留与恢复**

此方法是遵循自然的选择与规律,保留场地中的本地植物,通过促进其自然生长,演变出具有较强适应能力的稳定植物群落。

场地中自然形成的植物群落是植物与场地环境和谐共处的表现,它们是在时间演进中自然与人类活动相融合的产物;同时,自然形成的植物群落也是场地天然条件下物种竞争和适应的结果,是自然生态系统自我调节和恢复的产物。

在植物修复设计中采用保留与恢复的方法,不做过多的干扰,是因地制宜、师法自然原则的具体体现。相比人工植被群落,这样的场地生态平衡会更稳定,生物间的纽带也更强韧,物种的生命力和适应性也更强。

在植物修复设计中采用保留与恢复的方法,也是对自然的尊崇与敬畏,那些经过自然选择生长出的野草、苔藓、地衣、野花等植物,有人工种植植物难以达到的景观效果,它们展示的是强大的生命力之美和自然的野趣之美,作为场地特有的景观元素,它们折射出历史文脉,代表着场所精神,体现了地域特色,具有独特的美学价值。

例如,福州阳光城·檀境项目对原场地中两棵 300 多年的古榕树做了特意的保留和延续,并采取加强古树底部、增设支撑体系、铺设透水铺装层等措施,最大程度减轻了施工对古树的影响。对古榕树的保留,不仅营造了场地的核心景观元素,也是对岭南人记忆的留存(图 4.26)。

图 4.26 福州阳光城·檀境的古榕树

(图片来源:https://m.sohu.com/a/372216827_120052779)

再如，佛山保利天悦设计师保留了场地原有自然框架、标记、通过筛选、保留、移栽等手段，最大程度地保留了场地原生榕树，重新排列修整出茂密的榕树林，又利用河流水脉、护河木桩、砾石河滩营造出天然融合的过渡。除此之外，设计师保留了大片的原生草地，摒弃了刻意的人工造景，守住了原本野趣绿意。于此，行走于碧波绿意之中，可以恣意抒发胸中抑郁之气，体验放松畅快之感（图4.27）。

图 4.27　佛山保利天悦的原生榕树和草地
（图片来源：https://m.sohu.com/a/428076520_100163902）

**2. 种植与改造**

在城市土地资源再利用中，场地中往往存在土壤污染与贫瘠问题，导致植被不同程度破坏，已经无法自然修复，需要人工干预，进行人工种植和改造。

采用人工植种和改造的方法，要结合场地中土壤基质、水体环境的改良和治理，再种植先锋植物与富集植物，对于土壤污染严重的场地，有时甚至要先换土再重新种植。

采用人工植种和改造的方法，要遵循因地制宜的原则，做到"适地适树、宜乔则乔、宜灌则灌、宜草则草"；要遵循植物的自然演替及生长规律，根据生态位的原理种植场地植物群落中的优势种类与伴生种类，多选择适应力强的乡土植物和先锋植物等。

例如，都市森林公园坐落于曼谷。作为生态修复与景观建设的项目，设计师重新利用了近 $2hm^2$ 的废弃土地，在植物的种植与改造上，因地制宜地种植大量本土低地热带植被，并根据植被的演替速率和灌溉水源条件，规划植被群落分布，打造一个综合绿地（图4.28）。

无论是保留与恢复的方法还是人工种植与改造的方式，都需要科学持续的后期管理、灌溉、护理，如追肥养护、修剪枝叶、病虫害防治等，才可以保证植物修复设计的实施效果。

植物修复设计的技术和方法，如图4.29所示。

### 4.4.4　小结

在城市土地资源再利用中，植被修复设计要特别突出植物在修复、生态和景观3个方面的功能和作用。植物对场地中的土壤环境、水体环境、大气环境等具有重要的修复作用；植物修复设计的生态功能表现在维护生态平衡、保护生物多样性、改善小气候、净化空气、消除噪声、防风固沙与保持水土等方面；植物修复设计的景观功能具体表现为空间布局作用、协调柔化作用、观赏美化作用等。

第 4 章　城市土地资源再利用中生态修复与景观设计耦合模式的技术手段体系

图 4.28　曼谷都市森林公园

(图片来源:https://m.sohu.com/a/428076520_100163902)

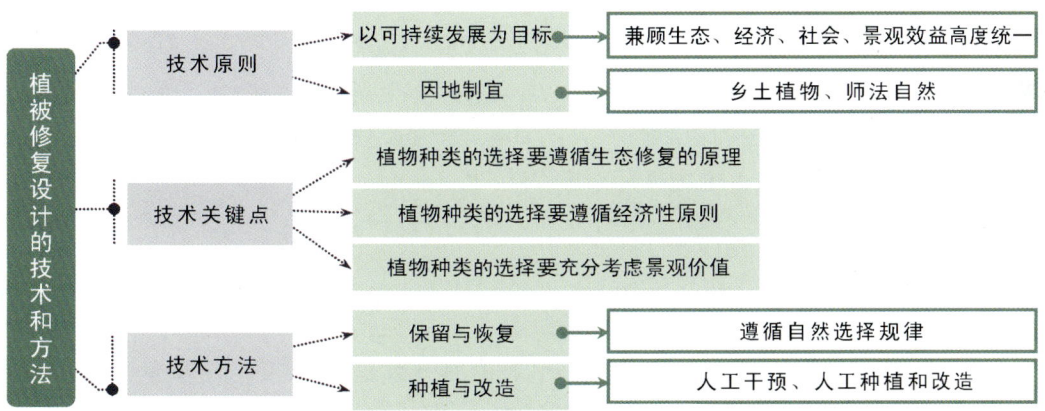

图 4.29　植物修复设计的技术和方法示意图

在城市土地资源再利用中,植物修复设计应遵循因地制宜、以乡土植物为主、师法自然的原则;技术关键点是植被种类的选择,要从生态性、经济性和景观性 3 个方面综合考虑;技术方法应采用保留与恢复、种植与改造两种的具体方法展开。

## 4.5 水体景观的修复与营造

水是重要的生态景观元素。水体景观是场地中最具活力和吸引力的部分,同时也是生态环境最复杂、景观要素最密集的区域。水体景观是城市建设中的重要内容之一,然而在土地资源再利用的场地中,水体景观往往存在水质污染、水体破坏、水资源利用不合理等诸多问题。

首先,伴随着城市发展和污水排放量增加,各种工业废水、生活污水不可避免地会污染河道与水体;会蓄积在凹地形成沼泽地;会随渗入导致地下水污染;还会造成相关区域的空气污染,进而形成污染降水,造成地表、地下、空气污染的恶性循环。其次,由于以往城市水景营造往往只单一考虑景观效果,并不同步进行水质治理,营造方式缺乏对自然水生系统规律的遵循,那些硬质的底质、生硬的驳岸、过多的人工设施破坏了水体的天然生态系统,难以形成健康的生物群落结构,导致水体丧失自净能力,使水质受到严重影响。再次,我国城市普遍存在水资源匮乏问题,600多个城市中有400多个供水不足,100多个严重缺水,而城市水景用水配置不合理、部分水域污染弃用、地下水污染加重等都加剧了城市水资源的紧张。

因此,在城市土地资源再利用中,水体景观的建设要将水体的污染控制与修复、生态水景的营造与设计、水资源的利用与配置等进行综合考虑并同步实施。

### 4.5.1 水体景观及其功能

#### 4.5.1.1 水体景观

在城市土地资源再利用中,水体景观的范畴是指整个场地系统中所涉及的水体及水循环过程,包括场地中的河流、湖沼、湿地、自然降水、景观及娱乐用水、灌溉用水、经过处理后的污水,以及这些水体在城市中的循环过程[49]。

#### 4.5.1.2 功能与作用

水体景观具有重要的生态功能和景观作用。

水体景观在场地中具有过滤、源汇、通道、栖息地等生态功能。过滤是指水体通过流动选择性通过物质和生物体,筛选污染物及沉积物,缓解水体污染,这是水体自净能力的一种体现。源汇是指水体景观为周边区域提供能量物质,并将上游和支流的物质汇集携带至下游,促进区域内物质交换。通道是指水体景观作为生命通道,滋养沿岸动植物,传播植被种子,是水生迁徙动物洄游的通道等。栖息地是指水体景观为动植物生长、觅食、繁殖及完成生命循环周期提供场所,当然也为城市居民的生产生活提供物质环境和景观空间。除此之外,水体景观还有水质涵养、净化空气、吸尘降噪、调节空气湿度与温度等功能。

# 第 4 章 城市土地资源再利用中生态修复与景观设计耦合模式的技术手段体系

水体景观在场地中具有基底作用、系带作用、焦点作用等景观作用。基底作用是指水面作为场地基底，呈现开阔坦荡的景观感受，水面的反射能丰富景观层次，扩大景观空间。系带作用是指水系连接、贯穿不同的景观空间，形成空间的统一感和区域性，加强整体景观的协调性。焦点作用是指水体景观作为场地节点或标志物，以突出的形态和声响成为场地焦点，起到吸引、聚集的作用。除此之外，水体景观还具有改善环境、美化环境、为观赏性水生动植物提供生态环境等作用。

水体景观及功能，如图 4.30 所示。

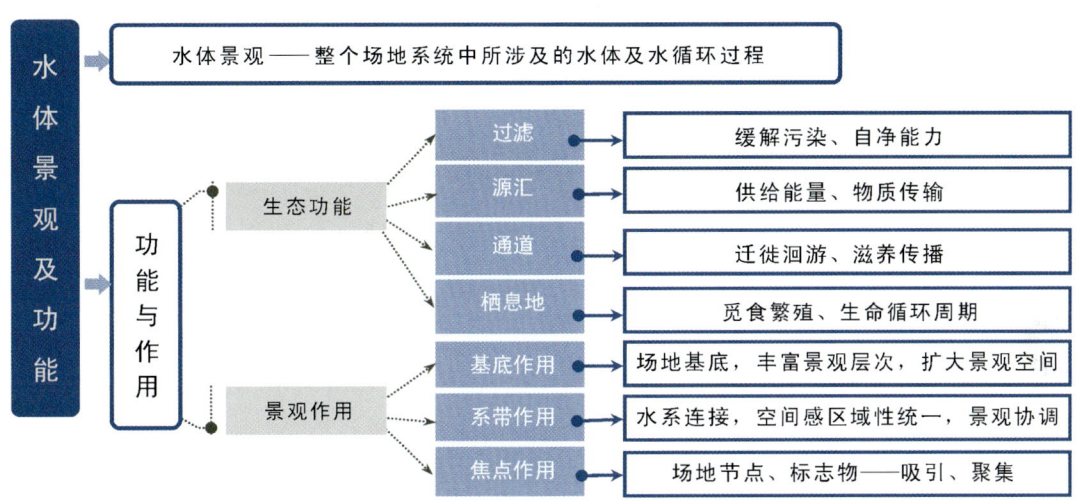

图 4.30　水体景观及功能示意图

## 4.5.2　水体景观修复与营造的原则

城市水体景观大体上可分为自然形态、人工形态、自然与人工相结合 3 种类型。衡量与评判城市水体景观优劣的因素诸多，其中生态状况、景观效果、健康性质、利用情况、经济成本等都是重要的标准。在城市土地资源再利用中，不能只考虑水体的治理与污染，也不能只关注水景的实用与观赏，应秉持可持续发展的理念，把现代科学与师法自然相结合，构建兼具生态性、实用性、节约性和观赏性的现代城市水体景观。在水体景观的修复与营造中应遵循生态优先、因地制宜、资源节约、以人为本的基本原则。

### 4.5.2.1　生态优先

在城市土地资源再利用中，水体景观的修复与营造要以生态优先为原则，遵循自然生态系统的规律，充分实现其生态功能。

城市的水体景观是一个连续的、完整的自然系统和景观整体。水体景观在场地中具有过滤、源汇、通道、栖息地等重要的生态功能。在城市土地资源再利用中，对于水体的修复，要充分利用自然系统的循环再生力与自我修复力,实现水生态系统的良性循环和水体净化;对于水景营造,应参照和模拟自然中溪流、湖泊、湿地、池塘等水体的生态原理,并充分考虑雨水利用,保证地下水补给,构建全面合理的生态体系;对于水体景观的建设,在施工中要注意生态保护,对河道、岸线的改造及临水构筑物的建设尽量选择绿色环保材料,建成后应维护生态平衡,降低运行成本。

#### 4.5.2.2 因地制宜

在城市土地资源再利用中,水体景观的修复与营造要遵循因地制宜的原则。

首先,要以场地所处的自然环境和条件为依据,综合考虑所处地区的地形地貌、气候特征、降雨特点、地下水位情况以及洪涝对场地的影响等;其次,要全面分析场地中的水体景观与相邻水域水系的关系,合理处理水体景观的给排水问题;再次,要充分尊重并利用场地内原有的水系资源,并通过场地区域内的雨水收集和中水回用等措施,减少水源投入,节约用水;最后,要尽量利用场地中自然地形、植被、水源等优势造景资源条件,减少人工挖掘和开凿,避免破坏场地的自然生态系统。

#### 4.5.2.3 资源节约

在城市土地资源再利用中,水体景观的修复与营造要遵循资源节约的原则。

在城市水资源短缺与城市水体景观需求日益增强的双重压力下,有效节约水资源、合理配置生态用水对城市可持续发展的意义重大。首先,水体景观的修复与营造要根据水体与水景自身的生态需水量,综合考虑城市水资源状况、水体的循环、生态价值、美学价值、公众需求等多方面因素,进行水资源总量的限制。其次,水资源,尤其是用作水体景观的水资源,除要注重水量配置外,也要注重水质和水生态的要求,好的水质与水生态才能保障高效的用水配置,以达到节约资源的效果。再次,水资源的回收与利用是缓解水资源不足,完善水循环的有效方式,如雨水收集与中水回用等都是高效可行的节省水资源措施。最后,在水体景观的建设中也应充分考虑资源的利用与整合,尽量利用、保留原有设施,减少资源浪费等。

#### 4.5.2.4 以人为本

在城市土地资源再利用中,水体景观的修复与营造要遵循以人为本的原则。

水体景观的修复与营造要从可达性、实用性、观赏性、参与互动性等方面体现并满足城市居民的需求,做到"以人为本"。可达性是指水体景观能够让人轻松抵达并方便进入,是方便车行、步行、水行的亲水空间。实用性是指水体景观中除了水体、植被、山石等景观元素外,应合理地配置相关服务设施,满足人在环境空间中所需的各种信息、卫生、游憩、休闲娱乐等方面的需求。观赏性是指水体景观在优化景观风貌、形成怡人环境等方面的审美价值与功能。参与互动性是指水体景观能满足不同的城市居民参与景观体验、提供设施互动,具有良好的亲水性和优质的体验感等。

在城市土地资源再利用中，水体景观修复与营造的原则如图4.31所示。

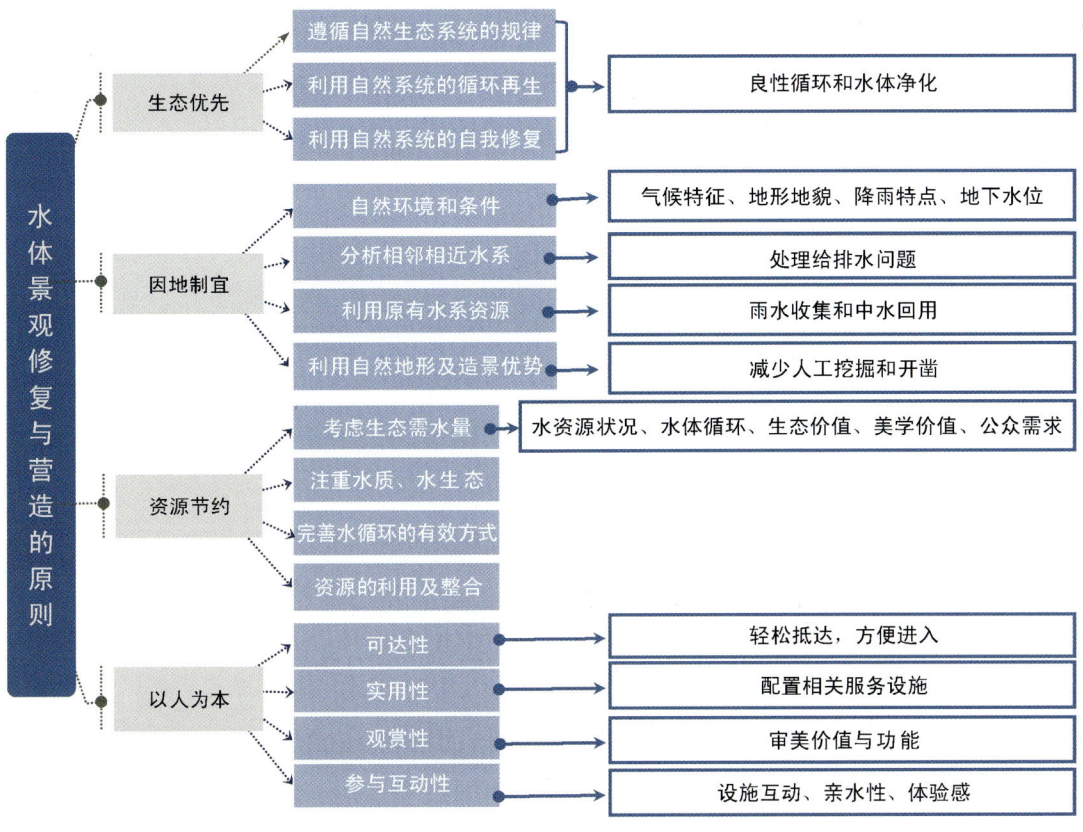

图 4.31　水体景观修复与营造的原则示意图

## 4.5.3　水体景观修复与营造的内容

### 4.5.3.1　水体污染控制与修复

在城市土地资源再利用中，水体的污染控制与修复是水体景观修复与营造的首要内容。城市中常见的水体有流经城市的河流、城区的湖泊与水库、人工运河、自然保护区和生态区水系，还有随城市发展不断涌现出的人工湖、公园水系、景观水池等。在城市土地资源再利用中，由于场地的水体多为流动性差的封闭式缓流水体，相对水域面积小、水环境容量小、水体自净能力差，很容易发生水体污染。

造成场地中水体污染主要的原因有补给水水质差与水量不足、水体流动性差、大气沉降污染、雨水径流污染、枯枝落叶污染、水生动物产生的污染、垃圾和杂物污染、护岸设计不合理等。

研究表明,污染源控制和修复措施的结合是根治水体污染的有效手段。即对污染水体进行有效治理,前提是控制污染源,再采用治理技术对水体进行修复。水体污染源的控制关键在于了解污染产生的来源及其作用机理,只有外源得到控制,修复治理才能行之有效。水体生态修复是采用生态方法与治理技术净化水质、提升水体自净能力,旨在还原受损水环境的生态系统结构和功能。

### 4.5.3.2　生态水景营造与设计

在城市土地资源再利用中,生态水景营造与设计是水体景观修复与营造的核心内容。

水景是以水为主要对象和基本要素的环境空间景观。自然界中的水,液态有动有静,固态成冰雪之境,气态现云雾之状,它晶莹剔透,可塑性强,能映射风景,以水为主要元素的水景往往是环境空间中极具吸引力的内容。

生态水景不仅具备普通水景的功能,在实现赏心悦目的同时还兼有净化水体、恢复生态系统、优化生态环境等特点,是生态、艺术与科技综合运用的产物(图 4.32)。

图 4.32　生态水景

(图片来源:https://jn.news.fang.com/2016-11-29/23669463.htm)

水景营造与设计就是用水造景,利用水的流动、聚散、变化、渗透、蒸发等,创造出各种景观如河湖、涧溪、水池、瀑布、喷泉等,可以美化环境、舒缓情绪、创造生机和意趣。

生态水景的营造与设计是以生态学为指导,参照、模拟自然水体的生态原理构建稳定、协调、宜人的水生态系统和水体景观,除遵循常规水景营造的要求外,更注重其生态功能的体现,更强化各生态要素之间相互依存、相互制约的平衡关系,力图实现水环境的生态平衡。生态水景的营造与设计是从生态和环保的角度来处理水景,强调人与自然的和谐共融,是城市土地资源再利用中水体景观建设的核心内容。

### 4.5.3.3　水资源的配置与利用

在城市土地资源再利用中,水资源的合理配置与有效利用是水体景观修复与营造的关键内容。

在城市快速发展的同时,水资源供求矛盾加剧、水体污染治理不力、地下水超量开采且补给不足、植被破坏形成水土流失等现实问题导致了水资源危机的日益严重,因此,保护和充分利用水资源对城市可持续发展意义重大。在城市水体景观的修复与营造中,对水资源进行合理配置与有效利用是具有关键作用和重要意义的内容。

在城市土地资源再利用中,水体景观的水资源合理配置与有效利用是在流域、区域及城市水资源配置的基础上,针对规模相对较小的水体景观进行的城市水资源二次分配和利用。合理配置水资源必须综合考虑水量的需求与供给、水环境的污染与治理以及水与生态3个方面的问题。有效利用水资源包括进行雨水的收集与利用、废水的资源化处理、用水循环利用率的提高、供水系统的改进与分质供水等。

在城市土地资源再利用中,水体景观修复与营造的内容如图4.33所示。

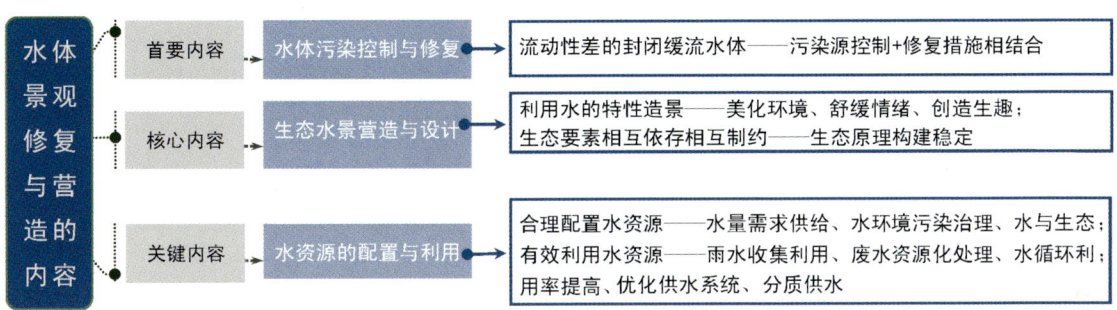

图 4.33　水体景观修复与营造的内容示意图

### 4.5.4　水体景观修复与营造的技术

#### 4.5.4.1　水体污染控制技术

从源头限制污染物是水体景观修复的必要前提。根据水体景观污染物来源的不同,水体污染控制技术分为外源污染物控制和内源污染物控制两大类。

外源污染物的控制包括控制入水水质、防止污水及垃圾排入、控制周围化肥和农药使用、加强监管维护等。对于大部分的城市水体景观,外源污染主要来自初期雨水带来的径流污染,而利用生态护岸与下凹式绿地是控制径流污染的有效手段。生态护岸能降低地表径流速度、吸收拦截杂质、过滤净化有害物质、截留沉积物等;下凹式绿地能截留初期雨水所携带的污染物,更多地消纳、净化地表径流防止面源污染,也能净化空气,吸收 $SO_2$、$NO_2$、$CO_2$,释放氧气和消减噪声等。

内源性污染控制是对水体景观内部水体的净化。内源性污染控制常见的有化学沉淀法、过滤法、气浮法、生物接触氧化法、曝气复氧法、光催化降解法、杀菌消毒法等。化学沉淀法是加投化学物质使之与污染物发生反应,生成难溶于水的沉淀物从而分离除去污染。过滤法是利用过滤介质降低水的浊度,截留藻类与悬浮物等。气浮法是指通过微气泡让水中污染物黏附其上,并浮至水面形成泡沫,再刮除污染物。生物接触氧化法是使污水与生物膜接触，通过生物膜上微生物的作用使污水得到净化。曝气复氧法是通过复氧强化水体的自净作用，在城市水体景观中常见的是自然跌水曝气和人工机械曝气。光催化降解法是在水中加入光敏半导体材料，利用太阳能提高污水净化效率[49]。杀菌消毒法是抑制水中菌类的生长，常作为景观水的最终处理工序。

外源控制阻止污染与内源控制消除污染相结合才能从根本上控制污染、保证水质。水体污染控制技术如图4.34所示。

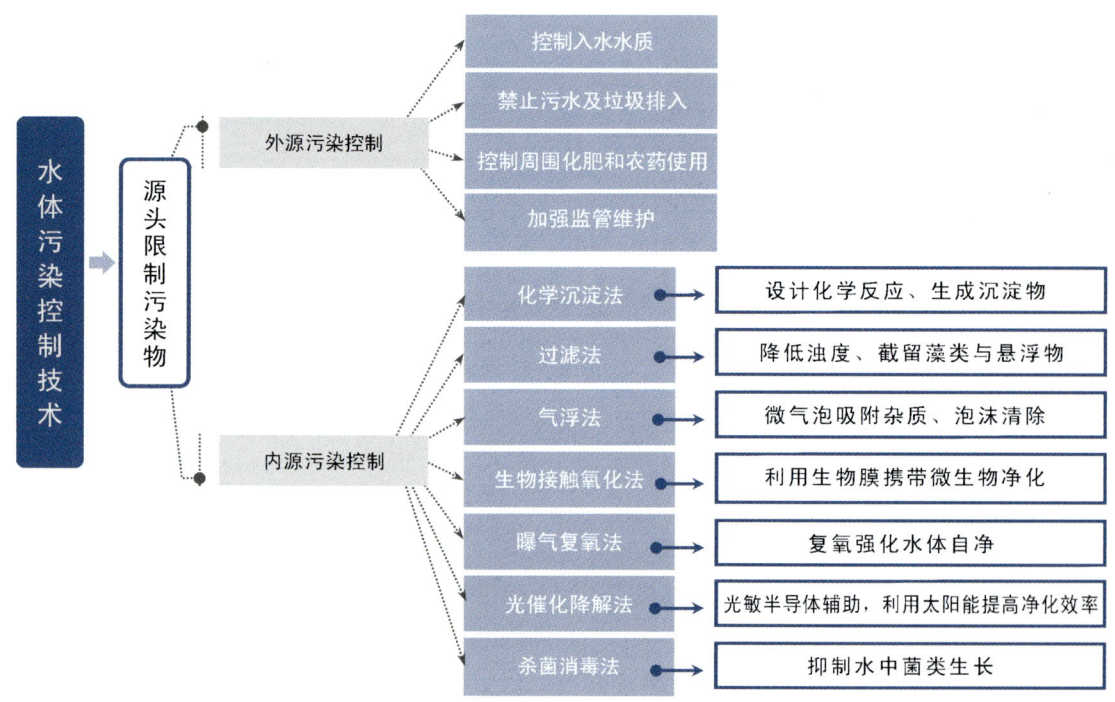

图4.34 水体污染控制技术示意图

### 4.5.4.2 水体景观修复技术

水体景观修复技术是采取各种方法修复、重建水生生态系统，使其形成自我维持、自我演替的良性循环。对于城市水体景观的修复，常见的技术有物理方法、化学方法、生物方法和生态方法等。

常见的物理方法有人工增氧、底泥疏浚等。人工增氧（曝气复氧）能提高水体溶氧量，加快溶解氧与黑臭污染物质发生氧化还原反应，提高水体中好氧微生物活性，促进有机污染物降解，消除水体黑臭现象[51]。底泥疏浚是通过疏浚河道及湖泊底泥，从而减少底泥耗氧量加剧所造成的水质恶化，防止底泥再悬浮造成的水体黑臭等问题。

化学方法常见有杀藻技术、凝聚沉淀、转化处理等。杀藻技术是利用化学药品控制消除藻类。凝聚沉淀是通过化学药剂凝聚和沉淀污染。转化处理通过化学方法将有害污染物转化为无害或可分离物质从而去除。

生物方法常见有生物修复、生物制剂、生物介质等。生物修复常用的如生物膜法处理技术、集中式生物系统(CBS)水体修复技术和高效微生物群(EM)水体修复技术。生物制剂是在水体中投加微生物制剂，通过微生物与藻类的营养竞争减少藻类[52]。生物介质为微生物提供附着表面，促使微生物对介质周围的污染物进行代谢分解。

生态方法常见有生态塘法、人工湿地法、植物净化法等。生态塘法是通过水生作物种植、水产和水禽养殖形成多条食物链，进行物质能量的迁移和传递，从而降解、转化、去除有机污染物。人工湿地法是模拟自然生态系统物理、化学和生物的共同作用，建构新的湿地系统和动植物生态环境，恢复水体生态健康。植物净化法是使用水生植物抑制藻类，并吸收、附着、降解、转化水体中的有机污染物，通过植物收割清除污染物。

#### 4.5.4.3 生态水景营造技术

水景可以是各种形态的河湖、溪泉、池沼、水渠、潭涌、叠水、瀑布、喷泉等。水景营造通过控制水的基本形态和运动状态，可变化出不同造型的水景；通过水与山石、植物、建筑、雕塑、灯光、声音的结合，可以构筑多种形式的水景。生态水景营造不仅要美化环境，创造出富于生机和意趣的环境景观，而且强调构建稳定、协调、宜人的水生态系统。

在生态水景营造与设计中，比较关键的是水生植物的配置、生态驳岸设计和生态浮岛构建3个方面的技术。

水生植物的配置要从季相配置、水位配置、水面配置、场景配置展开。在季相配置中，季相特征显著能大幅提升水体景观的观赏效果。在水位配置中，水体和地面交界处配置干湿环境下都可以生存的植物；在浅水区可配置多种水生植物；深水区则配置高大水生植物。在水面配置中，小水面应注意保留空白，切忌满种；宽阔水面要突出重点和多样搭配；有污染水域选用具有净化水质功能的植物；观赏型水面选用观赏价值高的水生植物。在场景配置中，节点的配置、湿地配置、庭院配置、滩涂地配置等对植物的配置各有不同的要求和侧重(图 4.35)。

图 4.35 水生植物配置

(图片来源:https://www.163.com/dy/article/F4TBK1150515DTVT.html)

生态驳岸设计既要固堤护岸又要营造景观，常用植物或植物与土木工程相结合的方式，如用木桩、活体柳桩、石笼网以及纤维织物袋装土。生态驳岸的主要功能在于补枯与调节水位,美化边坡、增强水体自净能力,并将水体与堤防、岸畔、植被建构成一个完整的水陆复合型生物(图4.36)。

图 4.36　生态驳岸

(图片来源:https://huaban.com/pins/3146926004)

生态浮岛构建一般使用于封闭水域,是使得水体净化的工艺和技术,浮岛上种植水湿生植物通过植物根系的吸收和吸附作用降解污染物,同时也可达到良好的水体景观效果,从而美化环境(图4.37)。常见的浮岛材料形式有泡沫板式浮床、PVC管式浮床、塑料篮式浮床等。浮岛植物的选择要考虑到水体绿化景观及净化污水的双重要求,植物的布置要结合水面大小、水位深浅,综合考虑种植比例、种植成活率、季相需要等,也要注意观花植物与观叶植物错位搭配,并与周围换线的协调等。浮岛建构后需要经过一定的生长周期才能达到最佳效果,其后期的养护管理也很重要。

图 4.37　生态浮岛

(图片来源:http://fuchun-huajing.com/news_show.php?id=77)

#### 4.5.4.4　水资源利用技术

在城市土地资源再利用中,由于场地自身水资源的不足和水循环的破坏,水资源合理配置与有效利用的需求尤为突出。城市水体景观水资源合理利用最行之有效的途径是雨水的收集利用与中水回用。

经济价值表现在环境废弃物的循环利用减少了对自然资源的开采与材料加工的环节，大幅度降低了项目建设的费用与成本，也减少了建设施工中对材料严重浪费的现象，还在建设节约型社会的背景下，为在循环利用废弃物生产新型材料的行业发展带来了新的商业契机。

社会价值表现在环境废弃物的再利用让人们认识到潜藏于废弃物中的价值，对生活与消费方式所带来的物质消耗和对自然的干预有更直观的认识，能激发公众对环境废弃物的关注，提高公共意识，有效普及了可持续发展的理念。

文化价值表现在某些特定的环境废弃物代表着一定的城市文化底蕴或历史记忆，并且随时间的流逝会生发出特定的地域及人群认同感。在城市土地资源再利用中，可保留场地上的某些环境废弃物，作为地方文化传承及历史记忆的载体，延续场所文脉。

### 4.6.3　环境废弃物资源化与景观化处理的路径

在城市土地资源再利用中，环境废弃物可以应用于多个领域，发挥不同的作用，其资源化与景观化处理的路径主要有5个方面，分别是用于打造地形地貌、用于景观道路铺装、用于改造装饰建筑、用于构筑环境设施、用于创作艺术景观。

#### 4.6.3.1　用于打造地形地貌

地形地貌是场地景观的基础。它可以起引导视线、解决排水的作用，同时高低起伏的地形与不同的地貌肌理能围合出多样化形态的景观空间。在地形中的再利用设计中，可利用废弃物作为基层基地来打造地形，将数量较多、成分不复杂、不会对环境和人体造成危害的废弃物，作为地形地貌营造的基质材料，如废石、废渣、废料等。最常见的是将一些废弃混凝土块、桩头、砖瓦等通过机器破碎处理后作为基石填埋塑造高地形，某些生活垃圾通过特殊处理也能作为地形填充材料，以减少土方量，达到节约成本的目的（图4.41）。另外，废弃材料通过创意设计也能在打造地形上别出心裁，如废弃水泥管被用于塑造地形，原本用于排水的中空设计在掩埋时得以保留，中空造型的地形显得非常独特（图4.42）。

图 4.41　地形填充材料剖面

图 4.42　利用废弃水泥管塑造的地形

例如,Safe Zone(安全地带)为 Les Jardins de Métis Reford Gardens 国际花园节委托的临时花园装置,整个 Safe Zone 是一个开放、起伏的地形构成的互动性趣味花园(图 4.43)。

图 4.43　Safe Zone 临时花园地形

(图片来源:http://www.landscape.cn/news/43131.html)

#### 4.6.3.2　用于景观道路铺装

景观道路起着组织空间、引导游览、交通联系、散步休息等作用。常见的景观铺装有整体路面、块料铺装、碎石铺装、嵌草、步石、汀步等。景观道路要承受行人和车辆的重量,其铺装层的厚度、宽度和类型根据道路区域的功能的不同而有所不同。在景观道路的铺装中,很多废弃物在进行简单的加工之后能重新用作城市景观道路的铺地材料,如各种废弃的混凝土、废石板、鹅卵石、人造石、废砖块、废瓷砖等,通过破碎分解成质地均匀、统一的材料用于景观道路铺装,既生态环保又美观实用。

例如,上海中山公园环保地坪改造利用倒伏树木及废弃树桩进行设计加工改造处理,打造 150m² 生态自然休闲空间,提升了公园的亲切感和趣味性(图 4.44)。

图 4.44　上海中山公园环保地坪改造效果

(图片来源:https://sghexport.shobserver.com/html/baijiahao/2021/09/29/550106.html)

图 4.68　美国西雅图煤气厂公园改造项目

(图片来源:https://you.ctrip.com/photos/sight/shanghai2/r1699175-63758491.html)

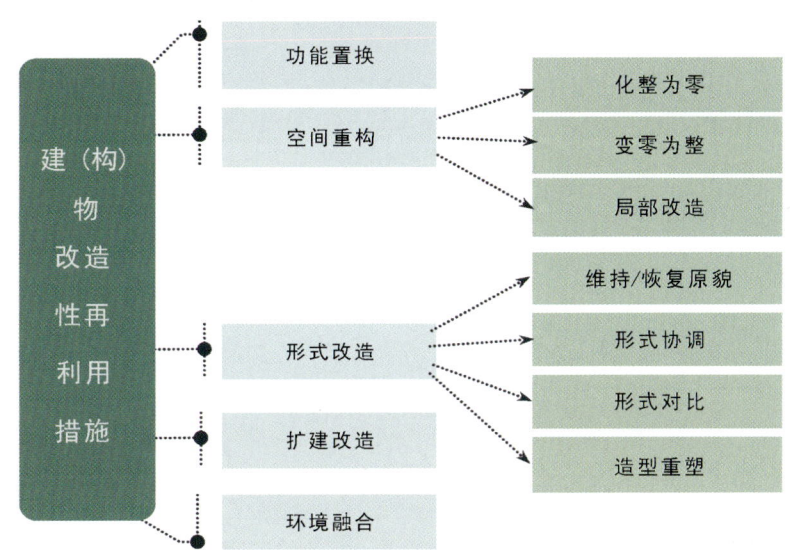

图 4.69　建(构)筑物改造性再利用措施的分解图

建(构)筑物改造性再利用的目标,一是合理利用空间,二是文化传承保护;改造性再利用的路径分别是满足建(构)筑物在场所区位中的功能需求、开发原建(构)筑物的空间利用潜力、挖掘建(构)筑物自身的历史文化价值;改造性再利用主要采取拆除重建与保留更新两种方式。

建(构)筑物改造性再利用的措施包括功能置换、空间重构、形式改造、扩建改造、环境融合5个方面。功能置换是将原建筑与构筑物改作它用;空间重构的具体措施有化整为零、变零为整、局部改造;形式改造的具体方式有维持/恢复原貌、形式协调、形式对比、造型重塑;扩建改造是新建与增建,常见的有垂直加建与水平扩建两种方式;环境融合主要表现为场所精神的塑造与生态环境的维护。

建(构)筑物改造性再利用的分解如图4.70所示。

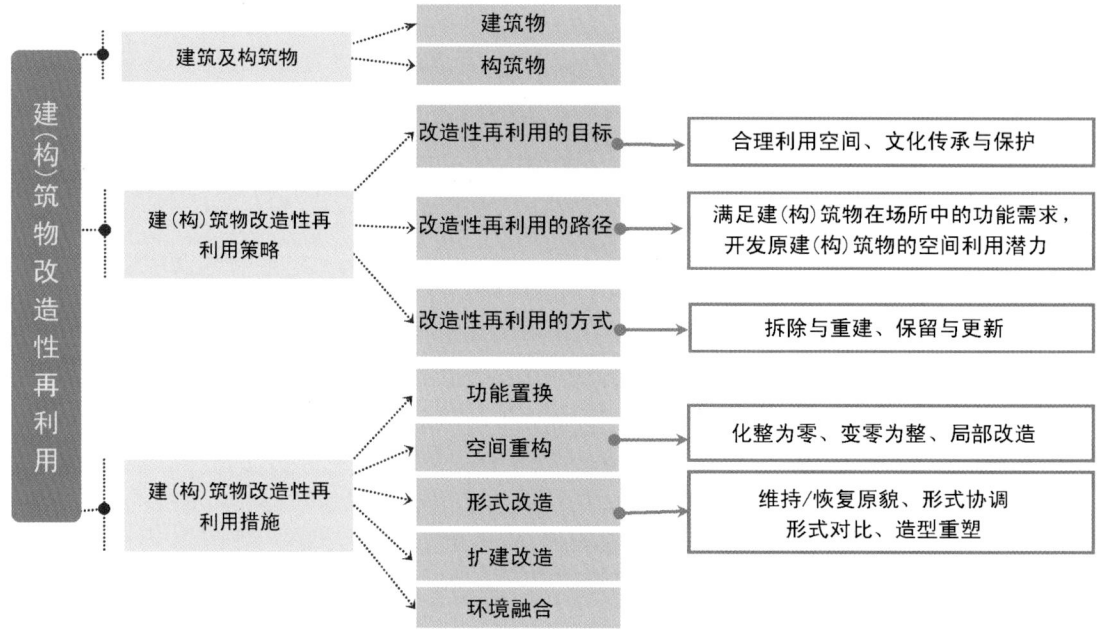

图 4.70　建(构)筑物改造性再利用的分解图

## 4.8　艺术景观与公共设施设计

城市土地资源再利用中生态修复与景观再造的耦合模式除了兼顾各项生态元素与景观要素外,还会涉及各项人工设施与景观艺术成果,因此在该模式的技术手段体系中,艺术景观与公共设施设计也是不可或缺的重要环节。

### 4.8.1　艺术景观的主要类型

在城市土地资源再利用中所涉及的艺术景观类型比较多,常见的主要有壁画、雕塑、景观装置、景观小品、地景造型等。

#### 4.8.1.1　壁画

壁画是指绘在"壁"上的画。壁画是伴随着建筑艺术而形成的,是依附于建筑和空间环境的立面与顶面的艺术形式,是最早的绘画形式之一。

壁画与其他绘画形式的最大不同在于它对建筑或空间环境的依附性。这种依附性体现在两个方面:一是对二度空间的强调及在构图上的散点透视;二是材料对建筑与环境的适应。

壁画总体上可以分为绘制型与材料加工型两类。绘制型壁画有干壁画和湿壁画之分，绘制的材料有蛋彩、油彩、蜡、漆、丙烯之分。材料加工型壁画常见的有陶瓷壁画、镶嵌壁画、金属材料壁画、木质壁画及综合材料壁画等。

壁画通过艺术的手法对公共景观与空间环境进行优化，与公共环境相互依附，极大提升了公共空间与景观环境的艺术品质与审美质量。

我国陶瓷壁画《九龙壁》由琉璃拼接镶砌而成，姿态生动，光彩照人（图4.71）；人民英雄纪念碑碑座下层须弥座的束腰部分四面共镶嵌着八幅汉白玉浮雕，其中之一为《虎门销烟》（图4.72）。

图4.71　陶瓷壁画《九龙壁》　　　　图4.72　汉白玉浮雕《虎门销烟》

（图片来源：https://www.sohu.com/a/276837307_617491）

#### 4.8.1.2　雕塑

雕塑是造型艺术的一种，是雕、刻、塑、铸、锻等艺术表现方法的总称。雕塑是指用各种可塑材料（如石膏、树脂、黏土等）或可雕、可刻的硬质材料（如木材、石材、金属、玉、铝、玻璃、钢、砂岩、铜等），创造出具有一定空间与体积的可视、可触的艺术形象。

雕塑按表现形式可分为圆雕、浮雕。圆雕是可以分方位、多角度欣赏的三维立体雕塑，为雕塑最常见的形式。浮雕是指在需要的装饰面上制作出具有二维空间形态的雕塑，有高浮雕、浅浮雕、线刻、镂空式等几种形式。雕塑按使用材料可分为石雕、铜雕、木雕、牙雕、骨雕、根雕、冰雕、沙雕、泥塑、面塑、石膏像等。雕塑按特征与功能可分为主体性雕塑、纪念性雕塑、功能性雕塑、公共景观雕塑、建筑性雕塑等。

雕塑是公共艺术景观中的传统门类，它往往是公共景观与空间环境的视觉与主题焦点，作为景观环境中的标志物存在。

如毛主席纪念堂门前的雕塑（图4.73），具有鲜明的主题与重大的纪念意义；深圳市标志性雕塑"拓荒牛"（图4.74），是深圳开拓精神的象征，代表了特区建设者敢闯、敢试、任劳任怨、拼搏进取、开拓创新的奋斗精神；福州江滨公园雕塑"健美操"（图4.75），是极具亲和力的公共景观雕塑。

图 4.73　毛主席纪念堂门前的雕塑

图 4.74　深圳市标志性雕塑"拓荒牛"

图 4.75　福州江滨公园雕塑"健美操"

(图片来源：https://baijiahao.baidu.com/s？id=1616364111266112385)

#### 4.8.1.3　景观装置

景观装置是景观中的装置艺术或与景观相关联的装置艺术。它在景观空间环境中，将物质文化实体进行艺术性的有效选择、利用、改造、组合，演绎出新的展示特定观念或精神文化意蕴的艺术形态。

景观中的装置艺术是以表达场所的特定主题为原则来创作的，是景观空间中的视觉焦点和视线停驻点。景观装置的主要特点是强调公众的主动参与，取材广泛、创意独特，多应用新材料与高科技手段，可以与建（构）筑物结合实现环境空间的多功能化与优化。

如位于美国与加拿大边界的巨大的不锈钢制框架装置（图 4.76），看上去一团糟的金属支架中间擦出了整齐的空白，形式与材料极富创意和震撼力，唤醒人们对环境空气问题的关注。美国纽约时代广场上的心形互动装置（图 4.77），是为庆祝情人节而创作的充满爱意景观装置。装置高 3 米，由 400 个透明的亚克力管材制成，中间有红色心形光晕，闪动好似心跳，通过传感器将人触摸的温度转化为光能，心就能更红、更亮，跳得更快。"Court of Water"景观装置（图 4.78），是用喇叭雨水管道装饰的建筑，独特外饰装置很"吸引人的眼球"，让人不禁猜想下雨时是否会奏响美妙的音乐。

图 4.76　美国与加拿大边界巨大的不锈钢制框架装置

图 4.77　美国纽约时代广场上的心形互动装置

图 4.78　"Court of Water"景观装置

(图片来源：https://m.sohu.com/a/223730480_526397/)

### 4.8.1.4 景观小品

景观小品是在景观环境中供美化、装饰、使用和管理及方便之用的小型设施,一般体量小巧,造型别致。

景观小品可分为功能类和艺术类,功能类的景观小品以其显著的功能性存在于环境空间之中,如标识标牌、灯具、座椅、垃圾箱、消防栓等;艺术类的景观小品有显著的艺术效果和对环境的美化提升功能,如花坛、喷泉、置石、盆景、艺术铺装等。

景观小品在景观中有着非常重要的作用,既是景观环境的组成部分,同时又兼具实用和艺术审美的双重功能,美化环境、提高环境品质,是景观环境中的亮点。

如园林中优美的海螺造型种植器(图 4.79);植物园中的景观小品,体现着浓郁的徽派建筑风格(图 4.80);沙漠风格的艺术花坛设计极具个性(图 4.81);园林景观中的各色置石、跌水、廊架、铺装等景观小品(图 4.82)。

图 4.79　园林中优美的　　　图 4.80　植物园中的景观小品　　图 4.81　沙漠风格的艺术花坛
　　　　海螺造型种植器

图 4.82　园林景观中的各色置石、跌水、廊架、铺装等景观小品

(图片来源:http://www.dashangu.com/postimg_4557602.html)

### 4.8.1.5 地景造型

地景造型也是指"大地艺术",是指以由大地的平面和自然起伏所形成的立面空间环境为背景,运用自然材料和艺术创作手法,进行具有审美观念的实践和具有环境美化功能的艺术创造。

地景造型的表现内容和审美对象是自然地物地貌，如水体、山体、泥土、岩石、森林、沙漠、谷地、坡岸等，由它们组成或以它们为元素的艺术作品独具博大、神圣、威严之感，体现了艺术家对大自然的崇敬与尊重，有一种无法言说的独特魅力。地景造型为现代公共性的视觉艺术形式及观念性艺术实践开辟了前所未有的创作空间，是在博大无言的自然之中去建构独特的审美意向。

地景造型（大地艺术）并不以改变自然为目的，更多的是引导人们去重新认识、关注环境与自然，思考人与它们之间的关系等。

如罗伯特·史密森于1970年创作的螺旋防坡堤（图4.83），被喻为"二十世纪最伟大的艺术品之一"，作品用重达66000多吨的黑色玄武岩堆砌成逆时针的环状螺旋造型，盘绕于盐湖城的大盐湖岸边，总长457.2米，从天空鸟瞰，就像是湖畔延伸出的卷曲尾巴。

图4.83 螺旋防坡堤造型及鸟瞰图
（图片来源：https://www.sohu.com/a/339649179_696292）

又如罗伯特·史密森创作的断裂的圆环和螺旋山丘位于荷兰埃门的一个废弃采石场。两个作品分别是深入水中的半圆形堤坝和螺旋形小山丘，断裂的圆环和螺旋山丘建在一起彼此参照（图4.84）。

(a)　　　　　　　　　　　　　(b)

图4.84 断裂的圆环(a)和螺旋山丘(b)
（图片来源：https://new.qq.com/rain/a/20220316A0B2ML00）

再如苏格兰宇宙思考花园充分利用地形的起伏、波动与叠合,采用柔和的曲线分割来表现对宇宙自然的思考以及数学比例的主题(图 4.85)。

图 4.85 苏格兰宇宙思考花园

(图片来源:https://new.qq.com/rain/a/20220316A0B2ML00)

### 4.8.2 公共设施的概念与分类

#### 4.8.2.1 公共设施的概念

公共设施一般泛指建筑室内或室外环境中一切具有一定艺术美感、设置成特定功能、为环境所需的人为构筑物。公共设施起着协调人与环境空间的作用,设置的齐备程度和设计品质的高低代表了该区域环境空间的质量和形象。

城市公共设施常见的问题主要有配置不够科学规范、品质低下、缺乏地域人文特色和人性化设计、后期维护差等。

#### 4.8.2.2 公共设施的分类

公共设施总体来讲可分为公共信息设施、公共卫生设施、公共交通设施、公共休息设施、公共照明设施、公共管理设施、公共服务设施、公共游乐设施、无障碍设施等。

公共信息设施具体有导视牌、招牌、路牌、广告牌、街钟、音响装置、电子信息终端等(图 4.86)。

图 4.86 公共信息设施

公共卫生设施具体有垃圾箱、雨水井、洗手器、公共厕所等(图4.87)。

图4.87　公共卫生设施

(图片来源:https://blog.sina.com.cn/s/blog_662b943901017ltc.html)

公共交通设施具体有停车场、地下通道、人行天桥、公交车站、高速公路站、加油站、自行车停放处、道路护栏、道路铺设、阻车柱、交通信号灯等(图4.88)。

图4.88　公共交通设施

(图片来源:http://kan.weibo.com/con/3517012991371505)

公共休息设施主要有休息座椅、休息亭等(图4.89)。

图4.89　公共休息设施

(图片来源:https://www.photophoto.cn/sucai/09074307.html)

公共照明设施主要有道路照明设施、商业街照明设施、庭园照明设施、广场照明设施、建筑照明设施及配景照明设施等(图4.90)。

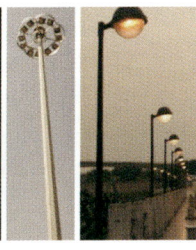

图 4.90　公共照明设施

(图片来源：http://www.softpure.com/html/gallery_details/305.htm)

公共管理设施主要有路面管理设施(井盖、警巡亭、收费处等)、电气管理设施、消防管理设施、控制设施、管理标识等(图 4.91)。

图 4.91　公共管理设施

(图片来源：http://www.softpure.com/html/gallery_details/305.htm)

公共服务设施主要有售货亭、书报亭、饮水器等(图 4.92)。

图 4.92　公共服务设施

(图片来源：https://www.sohu.com/a/515602211_496435)

公共游乐设施主要有游戏设施和健身设施等(图 4.93)。

无障碍设施主要有公共交通无障碍设施和公共卫生无障碍设施等(图 4.94)。

图 4.93　公共游乐设施

（图片来源：https://www.jia.com/zxq/wuhan/lp-34005/）

 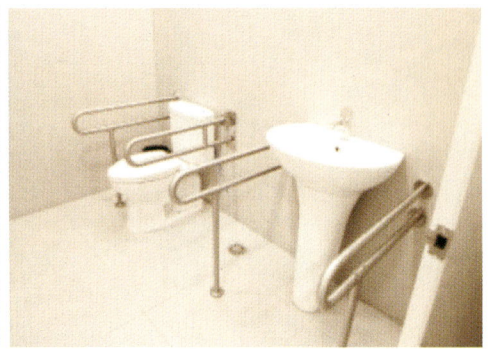

图 4.94　无障碍设施

（图片来源：https://graph.baidu.com/）

### 4.8.3　艺术景观与公共设施设计方法

#### 4.8.3.1　设计目标

在城市土地资源再利用中生态修复与景观再造的耦合模式中，艺术景观与公共设施设计的主要目标集中在 4 个方面，分别是实现使用功能、美化改善环境、体现区域特点、提高环境品质。

实现使用功能。艺术景观与公共设施，尤其是公共设施，设计的基本目标就是为人们提供在景观活动中所需的生理、心理等各方面的服务，如休息、照明、观赏、导向、交通、健身等方面需求的服务。

美化改善环境。艺术景观与公共设施，尤其是艺术的设计要能达到加强景观环境艺术氛围、创造优美宜人环境、体现场所环境的艺术魅力与审美的效果。

体现区域特点。艺术景观与公共设施的设计要具有特定区域的特征,要反映该区域人文历史、民风民情以及发展轨迹,通过艺术景观与公共设施的设计可以表现城市文脉与精神,提高区域的识别性。

提高环境品质。艺术景观与公共设施集艺术性和实用性于一体,它们不仅可以改良景观生态环境,唤起人们对环境空间的关注,还可以提高环境空间的品位和文化内涵,从而提升整体的环境品质。

如 BMW 设计团队为户外景观家具制造商 Landscape Forms 设计了一系列的公共设施,包括了广告灯箱、候车亭、公共座椅、垃圾桶、路灯等(图 4.95)。从这些公共设施的曲面造型、材质和表面肌理,体现了简洁、流畅、高品质的设计风格,帮助城市提升了整体形象与品质。

图 4.95　BMW 设计团队为 Landscape Forms 设计的一系列公共设施

(图片来源:https://www.archiexpo.cn/prod/landscapeforms/product-9926-228780.html)

#### 4.8.3.2　设计原则

在城市土地资源再利用中生态修复与景观再造的耦合模式中,艺术景观与公共设施设计有自身特定的要求和原则,主要有功能原则、个性原则、生态原则、内涵原则。

**1. 功能原则**

艺术景观与公共设施设计的功能原则是首先要考虑的基本原则,体现在对舒适度、安全性、方便性等方面的把握上。公共设施的功能需求在使用上显而易见,艺术景观的功能需求则是体现在精神心理层面上。功能无论是在使用上还是在心理上,都要以满足人们的需求为原则,要充分地体现人性化,应方便实用、经久耐用等,满足各种不同人群的需求,包括各类特殊人群。

如梭动的公共座椅(图4.96),人们可根据自己的需求,选择一个、两两、三个、多个自由组合,以防他人干扰,是十分贴心的人性化设计。

再如法国设计师设计的户外小型广告景观亭(图4.97),顶上可种植植物,令人仿佛置身于大树冠下,中间立柱上安有一块触摸屏,可实时更新各种城市服务信息,如地图、新闻、旅游信息等,旁边还配备了迷你吧供休息、停留,并为手机、电脑提供充电插座。这是集多功能于一体的实用景观设施。

图4.96　梭动的公共座椅　　　　图4.97　法国设计师设计的户外小型广告景观亭

(图片来源:https://bbs.zhulong.com/101020_group_201878/detail10059874/)

## 2. 生态原则

随着人们自然观、消费观、发展观的转变和社会科技的发展,艺术景观与公共设施设计越来越注重生态优先的原则。生态设计的核心是"3R",即少量化原则(reduce)、再利用原则(reuse)、资源再生原则(recycling)。艺术景观与公共设施设计的生态原则一方面体现在节约能源,采用可再生材料;另一方面体现在仅在思想内涵上引导人们的生态保护观念。

如为启发人们关注环保低碳,提倡废旧物品再利用,北京环卫工程集团与中央美术学院合作,以课程教学为依托而组织设计及制作了废旧物品创作的景观小品(图4.98)。

图4.98　废旧物品创作的景观小品

(图片来源:https://bbs.zhulong.com/101020_group_201878/detail10059874/)

再如抱树亭景观小品设计(图4.99),用玻璃构筑的透明建筑正中间有棵大树,像是穿破而出的,建筑将大树环抱,体现了人文景观对自然的尊崇。

图 4.99　抱树亭景观小品设计

(图片来源:https://bbs.zhulong.com/101020_group_201878/detail10059874/)

### 3. 个性原则

好的艺术景观与公共设施最终以个性取胜,景观设施设计的个性特色不仅只是设计师个人的个性与风格体现,更包括该作品所处的环境特色、材料特色、本土意识等。艺术景观与公共设施设计要突出自然环境、人文环境、社会环境3个层面的特性,个性突出的艺术景观与公共设施更引人入胜。

如英国海边设计的长达621m个性十足的公共座椅(图4.100),全部由回收的钢材与硬木拼接而成,融入了色彩和造型等多变元素,与风景迷人的大海相辅相成,既可作为休息座椅,又可作为游乐设施,还是对海岸线的美化与勾勒。

图 4.100　英国海边长达621m的个性十足的公共座椅

(图片来源:https://www.zhulong.com/zt_sg_3002264/detail42617623/)

**4. 内涵原则**

艺术景观与公共设施设计,特别是艺术景观,要能体现地域文化与传统,强调历史文脉,纪念重大事件。它们常常包含了记忆、想象、体验和价值等因素,能够营造独特的、引人神往的意境,使观众的情感找到归宿。

在现实的生活中,不是所有的人都经常和艺术品接触,人们也不是总处于艺术的欣赏与情操的陶冶之中,而存在于公共空间中的艺术景观与公共设施,或许可以为人们在忙碌与枯燥的现实中找到情感慰藉,体现人文的关怀。

如911纪念地景观设施设计(图4.101),为纪念184位遇难者,用不锈钢铸造了184个长凳状的纪念碑,依次排开,每个长凳悬臂的末端刻有遇难者名字,在夜晚时发出寂静的光芒,是对逝者的怀念,也为生者提供一个倾诉思念的场所。

图4.101　911纪念地景观设施设计

(图片来源:https://www.archdaily.com/6152/pentagon-memorial-kbas-studio?ad_name=selected-buildings-stream)

### 4.8.3.3　设计手法

在城市土地资源再利用中生态修复与景观再造的耦合模式中,艺术景观与公共设施主要的设计手法包括个性化设计手法、人性化设计手法、技艺化设计手法、系列化设计手法及生态化设计手法。

**1. 个性化设计手法**

个性化是指艺术景观与公共设施设计在功能、形态、精神特质上体现出的差异性。个性是相对于一般的或共性的事物而言的,是物质丰富后人们需求转变的必然结果。有个性的景观设施与普通的景观设施相比,在形态、色彩、材料、功能、精神特质上表现出显著的不同,当这种不同具备一定的积极效应,就形成了设计的个性化。个性化设计是当代设计的一大基本特点。

如隐形路灯设计(图 4.102),路灯为不需要任何支撑的叶子造型,紧紧缠绕于树枝上,与树木浑然一体,叶子反面是太阳能电池板,正面安装 LED 灯,白天吸收太阳能,夜晚发光,自然、节能又美丽。

图 4.102　隐形路灯设计

(图片来源 https://tieba.baidu.com/p/2979088621)

**2. 人性化设计手法**

人性化在艺术景观与公共设施设计中主要从设计的针对性、视觉的吸引力、对历史与文脉的尊重、作品的参与互动性等方面来实现。

"人性"是与"美学、技术、经济"并列的第四大设计要素。人性化设计的核心是以人为本、以人为中心、物为人用,通过研究人类的心理和行为特征,把人的物质和精神需求放在第一要素的位置上来考虑。

人性化设计体现在以下几个方面:一是设计针对特定的人群,分析研究并满足他们显现的与潜在的需求信息。二是设计上以更好的视觉特征和形式去引人关注,供人使用,为人服务。三是在设计中体现对历史与文化的关照,因为历史与文化是人的历史与文化,可唤起人们穿越时空的情感体验。四是人性化也体现在设计突出的大众化、参与性、互动性等方面。

如篮球树设计(图 4.103),在同一篮球架上装上高低和朝向不同的若干个篮球板,可充分地利用场地同时打好几场球,也可为不同年龄和身高的人提供便利。

**3. 技艺化设计手法**

技艺化设计手法符合"高科技艺术"的审美观。不同时代的科技进步直接或间接地催生了不同时代的艺术思维与艺术样式,正是科学技术与艺术的相互发现、交汇互渗发展,共同推动了人类社会的进步与发展。艺术景观与公共设施作为城市空间中的一种使用产品,本身就需要多方面的知识与技术支撑,更受到现代科学技术极大的影响与制约,运用高科技新

图 4.103　篮球树设计
（图片来源：https://m.sohu.com/a/306534932_563997）

材料的艺术景观与公共设施设计正符合"高科技艺术"的当代审美观念。

如人造太阳能空气净化树（图 4.104），是一个巨大的城市街道空气净化器，有效地解决了空气质量问题。它的造型是美丽高大的树形，材料用的是可降解的回收塑料，树冠上有太阳能电池板，为树下的游乐设施和夜间照明提供动力。同时，树冠上安装有空气净化设备，可吸收二氧化碳，排出氧气。该设计是兼具空气净化、游乐、照明等多功能设施，也是造型优美的空间装饰物。

图 4.104　人造太阳能空气净化树
（图片来源：https://www.sohu.com/a/223537055_294710）

**4. 系列化设计手法**

系列化设计手法是指运用一定的设计技术手段，对同类设计进行统一的规范化处理，使

素,充分涵盖了生态恢复与环境修复的多种技术以及景观再造与环境设计的多项手段,针对城市土地资源再利用,构建出全领域覆盖、全生命周期的技术手段体系,其内容丰富,层次分明,逻辑合理,具有广泛的适用性。

#### 4.9.3.2 功能的多样性

从技术手段综合体系的功能上看,它是将多种技术手段融合并重、达到多重目标效果的体系,能同时实现城市土地资源再利用目标内容的4个方面(资源再生与开发、环境恢复与再生、文化保护与重塑、风貌优化与改造),以达成"生态环境改善、资源可持续利用、文化景观建设"三位一体的目标。这个技术手段综合体系特别适用于目标多元的现代城市土地资源再利用项目,通过实际运行去打造多功能、高效率、高协同性的城市区域综合体。

#### 4.9.3.3 过程的同步性

从技术手段综合体系的过程上看,它从全生命周期的角度出发,打破了"单一环境治理"或"先行修复后行景观"的两大传统主流模式,将生态修复与景观设计进行综合考虑、融合交叉,在过程上实现了两者的同步运行、同时展开,从而杜绝了生态修复与景观设计长期以来的割裂与分离,防止了现代城市土地资源再利用过程中出现的复杂曲折与衔接不当,也避免了过程中由此产生的成本提高、周期增长等各种矛盾和问题。

#### 4.9.3.4 操作的灵活性

从技术手段综合体系的操作上看,它是具体技术手段和操作方法的系统体系。它针对城市土地资源再利用中出现的具体要求和实际问题,提出了对应解决的单项措施与方法,同时也针对项目整体内容和流程,科学地构建出高效合理的系统手段和整体方案。并且,此技术手段综合体系可以根据场地与项目的实际情况和不同目标侧重,进行选择运用与变化组合,在操作上具有极大的灵活性。

## 4.10 本章小结

城市土地资源再利用中生态修复与景观设计耦合模式的技术手段体系是建立在生态修复与景观设计的耦合机制基础上,将城市的土地资源中所包括的各个生态元素(光、热、水、气候、土壤、生物等)与各种景观要素(地形、植被、道路、水体、环境废弃物、建筑、设施等)综合考虑,将生态修复技术与景观设计手段全面融合,形成的综合技术手段体系,具体包括8个方面的内容,分别是土壤污染控制与修复、地形地貌的利用与设计、道路的规划与设计、植被的修复设计、水体景观的修复与营造、环境废弃物的资源化与景观化处理、建(构)筑物的改造性再利用、艺术景观与公共设施设计。

**1. 土壤污染控制与修复**

城市土壤环境问题可归结为土壤退化，城市环境中的土壤退化包括物理退化和化学退化。在城市土地资源再利用中，土壤污染的危害和风险主要表现为对水环境的影响、对城市空气的影响以及对生物的影响。

污染土壤修复技术主要包括生物修复、化学修复、物理修复及其联合修复技术等。城市土壤污染的控制方法主要有控制污染物来源、管控污染土壤环境风险、优化城市产业规划布局等方面。

土壤污染控制与修复是城市土地资源再利用中生态修复与景观设计耦合模式的先行技术手段。土壤污染控制与修复的目标是让土壤恢复到自然健康状态，为该模式后续技术手段的开展提供安全的基础和前提。

**2. 地形地貌的利用与设计**

地形地貌是环境设计与景观设计中的重要载体元素和内容。地形与地貌依据空间尺度大小，可分为大地形、小地形、微地形，从空间形态上有平地、凹地、凸地等类型。地形地貌的利用与设计在城市土地资源再利用中有着重要的功能与价值，主要表现在基面与背景功能、景观功能和生态功能3个方面。

在城市土地资源再利用中，地形的利用与再造设计应遵循因地制宜、因形就势的原则；地貌的修复与设计应采用修复与保护、艺术与生态结合的原则。由于场地地形地貌的成因与现存条件不尽相同，针对不同的场地，采取的具体方式各有不同。地形地貌利用与设计的表现形式丰富，常见的形式有独立几何式、规则组合式、艺术曲线式、自然抽象式、传统山水式、大地艺术式等。

地形地貌的利用与设计不仅对场地中土地的恢复和土壤的修复起到重要的帮助作用，同时也对场地整体环境的优化和景观效果的提升具有显著效果，是生态性和艺术性并重的环境设计手段与内容。

**3. 道路的规划与设计**

在城市土地资源再利用中，道路的规划与设计是场地建设中最基本和重要的内容之一。道路类型划分的依据多样，可按活动主体、等级、功能特征的不同进行划分。道路规划与设计的目标主要包括搭建生态廊道、构建景观骨架、实现场地功能；内容包括道路修复与更新、道路绿化设计、道路附属物设置；策略主要是保持整体性与连续性、与原生生态景观相结合、凸显人性化与个性化。在城市土地资源再利用中，只有通过生态、合理、高效的场地道路系统规划与设计，才能构建连续、安全、宜人的场地空间。

**4. 植被的修复设计**

在城市土地资源再利用中，植被修复设计要特别突出植物在修复、生态和景观3个方面的功能和作用。植物对场地中的土壤环境、水体环境、大气环境等具有重要的修复作用。植被修复设计的生态功能表现在维护生态平衡、保护生物多样性、改善小气候、净化空气、消除噪声、防风固沙与保持水土等方面;景观功能具体表现为空间布局作用、协调柔化作用、观赏美化作用等。

在城市土地资源再利用中,植物修复设计应遵循因地制宜、以乡土植物为主、师法自然的原则;技术关键点是植被种类的选择,要从生态性、经济性和景观性3个方面综合考虑;方法应采用保留与恢复、种植与改造两种的具体方法展开。

**5. 水体景观的修复与营造**

在城市土地资源再利用中,水体景观的建设要将水体的污染控制与修复、生态水景的营造与设计、水资源的利用与配置等进行综合考虑并同步实施。水体景观的修复与营造中应遵循生态优先、因地制宜、资源节约、以人为本的基本原则;首要内容是水体的污染控制与修复,核心内容是生态水景营造与设计,关键内容是水资源的合理配置,比较的重要内容则包括水体污染控制技术、水体景观修复技术、生态水景营造技术以及水资源利用技术等。

**6. 环境废弃物的资源化与景观化处理**

在城市土地资源再利用中,环境废弃物再利用对推进生态文明、美丽中国建设具有重要意义,它的价值表现在可持续价值、环境价值、经济价值、社会价值、文化价值5个层面。环境废弃物资源化与景观化处理的路径主要是用于打造地形地貌、用于景观道路铺装、用于改造装饰建筑、用于构筑环境设施、用于创作艺术景观;常见的处理方法有无害化处理、直接保留、加工再利用、元素重组、生态利用等;处理的程序主要包括环境调查、收集选用、可行性分析、设计施工的流程。

**7. 建(构)筑物的改造性再利用**

城市土地资源再利用中生态修复与景观设计的耦合模式,对原有建(构)筑物采用的技术手段主要是改造性再利用。

建(构)筑物改造性再利用的目标。一是合理利用空间,二是文化传承保护。改造性再利用的路径分别是满足建(构)筑物在场所区位中的功能需求、开发原建(构)筑物的空间利用潜力、挖掘建(构)筑物自身的历史文化价值;方式主要包括拆除重建与保留更新。

建(构)筑物改造性再利用的措施包括功能置换、空间重构、形式改造、扩建改造、环境融合5个方面。功能置换是将原建(构)筑物改作它用;空间重构的具体措施有化整为零、变零为整、局部改造;形式改造的具体方式有维持/恢复原貌、形式协调、形式对比、造型重塑;扩建改造是新建与增建,常见的有垂直加建与水平扩建两种方式;环境融合主要表现为场所精神的塑造与生态环境的维护。

**8. 艺术景观与公共设施设计**

在城市土地资源再利用中,所涉及的艺术景观类型比较多,常见的主要有壁画、雕塑、景观装置、景观小品、地景造型等;常见的公共设施包括公共信息设施、公共卫生设施、公共交通设施、公共休息设施、公共照明设施、公共管理设施、公共服务设施、公共游乐设施、无障碍设施等。

在城市土地资源再利用中生态修复与景观再造的耦合模式中,艺术景观与公共设施设计的主要目标集中在实现使用功能、美化改善环境、体现区域特点、提高整体环境品质4个方面;设计原则包括功能原则、个性原则、生态原则、内涵原则;设计手法包括个性化设计手法、人性化设计手法、技艺化设计手法、系列化设计手法及生态化设计手法。

以上8个方面的技术手段不是孤立、分裂的,而是相互关联、不可分割的,它们是在生态修复与景观设计耦合关系下的不同技术内容和局部手段,共同构成了城市土地资源再利用中生态修复与景观设计耦合模式的技术手段综合体系。

这个技术手段综合体系将生态修复技术与景观设计手段全面融合,以达成现代城市土地资源再利用中"资源可持续利用、生态环境改善、景观文化建设"三位一体的目标,并同时实现城市土地资源再利用中资源再生利用、生态环境恢复、城市风貌优化、历史文化保护4个方面内容。

## 5.2 景观美学评价

在城市土地资源再利用中生态修复与景观设计耦合模式的评价体系中,景观美学评价是重要评价内容和层次,其目的是科学分析、准确评判区域景观环境效果和质量的变化,是检验该模式运行和技术手段实施成功与否的重要标准。

### 5.2.1 景观美学评价

景观美学评价是指评价主体(个人或群体)从审美、社会文化和生态文明等视角,根据某一总体目标,以特定标准对景观的价值进行评估,提出在景观保护、开发利用、规划设计、建设运营中提升质量和减缓不利影响措施的行为[29]。

景观美学评价为景观环境设计和管理决策提供客观依据,它是根据一定的评价目标,通过主观描述资料与客观统计资料来获取评价信息,通常包括景观环境构成要素的评价信息和公众景观的偏好评价信息等,采用定性和定量相结合进行结果分析。

### 5.2.2 模式中景观美学评价的依据

在城市土地资源再利用中生态修复与景观设计耦合模式的评价体系中,景观美学评价的依据是景观审美理论中的审美机制、审美途径、审美研究方法。

以景观审美机制为依据。"景"是客观世界自然环境的形象信息,"观"是人感知形象信息产生的联想、感受与情感等。"景观审美"是以特定"景"作为审美对象,按照情感逻辑对记忆表象加工而形成新形象的精神活动。景观审美机制不仅是对景观直观性的感性认识机制,也是对景观概括性的理性认识机制。

以景观审美途径为依据。景观审美有多种途径,可以从景观的客观属性中探求美,可以从人的主观认识中探求美,可以从人与景观的关系中探求美,可以从社会生活中探求美,还可以从人的景观建设实践中探求美等。

以景观审美研究方法为依据。景观审美研究方法有以哲学和历史文化为基础审视、研究、欣赏景观的实践哲学方法,也有从心理学角度研究人对景观客观反应的审美理论实验方法。目前的景观审美研究越来越重视多种研究方法的综合运用,既强调实验室研究,也注意自然观察,注重精细定量研究与宏观定性研究并重,综合灵活应用客观观察实验法与自我观察内省法等。

### 5.2.3 模式中景观美学评价的特点

相对于常规的景观评价，在城市土地资源再利用中生态修复与景观设计耦合模式的评价体系中，景观美学评价具有以下几点特殊性：一是突出景观效果比对评价；二是采用多学科交叉性评价；三是强调主客-动静结合性评价。

**1. 突出景观效果比对评价**

在城市土地资源再利用中生态修复与景观设计耦合模式的评价体系中，为与前述"环境影响评价"以及后续"综合效益评价-景观效益"的相区别，同时考虑到该模式针对土地再利用评价的动态变化性，景观美学评价在模式的整体评价体系中集中突出景观效果的比对分析，更强调对主客观相结合的审美要素在土地再利用前后的变化情况进行评价与分析。

**2. 采用多学科交叉性评价**

景观美学是涉及艺术、环境、地理、人文、心理等多个领域的交叉科学。景观美学评价的内容涉及自然环境、空间规划、地形地貌、道路交通、水体、植物、建筑、环境设施等多个景观要素及其复合体，采用哲学、社会学、人类学等多学科研究方法综合运用的评价方法，评价的方式是对审美主体和审美经验全方位、多角度探索分析，评价的手段是借助统计学、应用数学、系统工程等理论，采用多学科融合定量与定性结合的方法。

**3. 强调主客-动静结合性评价**

在城市土地资源再利用中生态修复与景观设计耦合模式的评价体系中，景观美学评价不仅要将客观环境信息（如地形、土壤、水体、地质、植被等）与专家或公众的主观评价相结合，也要将静态的图片信息（如幻灯片、照片、地图等）与动态的时空环境信息（如季相、水流、植物、色彩、天象等）相结合，还要将单一的生理感受（如视觉、听觉、触觉、味觉、嗅觉等）与综合的主观感受（如景色、空间、景园时空序列等）相结合。

### 5.2.4 模式中景观美学评价的内容

在城市土地资源再利用中生态修复与景观设计耦合模式的评价体系中，景观美学评价的内容主要包括评价的要素与评价的指标两部分。

模式中景观美学评价的要素包括整体性要素、基础性要素、变化性要素。整体性要素是指全景区域的景观综合特征；基础性要素包括自然环境、空间规划、地形地貌、道路交通、水体、绿化植物、建筑小品、生物多样性、环境设施、历史文化等；变化性要素是指土地资源再利用后引起区域景观特性变化的要素。

模式中景观美学评价的指标在客观方面是景观的自然条件与实际存在形式,具体包括生态性、奇特性、美感度、人文性、自然性、区位条件、人为条件(设施、交通、服务)等;主观方面则是景观的共性特征,如安全性、可达性、舒适性、审美性(自然度、鲜明度、协调度)等多个方面。

模式中景观美学评价的内容如表 5.1 所示。

表 5.1 模式中景观美学评价内容

| | 整体性要素 | 基础性要素 | 变化性要素 |
|---|---|---|---|
| 评价要素 | 全景区域的景观综合特征 | 自然环境、空间规划、地形地貌、道路交通、水体、绿化植物、建筑小品、生物多样性、环境设施、历史文化等 | 景观构成因素变化的程度、整体区域景观变化的程度、各个观察点变化的程度、观察点视程范围内景观变化状况、各景观构成要素的变化及效果、关键要素对区域景观形成的变化 |
| 评价指标 | 客观指标 | 生态性、奇特性、美感度、人文性、自然性、区位条件、人为条件(设施、交通、服务)等 | |
| | 主观指标 | 安全性、可达性、舒适性、审美性(自然度、鲜明度、协调度)等 | |

由于在模式整体评价体系中,景观美学评价需特别突出景观效果比对分析,对此,本书提出特定常见的景观效果比对分析评价因素与指标变化趋势,如表 5.2 所示。

表 5.2 景观效果比对分析评价因素与指标变化趋势

| 序号 | 景观效果比对分析评价因素 | 指标变化趋势 |
|---|---|---|
| 1 | 主要建筑与区域景观的协调性 | 增强、无、减弱 |
| 2 | 单个景观与整体景观的协调性 | 增强、无、减弱 |
| 3 | 绿化种植景观协调性 | 提高、无、减弱 |
| 4 | 区域地形地貌、道路、水景、设施的协调性 | 增强、无、减弱 |
| 5 | 有无障碍视觉的要素 | 无、有 |
| 6 | 建(构)筑物等的状态 | 变好、无、变坏 |
| 7 | 景观同化建筑物的能力 | 增强、无、减弱 |
| 8 | 线要素与景观的关系 | 协调、无、不协调 |
| 9 | 无阻碍自然地形的优越性及其质量 | 增强、无、减弱 |
| 10 | 地形分布不佳区域情况 | 好转、不明显、变弱 |
| 11 | 地形与植被的显著对称性 | 好转、不明显、变弱 |
| 12 | 植物、建筑与地形的关系 | 好转、不明显、变弱 |

续表 5.2

| 序号 | 景观效果比对分析评价因素 | 指标变化趋势 |
| --- | --- | --- |
| 13 | 项目周围的环境质量 | 变好 |
| 14 | 空间引导的方法和多样性 | 增强、无、减弱 |
| 15 | 全景眺望的质量 | 提高、无、减弱 |
| 16 | 绿化种植情况 | 增加、无、减少 |
| 17 | 大气、水质、清洁度 | 好转、不明显/变弱 |

### 5.2.5 模式中景观美学评价的流程

在城市土地资源再利用中生态修复与景观设计耦合模式的评价体系中,景观美学评价的流程包括确定评价要素、获取评价样本、设计评价量表、选择评价对象等。

确定评价要素。根据区域具体实际的景观特征和功能,针对性地选择评价要素,确定整体性要素、基础性要素、变化性要素及其子项,以及景观美学评价的客观指标与主观指标。

获取评价样本。景观评价样本的选择需要保证时间、场景、条件的一致性,要确保样本类型全面性、整体性、系统性,并根据样本类型的不同,设置不同类型样本的合适数量。

设计评价量表。评价量表是评价者对评价标准、主观态度进行记录的手段,目的是将定性描述的问题进行量化,测出景观美学评价值。

选择评价对象。利用不同评价者的平均审美倾向来表示景观美学质量是景观美学评价最适合的方法,评价对象常见的包括学生、专家和一般公众,学生和专家的受教育程度相对高,其感知能力优于公众,反映相对更客观。此外,评价对象选择还应综合考虑时间成本、普遍性、便捷性、可行性等因素,建议就近选择、多元选择、针对选择。

采用评价方法。景观美学评价方法是一个完整的分析方法系统,既包括量化评价又包括质化评价,在模式的评价体系中,景观美学评价具体常用方法有图片(场景)直接对比法、经验规则评价法、人群统计评价法、数学分析法等。

### 5.2.6 小结

在城市土地资源再利用中生态修复与景观设计耦合模式的评价体系中,景观美学评价是重要评价内容和层次,它以景观审美理论中的审美机制、审美途径、审美研究方法为依据;特点包括突出景观效果比对评价、采用多学科交叉性评价、强调主客-动静结合性评价 3 个方面;内容包括评价的要素与评价的指标两部分,评价要素包括整体性要素、基础性要素、变化性要素,评价指标包括客观方面与主观方面;流程包括确定评价要素、获取评价样本、设计评价量表、选择评价对象、采用评价方法等。

城市土地资源再利用中生态修复与景观设计耦合模式的景观美学评价分解如图 5.2 所示。

第 6 章　城市土地资源再利用的不同类型与相关案例分析

近年来,我国在城市滨水区的生态修复结合景观再造相关实践方面取得重大成果。例如作为全国最大的城中湖、有武汉城市绿心之称的东湖,在 2000 年左右受污染程度达到顶峰,水质恶化、水体发臭、富营养化,之后虽陆续有治理,但是效果不佳。2016 年武汉市政府启动《东湖水环境综合治理规划》,通过一系列的外源截控、内源清理、水系连通、生态修复、智慧监管,进行"水岸同治",结合海绵城市理念建设 100 多千米的东湖绿道景观,通过驳岸生态化改造、在地文化导入、生态文明科普教育理念的发扬,形成"景美、生态、艺术人文、教育"于一体的可持续生态景观修复示范区,成为城市土地资源再开发利用的典型代表(图 6.2)。

图 6.2　武汉东湖湿地公园

(图片来源 https://mp.weixin.qq.com/s/gsSQMLR8Pqu0FEi6bizCeg)

河北唐山南湖城市中央生态公园同样是此类型的成功代表(图 6.3)。唐山市委、市政府为有效改善城市生态环境,实现区域生态可持续发展,集中清除各种垃圾和违章建筑,进行水生态修复、土壤修复,实施景观绿化工程,将自然生态恢复过程与教育、景观美学和休闲活动相结合,将闲置的城市土地资源打造成为富有生机与活力的湿地生态系统景观。

在快速城市化的进程中,城市滨水系统为区域的生态环境健康发展提供了基础保障,形成了一条永续的绿色生命廊道。在武汉、杭州、苏州、丹江口、昆明等地,健康的城市滨水系统有利于缓解城市水资源利用问题,为生物多样性、滨水区生态景观的营造提供永续的水源保障。而在水资源紧张的城市中,营造良好的滨水景观空间,除了美化城市环境、保证生态平衡,往往可以解决该区域极端天气下的水涝或者干旱问题,缓解城市热岛效应等。

图 6.3　唐山南湖城市中央生态公园
(图片来源:http://yuanlin.chla.com.cn/show.aspx?id=58978&cid=183)

## 6.1.2　矿山型

矿山包括煤矿、金属矿、非金属矿、建材矿和化学矿等,采矿方法包括地下开采、露天开采。矿山开采可能造成毒酸性物质沉积、地表土流失、土壤剥离、矿石堆积、塌陷、植被破坏、地下水改道等环境破坏以及其他次生灾害。

长期以来,采矿活动造成区域环境污染和生态退化,大面积国土荒废,矿区恢复和生态重建是矿业可持续发展的关键问题。目前我国大部分矿区的复垦率仍较低,修复工作尚未完成。严重的地形地貌破坏造成生态退化,同时导致空气污染、水酸化、土壤质量下降、生物多样性丧失和景观破坏,在矿区最为常见。通常在矿区废弃后,这些破坏的状态未能得到及时的治理常常对环境造成二次污染。为了解决这一问题,矿山土地的生态恢复和再利用成为国内外生态景观领域的研究热点。

从城市土地资源再利用的角度,矿业废弃地景观再利用是对因采矿活动所破坏和占用的、未经治理而无法使用的土地再利用,主要包括采空区土场、废石堆、尾矿等矿业废弃地(包括采矿点、尾矿、堆场、排土场、采空区、塌陷地等景观类型和厂房、矿井、采掘设施以及道路、水渠、积水坑等景观要素)的改造、改建或再开发、整治、保护以及"人性化"设计[57]。在最近 20 年左右的时间内,我国积累了一系列包括物理、化学、生物、植物修复相组合的矿区景观修复方法。

具体景观环境重建策略:结合地形和水系改造,重建自然的植被风貌,并根据美学原理形成场地景观风貌的可持续开发;进行休闲农业开发,为城市居民提供特色的休闲活动场所;通过市场经营实现矿业废弃地的可持续发展。工程实践过程为现状问题调查→进行整体规划→次生灾害防治→修复边坡和矿坑→植被景观设计→后期维护调整。

根据不同的矿区类型提出多样化的再利用方式,通过对矿业元素的改造、重组,整合现有场地的矿业景观资源,再现矿业文化艺术价值,条件成熟时可将其改造为极具观赏、文娱休闲、科普教育等价值的园林景观形式,营造成为人们提供适宜活动场所、户外休闲、娱乐等多重体验的具有鲜明场地特征的公共空间[58]。

我国目前许多成功的案例,例如上海佘山的世茂深坑酒店(图6.4),设计师以丰富的想象力,将自然中废弃采石场与酒店融为一体,实现自然、人文、历史的和谐统一,极大提高了城市土地资源利用率,缓解了城市用地资源紧张,与生态文明建设主题相契合。

图 6.4　上海佘山世茂深坑酒店

(图片来源:https://mp.weixin.qq.com/s/RiIDgN8T3OocBzmPJWtG_A)

南京汤山矿坑公园也是城市土地资源再利用的典范,该项目通过梳理现场地形和水文,在已经被破坏的自然碎片基础上形成丰富的体验场所(图6.5)。设计景观园路连接破碎的场地,丰富场地的功能,消除安全隐患,综合安全、造价、体验、生态等多个因素做出选择,使得废弃的矿山成为市民的拾趣乐园。此外,著名的湖北江夏灵山生态修复工程、湖北黄石国家矿山地质公园也是此类型的杰出典范。

图 6.5 南京汤山矿坑公园

(图片来源:https://mp.weixin.qq.com/s/wtYL1zBp5HCqEzvb6VvDRA)

## 6.1.3 工业区型

工业区型的城市土地资源再利用场地大多为棕地,一般定义为由于工业生产活动的变迁、破产等原因导致失去工业生产功能的场地,包括完全废弃和仍在生产的半废弃两种类型。由于工业区定义较广,本节所阐述的工业废弃地主要有以下 2~6 类轻工业产地遗存,不包含 1 类所指的重工业领域工业原料开采地,以下对后者按生产活动类型分类进行单独阐述。

按照工业生产活动的类别划分,工业区一般分为工业原料采掘场(采石场、矿场等)、工业原料制造厂(水泥厂、钢铁厂、气厂、砖瓦厂等)、装配制造厂(汽车厂、造船厂等)、交通运输场地(码头、铁路站等)、工业储藏场所(仓库、物流园区等)、工业污染处理场所(垃圾填埋场、污水处理厂、水泥厂等)。

在当下全球工业不断寻求转型和升级的背景下,许多生产方式落后、效率低下且污染严重的工业园区逐步关停或由城市迁往郊区,造成许多工业厂房以及附属用地闲置。大型机械、大量的厂区出现,管控意识的缺乏造成大量的工业废弃物排放,污染水体和土壤,其中包含的一些有毒物质对生态系统造成不可挽回的损失。在国家的大力整治下,大批企业或关停或迁移,留下了一片废弃的工业厂区。由于未能对这些工业废弃地及时给予关注,导致土地资源浪费的同时还造成生态环境的污染,这成为城市化进程中亟待解决的矛盾点。这些

第6章　城市土地资源再利用的不同类型与相关案例分析

废弃的厂区不仅影响城市的整体风貌,同时影响附近居民的身心健康,影响区域的生态格局以及使生物多样性减少,造成了所属区域消极发展。

在国内外,当下关于城市工业废弃土地资源的再利用方式,通常是将其更新为博物馆、艺术馆、创意产业园、休闲公园等,将景观再生与工业文化遗产保护相结合,发掘场地独特的物质和精神财富,通过再利用展现关于场地的历史文脉、工业特色、生态美学等综合价值。

工业区废弃土地资源的生态修复与景观再造是一个系统性的工程,兼顾资源、环境、人文、历史和艺术等方面,是各种资源最大化利用[59]。这一系统工程具体实现措施有消除环境污染和安全隐患;恢复生态循环;重构或置换场地功能;发扬与和谐场地文化与社会文化;融合生态修复与景观设计。遵循的原则有最小干预原则,尽可能在新建与原有构筑物之间达到平衡。

城市工业区土地资源再利用要求充分尊重自然生态的演进规律,采取最小干预的原则和策略,保护和维持良好的生态关系。例如,上海世博后滩公园是城市废弃工业区再利用的典型代表(图6.6),改造中保留原临江码头,设计为水上观景台,利用场地高差营造梯田景观,日净化量达到2400立方米,满足自然灌溉和蓄水净化功效,形成水净化功能人工湿地系统。该案例充分利用旧材料节约造价,倡导低成本维护等生态理念。后滩公园展示了土地的生物生产能力,为城市工业土地资源再利用指明了低碳生态的一条具体途径。此外,美国的西雅图天然气工厂公园以及我国的中山岐江公园、秦皇岛的汤河公园等也是工业区再利用案例的典范。

图6.6　上海世博后滩公园

(图片来源:https://youimg1.c-ctrip.com/target/10031d000001elrzx183C.jpg)

在全球能源危机加剧和地球生态环境整体恶化的大背景下,我国大力推行生态文明建设,在各领域展开生态修复与再利用,其中,作为工业历史遗存的工业棕地在城市化进程中具有重要的工业和文化价值,在开发与再利用中显得尤为重要。以生态环境恢复为目标侧重的案例,通过整合城市工业区资源再利用,重构其产业和生产结构,运用生态修复与景观再造相结合作为介入手段,推动城市工业区更新为文化产业园、休闲公园、艺术园区,达到振兴区域经济并有效地改善生态环境质量,满足人们对生活环境和生态环境的使用需求。

德国杜伊斯堡公园(图 6.7)位于德国杜伊斯堡市鲁尔工业区北部,面积 230hm$^2$,原是荒废的泰森钢铁厂和梅德里希钢铁厂遗迹。在 1990 年的国际设计竞赛中由景观设计师彼得·拉茨运用"后工业景观"设计思想、手法进行改造,于 1994 年夏天正式对外开放。在设计中主要采用如下措施:第一,全面优化保护。对遗址的功能分区、道路、空间节点进行全面保护,在设计中大量保留废弃工业场地内原有的工厂附属设施(建筑物、生产设备、构筑物),使得原有空间尺度和工业景观特征得到保留和延续。第二,综合利用。赋予场所新的功能,合理设置参观游览、体育运动、集会表演等功能,在保护工业文化的同时增加现实使用价值。第三,生态治理。保留原有的植被和地貌,使用可循再生材料造景,进行污水处理、雨水收集循环利用。最终该公园的改造设计成为工业废弃土地资源再利用的经典之作,揭开了城市土地资源再利用的新篇章。

图 6.7 德国杜伊斯堡公园

(图片来源:https://mp.weixin.qq.com/s/25MYyxRpxT-pTtGrf93jUw)

## 6.2 以经济产业复兴为目标侧重的案例分析

以经济产业复兴为目标侧重的类型是通过对城市土地资源的规划和管理,并与生态修复、景观整治和产业结构调整相结合,形成助力经济发展的途径。在生态恢复与景观重塑的基础上,注入高效益的产业功能,同时获得生态与经济效益,经济效益表现为生态修复所带来的环境艺术价值,以及景观服务功能通过房地产、旅游、商业活动等相关媒介,起到提升产业价值、土地价值、创造就业岗位、提供绿地空间等间接获得经济收益的效果。城市土地资源生态修复与景观再造的效益具有全方位和交叉性的特点,不仅修复和改善了城市的环境生态系统,也优化和丰富了城市经济产业结构,实现生态系统、社会、经济发展的动态平衡。

以经济产业复兴为目标侧重的类型适宜于具有一定区位优势,处于城市中心区或城市开发区,场地特征明显,空间和可塑性较大的城市闲置空地。此种空地经济活动频繁,可利用地域优势吸引各方投资和开发商,实现多渠道的开发运行方式。

以经济产业复兴为目标侧重的城市土地资源类型有以下3个方面的特殊性:

首先,强调通过生态修复促进经济价值的实现,以生态修复的要求为出发点,根据环境恢复的技术和措施,进行生态恢复、污染控制和场地清理等。在改造过程中充分考虑土地特点、成因类型、基址条件、产业可持续性、市场需求、就业机会等因素。

其次,此类型的主要目标不仅是生态环境的更新,也是经济产业的复兴。它是城市整体更新发展的有机组成部分,受城市整体发展策略影响。在城市总体发展要求下,此类型的运行要起到构建区域产业发展框架、确定城市产业格局、推动和引导地区经济发展的作用。

再次,此类型通过生态恢复与保护、景观更新与演替、产业运营与发展,在优化城市生态环境中推动经济产业结构发展,改善城市景观形象,提高生活质量,解决居民就业等方面具有突出的表现。

以经济产业复兴为目标侧重的城市土地资源再利用案例具体代表的类型有旅游景区型、复合地产型、生态产业园型等。

### 6.2.1 旅游景区型

旅游景区是指以良好的生态资源、自然景观与丰富的人文内涵为依托,增加区域自然、生态、人文的吸引力,促进当地生态环境与社会形成可持续发展的旅游区域。有的学者认为旅游景区应该具有可持续性和学习性特点,如城市动植物园、海洋馆等景区对游客进行自然和生态知识的科普。还有的学者认为旅游景区应该强调场所的自然性和人文性。根据城市土地资源的生态环境和特色的资源,挖掘场地特有的旅游潜力,因地制宜发展旅游产业、实现经济增长,成为城市土地再利用的重要类别。

当下我国旅游风景区型的城市土地资源中,大多存在对自身发展定位不明确、规划设计不合理、生态环境破坏等问题。追求经济效益而过度开发风景区是不可取的,必须在开发利用中兼顾环境生态,杜绝破坏,才能做到景区资源可持续发展。

旅游景区规划强调在设计中关注旅游产业,旅游产业是旅游景区的核心组成部分[60]。旅游产业的发展要求良好的生态环境和丰富的物质文化资源,拥有独特的区位优势、历史文化等优势。

旅游景区应该是原始生态较好、自然和人文内涵丰富的地区,资源分布集中且价值高。在此类型的土地资源中,根据不同的土地资源特色类型进行分类,再进行生态与景观再造,营造良好的生态环境与经济效益,在资源利用的同时带动区域经济发展。在改造中加以生态恢复和环境保护,设置合理的游览设施和形式多样的休闲功能,增加标识设计、解说设计、体验设计,同时突出景观的原生性,遵循最少干预原则进行设计规划,实现闲置资源的景观化再利用,避免对生态景观造成破坏。旅游景区规划设计的原则主要从以下几个方面考虑。

**1. 生态可持续发展原则**

旅游景区中自然景观资源包括原始自然保留地、历史文化遗迹、山体、坡地、森林、湖泊几大板块,在改造再利用中优先保护自然景观资源,在保护的前提下,合理开发资源。只有这样,才能保证景观设计的可持续发展、永续利用。

**2. 尊重地域文化的原则**

旅游景区中无论是人造环境还是自然环境的开发,都必然与区域历史文化结合,园林景观设计中要充分尊重区域历史文脉的发展与传承,在设计中体现传统中长期积淀而成的空间智慧。

**3. 景观的异质性原则**

旅游景区中异质性原则是防止在设计中同质化的问题,异质性同抗干扰能力、恢复能力、文化表现力、系统稳定性和生物多样性有密切关系,景观异质性程度高是形成区域景观特色的必要条件。

**4. 景观的整体优化原则**

旅游景区中景观设计是一系列场地景观要素互相协调的有机整体,景观序列是连续而完整的,景观系统具有功能上的整体性和连续性。规划时应保证其完整性,将其作为一个整体来考虑。

在区域经济社会发展中,旅游业具有"三大动力效应"和"四大社会效应",即"直接消费力、产业发展力、城市化动力"和"价值促进效应、生态效应、品牌效应、幸福价值效应"[61]。因此以综合性旅游景区开发的城市土地资源类型对社会和经济发展都具有极大的推动作用。在城市化快速发展的今天,人们对优美的自然风景区需求愈加强烈,亲近自然、回归自然、体验自然的生态旅游蓬勃发展。

随着生态文明与国家公园城市的建设、"一带一路"倡议、特色小镇等国家政策的推进,城市的旅游风景区景观设计更加注重生态保护与文化传承,同时关注经济效益,创造了许多

图 6.11　北京保险产业园

(图片来源:http://www.cnlandscaper.com/jingguancase/show-1481.html)

## 6.3　以社会公共服务为目标侧重的案例分析

以社会公共服务为目标侧重类型是在环境修复与景观再生的基础上,打造多功能的城市公共服务空间和设施,通过改善人居环境、完善公共基础设施、优化公共空间功能,激发城市活力,提升居民的生活方式和质量,是一种促进环境与社会全面协调发展的城市土地资源的再利用类型。

以社会公共服务为目标侧重类型一般位于人口密集、地理位置优越的中心城市,特别是具有一定历史及情感价值的城市闲置土地资源更具优越性。由于社会公共服务性质,此类型案例在开发与运行方式上一般是以政府为主导,划拨、设立专项资金,推动项目的实施和进行后期的管理。以社会公共服务为目标侧重的案例有以下 3 个方面的特殊性:

首先,促进社会和谐以及城市可持续发展。以社会公共服务为目标侧重的案例不仅要恢复场地的生态与环境和谐,也要实现社会和谐与进步。城市公共空间与服务设施体现的是广大民众共享、平等、共有的社会原则,以及体现社会对人性关怀,是社会文明发展与进步的标志。

其次，满足人们日益增长的精神和生活需求。社会的发展使民众对城市公共空间范围的需求越来越大，环境和生活方式的转变也使民众对城市服务设施功能的需求越来越多，经过生态修复与景观再造后的城市闲置土地资源不仅要在生态空间上满足社会的需求，还要能够承担更加多样化的社会功能；不仅肩负环境责任，解决生态问题，还要肩负社会责任，解决社会问题，例如成为防灾避险的公共空间。以社会公共服务为目标侧重的案例只有适应广大民众需求、充分体现公众参与才能真正地融入城市格局，激发城市活力。

第三，充分挖掘场地的社会内涵和历史价值。城市土地资源是城市的印记，也是社会发展的缩影。它承载着历史与文化，包含着记忆与情感。这些特质为城市土地资源再利用中社会价值的实现提供了可能性。

### 6.3.1 城市公园型

凯文·林奇在《城市意象》中指出"城市广场公园多位于城市核心地带，通常被设计者作为城市设计的焦点。通过植被和建筑物围合，以及与周边道路联通，使得广场在城市中成为吸引和聚集人流的角色"[67]。社区公园、动植物园、森林公园、带状公园和街旁游园等也属于城市公园范畴。城市公园是城市中为市民提供公共服务的户外公共场所，包括集会、锻炼、社会交往、防灾避险、商业等，随着社会的发展，城市广场的功能在不断变化，承担着更多的社会职能。在广场景观的规划上，主要关注道路、植被、构筑物等园林景观要素构成，城市广场区别于城市公园的是有大面积的硬质铺装。

由于城市人口增长，建筑密度增大，居民的生活质量下降，人们将现在的城市称为"钢铁森林"，而城市公园则是"钢铁森林"中的绿地。城市公园属于城市发展升级的产物，公园的面貌体现了一个地区的经济文化水平。城市公园除了满足人们休闲集会的需要，对缓解空气污染、城市噪声，提高生态环境质量也有一定作用。同时，城市公园也体现了一个城市的生态文明建设成果，不仅仅是为市民提供一个休闲娱乐和社交空间。

城市公园能够为居民提供休息的场所、供人们娱乐交谈，丰富的功能形式满足城市居民的需求，顺应了城市的发展态势，在城市中起到形象宣传的作用，成为城市名片[68]。同时，城市公园强调生态景观和功能结构，是城市有机组成部分，也是城市重要的公共基础设施。

城市公园具有开放性、公共性、主题性以及区域性等特点，在设计中应当遵循以下原则：

功能人性化原则。将城市公园景观作为一个多元化的综合体，根据使用者的行为特征，充分考虑广场、街道、植被、建筑、公共艺术、公共设施之间的结合，满足不同年龄、爱好的人的户外活动需求，创造一个功能合理的公园。

个性化原则。个性化是实现地域文化与环境的统一，通过广场的空间、布局、构成等设计凸显地域文化特色，区别于其他城市广场的内外特征。

可持续原则。可持续发展是应对城市生态环境持续恶化的策略，倡导低碳发展、循环发展，在设计中减少碳排放。坚持绿色、共生、可持续相融合，展现地域特色，融入城市肌理，创造宜居生态的空间环境[69]。

以社会公共服务为目标侧重的城市公园,通过对城市中心土地资源的改造,改善城市风貌,提升居住空间质量,解决城市公共服务场地缺乏问题,是城市土地资源再利用的重要类型,发挥着重要的社会效益。例如,美国的布莱恩特公园(Bryant Park)过去是一个没有吸引力的公共集会空间,不合理的平面空间规划使得阶梯、墙壁以及植物杂乱无章,成为城市中心的闲置用地。在 20 世纪 70 年代,因为社会治安的缺失,此处甚至成为犯罪分子的聚集场所,造成很大的社会安全隐患。现在,Bryant Park 已经成为全世界城市修复利用项目中最受人瞩目的公园之一(图 6.12)。公园设计通过合理布局,规划适度的出入口、道路,增加空间的开放性、可达性,置换陈旧的基础设施、破败的植物,增强公园的安全性,同时该公园鼓励市民参与维护建设,已经成为最受人欢迎的城市公共空间。

图 6.12　美国布莱恩特公园

(图片来源:https://www.yuanlin8.com/landscape/7441_1.html)

此类型的典型案例还有由湖北省住房和城乡建设厅评选的 20 个"湖北省最美城市公园"之一的王家墩公园(图 6.13)。该公园位于武汉中央商务区云飞路附近,占地面积约 12 万 m³,是由原王家墩机场搬迁后的旧址改造而成的综合性山体公园,经过景观重构和功能优化,实现城市土地资源的可持续利用。该公园设有完善的全民健身娱乐设施,有儿童专属空间和中老年人健身空间,吸引了各个年龄段的市民到此休憩、锻炼。同时,公园开展有自然研学课堂,向市民普及生态环保理念,充分发挥了社会公共服务功能。

 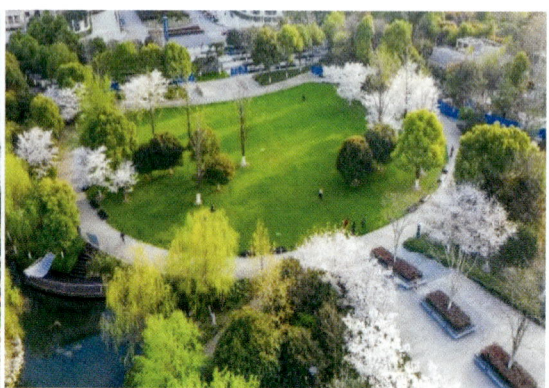

图 6.13　武汉王家墩公园

(图片来源:https://mp.weixin.qq.com/s/rVnNWMIYHeF6qoQM6z-xug)

## 6.3.2　广场绿地型

"绿地"作为城市规划专门术语,在国家现行标准《城市用地分类与规划建设用地标准》(GB 50137—2011)中指城市建设用地的一个类别。城市绿地系统由 6 类绿地组成,包括公共绿地(各种公园、游憩林荫带)、居住区绿地、交通绿地、附属绿地、生产防护绿地、风景区绿地,此外,还包括城市水面、道路广场以及其他性质用地中的绿地。城市绿地同时具有生态功能、社会功能、景观功能和经济效益,从社会公共服务的角度出发进行论述,城市绿地通常是城市居民社会生活的中心,是城市不可或缺的重要组成部分。其次,被誉为"城市客厅"的城市广场上可进行集会、交通集散、居民游览休息、商业服务及文化宣传等,包括文化性广场、纪念性广场、游乐型广场、商业街广场等类别。

随着城市土地资源的利用由增量时代转入存量时代,在城市土地资源稀缺的同时,城市人口密度持续增加,城市绿地率降低,绿地被城市道路、建筑分割成为无数小地块,未得到有效利用,导致城市生态环境质量下降,市民生活满意度降低。现存问题主要是过去城市建设的功利性发展导致很多规划设计不配套的问题,例如从城市宏观角度上看,各区域绿地空间分布不均,整体不足,可达性较低,辐射范围有限,景观规划同质化,植被单一,美观度不足。其次,城市绿地广场景观作为城市建设的重要内容,随着我国城市化的发展得到广泛关注,目前许多广场在景观设计上存在一定的规划设计欠缺,如过度追求宏伟壮观,造成场地尺度过大和土地资源的浪费,失去公共空间特有的亲切感,给人无形的压迫感。再次,城市绿地与广场景观不具备开放性,变成与环境隔离的空间。在园林景观设计上,缺乏地域文化特色,过于注重形式,千篇一律的景观元素雷同。无论是城市绿地还是广场,相较于过去的老旧城市空间,现阶段的城市绿地与广场空间建设在相关城市规划标准出台后,更加科学规范,表现为绿化率提高,满足人们亲近自然、休闲娱乐的需求,功能形式也逐渐多样化等。

以人为本原则。古希腊哲学家普罗泰戈拉曾说"人是一切的标准",《说苑·杂言》也论述"天地万物,唯人为贵",都强调人的价值。文化起源于人,服务于人,在文化空间的规划中,需要同时满足人们的使用需求和精神需求。以人为本需要在设计中针对不同使用对象进行差异化设计,符合人体工程学原理,同时从细节上出发关注导视系统、安全提示、残障人士通道等内容。

可持续设计原则。文化空间设计中的可持续原则包括景观可持续原则和文化可持续原则,在景观中尊重场地的生态环境,减少碳排放和资源浪费,减少景观维护成本,使用节能环保材料,实现景观可持续。在文化可持续中尊重场所文化精神,注重优秀文化传承,在空间内各个场景创新文化,将文化通过空间的整体风格和特征再现。

以文化保护传承为目标侧重的文化空间再利用案例有武汉良友红坊文化艺术社区(图 6.16),该项目位于湖北省武汉市江岸区,前身是 20 世纪 60 年代废弃的工业厂房。改造前场地杂草丛生、设施老化,建筑物存在安全隐患,是一块城市棕地。2018 年经过上海红坊集团改造后,此地成为文化创意企业的办公园区,改造后的园区景观及核心建筑实现文化再造。该空间的改造严格保护场所记忆,保留了 20 世纪 80 年代典型的红砖厂房、坡屋顶红瓦屋面、内部松木桁架、混凝土亭子、水塔、烟囱、白鳍豚雕塑等历史文化元素,延续了厂区文脉,实现文化传承的同时也通过保留场地记忆,增进人们的亲切感和认同感。此外,徐汇滨江岸线的"水岸汇"、金桥碧云美术馆、"梧桐院·邻里汇"等项目都是新型公共文化空间改造的典型案例,呈现出多元应用的格局,功能更加全面,主题特色鲜明,聚焦与凸显城市文化内涵,同时以文化空间为媒介提升人们的生活品质。

图 6.16 武汉良友红坊文化艺术社区

(图片来源:https://mp.weixin.qq.com/s/QY5sJxGcINWUUkNImHODJA)

## 6.5 本章小结

综上,根据城市土地资源再利用的目标侧重和适宜性,将常见的城市土地资源再利用案例分类如下:以生态环境恢复为目标侧重的城市湿地型、矿山型、工业区型等;以经济产业复兴为目标侧重的旅游景区型、复合地产型、生态产业园型等;以社会公共服务为目标侧重的城市公园型、广场绿地型;以文化保护传承为目标侧重的城市街区型、文化空间型等。

通过归纳分析城市土地资源再利用中与生态修复与景观设计相关的典型案例,为本研究所构建的城市土地资源再利用中生态修复与景观设计的耦合模式提供背景依据及经验总结。

由于城市土地资源再利用具有综合性、交叉性的特点,各类别之间存在效益的重叠,是相互包含、相辅相成的关系。

除了以上研究的主要类型和相关案例外,城市中还有许多零碎化、规模小的土地资源再利用类型,如口袋公园、社区庭院、零散景观、仓储用地等。

# 第7章 武汉市江夏灵山矿区土地再利用实践项目

为加强本研究理论对实践的指导作用,并验证研究理论的可行性与效果,本研究团队在研究期内(2019—2021年)实施开展了江夏灵山矿区土地再利用实践项目,配合武汉市江夏区对灵山矿区实施全面生态环境治理,复垦工矿废弃地,整合区域资源实行产业转型,打造江夏"吉祥谷"特色养老小镇。

武汉市江夏灵山矿区位于江夏区中部155°方向10km处,涉及纸坊街和乌龙泉街两个街道。武汉市江夏区地处华中腹地,东与鄂州、大冶毗邻,南与咸宁交界,西与武汉经济开发区隔江相望,东与东湖新技术开发区接壤。按照城市规划基本术语标准中"城市"范围,灵山矿区土地再利用项目属于典型的城市土地再利用实践项目。

江夏灵山矿区土地再利用实践项目是本研究团队对城市土地资源再利用中生态修复与景观设计耦合模式的实践性应用,取得了良好的效益与评价,由此也进一步验证了本研究所构建模式的科学性和可行性。

## 7.1 项目概况

### 7.1.1 矿区土地再利用总体规划

江夏灵山矿区位于湖北省武汉市江夏区纸坊街和乌龙泉街的交界处,用地面积约为1.43km²,合计约2 139.75亩(1亩≈666.7m²)。目前,灵山已采矿面积约为0.84km²,合计约1 268.05亩。原有山地面积约为468亩。

灵山矿区实施全面的生态环境治理,将工矿废弃地复垦为基本农田、耕地、部分建设用地等,依托江夏区的区域优势,配合武汉市未来养老产业需求,整合灵山区域现有的自然、人文资源,建设国内有影响力的养老产业品牌,成为"颐养康复 养生养老"的特色养老小镇。将灵山矿区全面建设为江夏"吉祥谷",打造吉祥养生风情园。

灵山矿区属工矿废弃土地,现状卫星影像如图7.1所示,矿区平面如图7.2所示。

图 7.1　武汉市江夏区灵山矿区现状卫星影像图

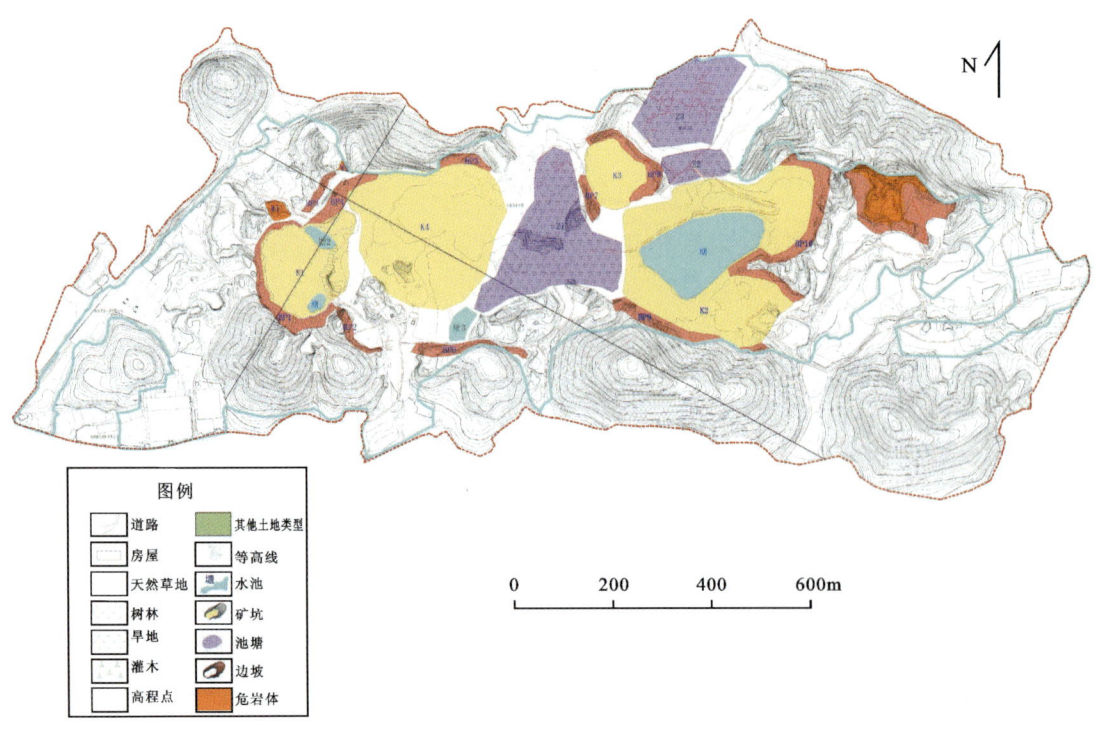

图 7.2　武汉市江夏区灵山矿区平面图

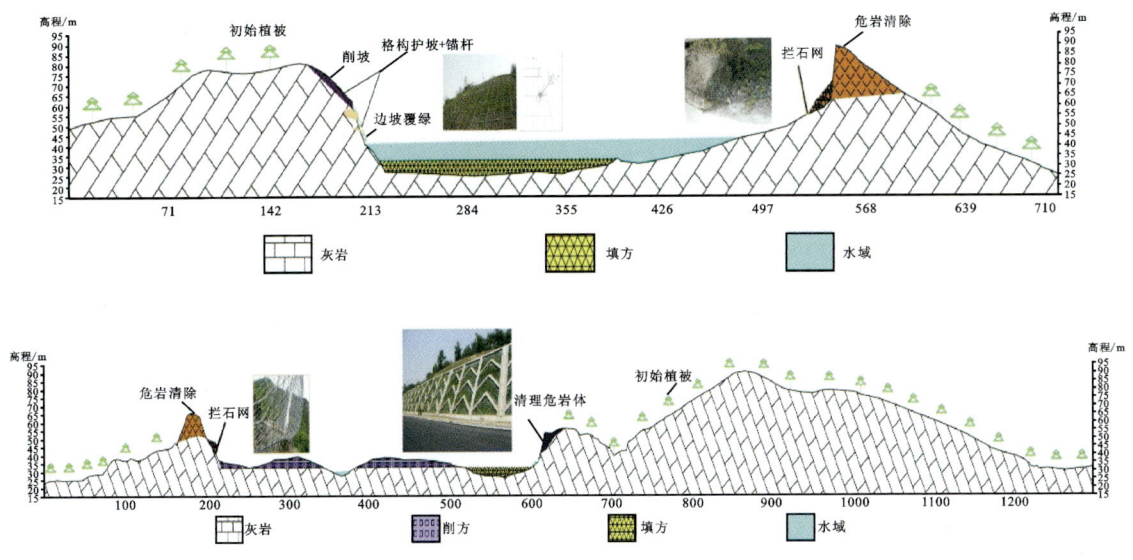

图 7.6　武汉市江夏区灵山矿山治理典型剖面图

进医养结合,加快老龄事业和产业发展。"中国已经进入人口老龄化快速发展的时期,中国老年消费市场潜力巨大,老龄产业市场规模将持续增大。截至 2018 年底,60 岁以上的老年人口已经突破了 2.3 亿人,占总人口的比重已经达到 16.7%。根据预测,到 2050 年,我国老龄人口将达到总人口的 34%。老龄人口带来老年消费总量巨大,老龄消费占国内生产总值的比重也将达到 14.64%,到 2050 年将达到 28.97%。

江夏吉祥谷养老小镇(养生风情园)是集矿山修复、生态恢复、休闲养生和颐养康复为一体的现代养老产业,是江夏"吉祥谷"的最佳产业形态,打造利用矿山治理、生态修复、土地综合利用的示范区,可为江夏区的经济、社会的持续发展提供坚实保障,为江夏区的养老、养生等民生工程提供新的平台。

### 7.1.3.2　规划设计的范围

"吉祥谷"养老小镇规划范围如图 7.7 所示。

### 7.1.3.3　规划设计的内容

**1. 总体目标**

此项目围绕武汉市江夏区委区政府提出的"生态立区,工业兴区,创新强区"三区战略,通过对灵山矿区地质环境治理和生态修复,依托山、水、林、地景观的营造,建设集健康、服

图 7.7 "吉祥谷"养老小镇规划范围图

务、休闲度假、居住旅居养老为一体的武汉南生态休闲养老核心区——江夏"吉祥谷"。通过灵山矿区治理,生态环境修复,服务武汉市,带动周边产业发展(图 7.8、图 7.9)。

图 7.8 江夏"吉祥谷"鸟瞰图

图 7.9 江夏"吉祥谷"养老风情园入口

**2. 规划后土地属性**

灵山矿区规划后土地属性如图 7.10、图 7.11 所示。

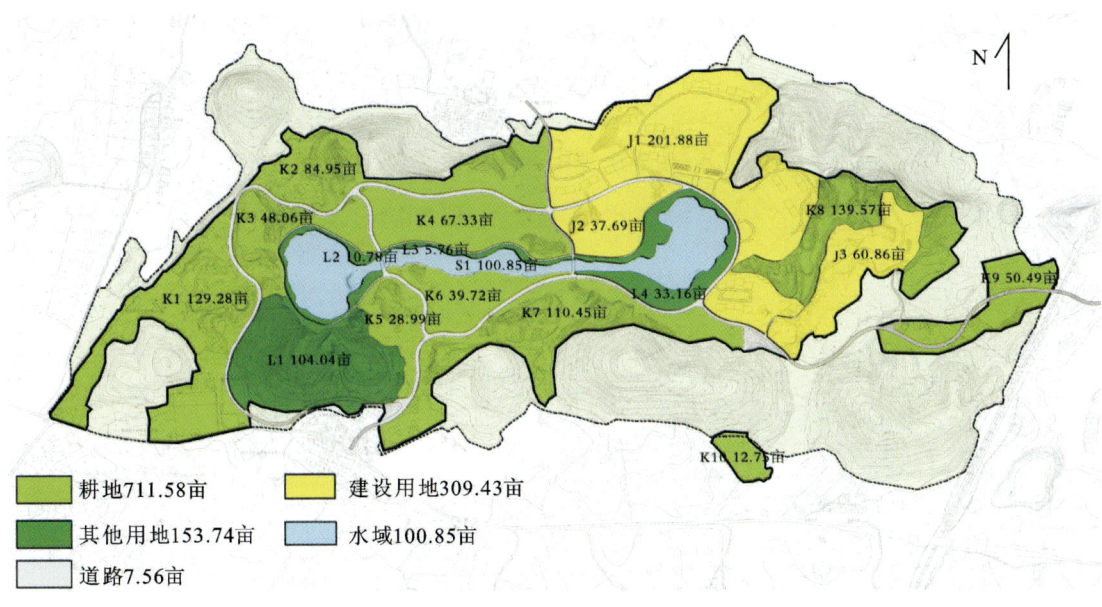

图 7.10 武汉市江夏区灵山矿山规划后土地属性(一)

| 序号 | 地块 | 面积/m² | 面积/亩 |
|---|---|---|---|
| 1 | 灵山区域面积 | 1 390 772.00 | 2085.12 |
| 2 | 工矿用地 | 845 791.00 | 1268.05 |
| 耕地 | | | |
| 1 | K1 | 86 232.00 | 129.28 |
| 2 | K2 | 56 661.00 | 84.95 |
| 3 | K3 | 32 057.00 | 48.06 |
| 4 | K4 | 44 906.00 | 67.33 |
| 5 | K5 | 19 338.00 | 28.99 |
| 6 | K6 | 26 492.00 | 39.72 |
| 7 | K7 | 73 667.00 | 110.45 |
| 8 | K8 | 93 094.00 | 139.57 |
| 9 | K9 | 33 675.00 | 50.49 |
| 10 | K10 | 8 504.00 | 12.75 |
| 11 | 合计 | 474 626.00 | 711.58 |

| 序号 | 地块 | 面积/m² | 面积/亩 |
|---|---|---|---|
| 建设用地 | | | |
| 1 | J1 | 140 657.00 | 210.88 |
| 2 | J2 | 25 141.00 | 37.69 |
| 3 | J3 | 40 595.00 | 60.86 |
| 4 | 合计 | 206 393.00 | 309.43 |
| 水域 | | | |
| 1 | S1 | 67 270.00 | 100.85 |
| 其他用地 | | | |
| 1 | L1 | 69 394.00 | 104.04 |
| 2 | L2 | 7 191.00 | 10.78 |
| 3 | L3 | 3 842.00 | 5.76 |
| 4 | L4 | 22 117.00 | 33.16 |
| 5 | 合计 | 102 544.00 | 153.74 |
| 道路 | | | |
| 1 | | 5042.00 | 7.56 |

图7.11 武汉市江夏区灵山矿山规划后土地属性(二)

### 3. 规划设计理念

"颐养康复,养生养老。"特色养老小镇是指以健康为小镇开发的出发点和归宿点,以健康产业为核心,将健康、养生、养老、休闲、旅游等多元化功能融为一体,形成的生态环境较好的特色小镇。

目前养老小镇规划用地面积约3.5km²,其中国家养老中心一期约1.6km²,中心镇区约0.4km²,国家养老中心二期约1.5km²,以"养老养生＋康体医护＋休闲度假"为核心内容。

小镇设有老年大学及传统文化聚集、体验、博览、创意和交易基地,为老年人提供高品种文化休闲体验场所,充实老年人精神上的需要,并且成立老年协会,组织老年人文娱、旅游和各种比赛活动,建设基地生态农田,满足老年人耕种劳作的乐趣需求。老年人住的房屋设计分为双拼养老公寓、单身养老公寓、酒店式养老公寓、多层养老公寓、叠排养老公寓等,满足不同老年人的需求。养老小镇给老年人带来便利和舒适,产业化和青山绿水资源嫁接在一起的发展模式给当地发展带来转型升级。

### 4. 功能定位与分区

灵山矿区产业规划功能定位为集矿山修复、生态恢复、休闲养生和颐养康复为一体的现代养老产业,是江夏"吉祥谷"的最佳产业形态,打造利用矿山治理、生态修复、土地综合利用的示范区。

依托灵山山林景观、如意湖、灵山洞景观、生态种植等建设开发养生观赏、休闲体验、旅居式养老基地,颐养身心、健康休闲、居住式养老基地,医疗保健、康护式养老基地。

江夏"吉祥谷"功能分区如图 7.12 所示。

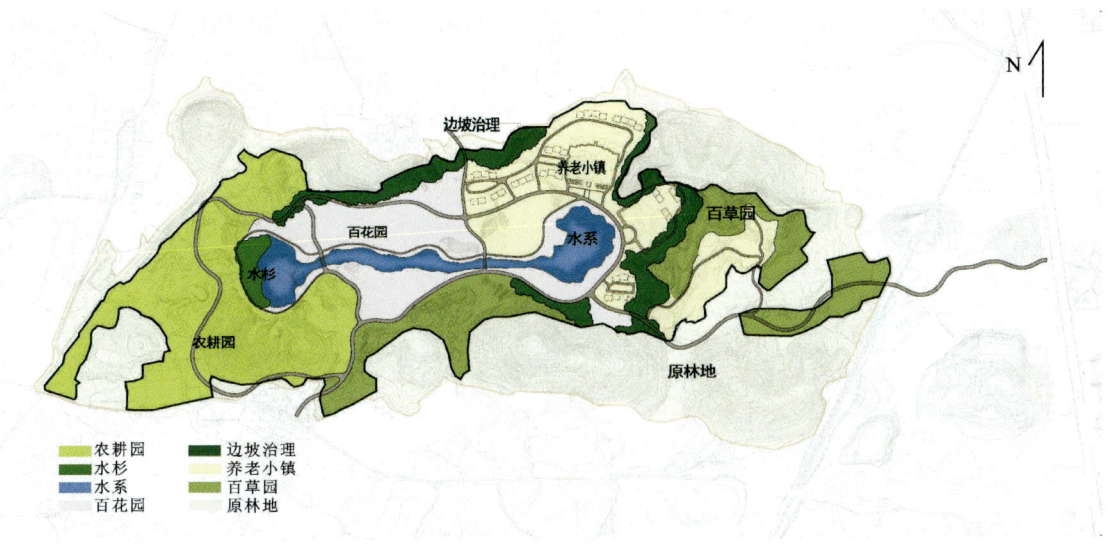

图 7.12　江夏"吉祥谷"功能分区图

江夏"吉祥谷"功能布置如图 7.13 所示。

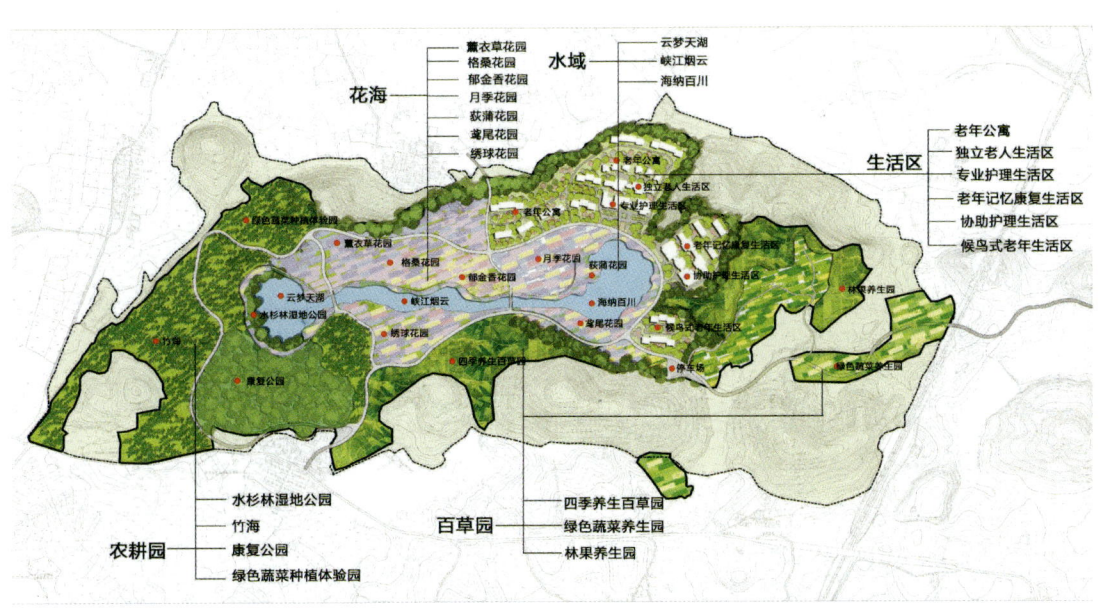

图 7.13　江夏"吉祥谷"功能布置图

**5. 规划设计核心与重点**

养老小镇重点打造三园,分别是百花园、百草园、农耕园。

百花园:以主题花卉为组团,四季有花,繁花似锦,营造有益于颐养康复、休闲运动(图 7.14)。

图 7.14　百花园一角效果

百草园:神农尝百草,开中华养生文明之先河。选择培育与颐养康复、中医养生、中医辅导养老的若干中草药品种。贯彻颐养结合理念,尤其利用中医与中草药结合的先天优势,走一条中医中草药辅助养老的崭新模式(图 7.15)。

图 7.15　百草园一角效果

农耕园:颐养康复,医护养老需要老年人的参与。以农耕为主题,让老年人参加食物和蔬菜种植的全过程,全身心投入生态农业。一来让老人通过农耕的劳作获得身心锻炼的体会,二来可以分享劳作的果实。农耕园可以提供有机生态食物和蔬菜。种植大面积的竹林,形成竹海,可呈现"采菊东篱下,悠然见南山"的农耕文化意境(图7.16)。

图7.16　农耕园一角效果

## 7.2　项目运行机制

### 7.2.1　运行目标

江夏灵山矿区土地再利用实践项目实施全面的生态环境治理,将工矿废弃地复垦为基本农田、耕地、部分建设用地等,整合灵山区域现有的自然、人文资源,依托武汉市江夏区的区域优势,产业实行有效的整体转型,配合武汉市未来养老产业需求,建设国内有影响力的养老产业品牌,成为"颐养康复,养生养老"的特色养老小镇。将灵山矿区全面建设为江夏"吉祥谷",打造吉祥养生风情园。

### 7.2.2　运行原则

江夏灵山矿区土地再利用实践项目实施的具体原则与方针如下:
坚持创新发展理念,破除矿山地质环境恢复和综合治理的投入、政策、科研等机制障碍。

创新尾矿残留矿再开发、矿山废弃地复垦利用、集体土地流转利用等政策，引导社会资金、资源、资产要素投入，积极探索利用PPP模式、第三方治理方式，充分调动各方面积极性，加快治理。简化管理程序，推进矿山地质环境恢复治理方案和土地复垦方案编制与审查制度改革。鼓励矿山企业与相关机构开展治理恢复技术科技创新。

坚持开放发展理念，将矿山地质环境恢复和综合治理与相关产业发展融合推进。鼓励引进国外矿山地质环境恢复和综合治理的新技术和新模式，积极开展国际合作。拓展绿色矿山建设模式，鼓励矿山企业参与矿山地质公园建设、经营和管理。探索矿山地质环境恢复和综合治理与地产开发、旅游、养老疗养、养殖、种植等产业的融合发展。

### 7.2.3　运行策略

江夏灵山矿区土地再利用实践项目实施围绕江夏区委、区政府提出的"生态立区，工业兴区，创新强区"三区战略，进行"全面规划、综合防治、因地制宜、分工合作、加强管理"，通过对灵山矿区地质环境治理和生态修复，建设绿色生态景观和养老休闲园区。依托灵山矿区规划江夏"吉祥谷"，在该区域打造吉祥养生风情园。

### 7.2.4　运行程序

江夏灵山矿区土地再利用实践项目运行的前期程序如下：根据"五部委文件"《关于加强矿山地质环境恢复和综合治理的指导意见》，江夏区政府向武汉市自然资源和规划局提出关于江夏区灵山工矿废弃地治理利用试点和新增耕地指标的请示，对灵山项目的现状、方向、潜力和指标等情况进行明确，由武汉市自然资源和规划局审核批准后，报省自然资源厅备案，出报告意见。湖北省自然资源厅批复后，由江夏区编制灵山工矿废弃地试点的专项规划，报武汉市自然资源和规划局审批后，再报自然资源厅，由自然资源厅组织专家评审。评审通过后，由江夏区立项，编制灵山试点项目的实施方案，报武汉市自然资源和规划局审批后，可组织施工。

江夏灵山矿区土地再利用项目运行的具体程序包括现场调查、地质环境现状分析、影响性评价、分期治理（严重区、较严重区、一般区）、整治土地、创造效益等（图7.17）。

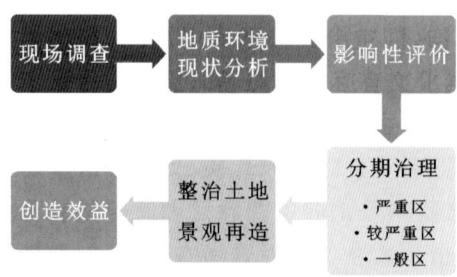

图7.17　灵山矿区土地再利用项目运行的具体程序

## 7.3 综合技术手段应用

依据矿区现状条件、矿区地质环境问题、景观建设目标,将各种生态修复技术与景观设计手段相结合,充分体现了城市土地资源再利用中生态修复与景观设计耦合模式综合技术手段体系的应用,以下分别从矿区土地复垦设计、矿区水域修复设计、矿区复绿设计、矿区道路设计、"吉祥谷"景观打造几个方面进行介绍。

### 7.3.1 矿区土地复垦

#### 7.3.1.1 耕地土地复垦设计

**1. 设计原则**

根据现状地形地势条件以及复垦适宜性分析,将复垦土地划分为平整地、坡耕地和梯田3种类型。

条田方向:主要采用南北向布置,以保证长边受光照时间最长,受光热量最大。

条田形状:应有利于机械作业的正常进行,尽量减少漏耕与重耕。条田的形状要力求规整,形状选择以长方形为宜。

条田规格:宽为 2~125m,长为 25~350m。

平整度:田面纵坡方向应与水流方向一致,根据土壤通透性和畦长,平整地及梯田阶地田块纵坡坡度以 1/1000~1/2000 为宜;坡耕地田块纵坡坡度不陡于 1/10。

**2. 设计范围**

设计耕地复垦区面积 203 569.07m²,根据各工程区现状的田面高程,为节约工程投资,减少土方挖填工程量,拟将土地复垦工程区划分为 60 个分片工程区进行设计,分别是1~60号耕地地块,如图 7.18 所示。

**3. 主要设计内容**

田块垫高设计:现状地形高低起伏较大,工程设计需对现状地形低洼地(如 11 号、12 号和 13 号地块等)进行垫高至耕作层回填高程后,方可进行表层的耕作层回填。

土地平整设计:在满足灌排及农作物耕种的要求的基础上,依据自然地形、地势,合理设计高程,尽量使挖填土方量最小,合理调配土方,做到挖填平衡,同时要与水土保持及土壤改良相结合。

#### 7.3.1.2 林地土地复垦设计

项目区的部分区域现有灌木及乔木林,大部分区域初具林地规模,但部分区域现有林地

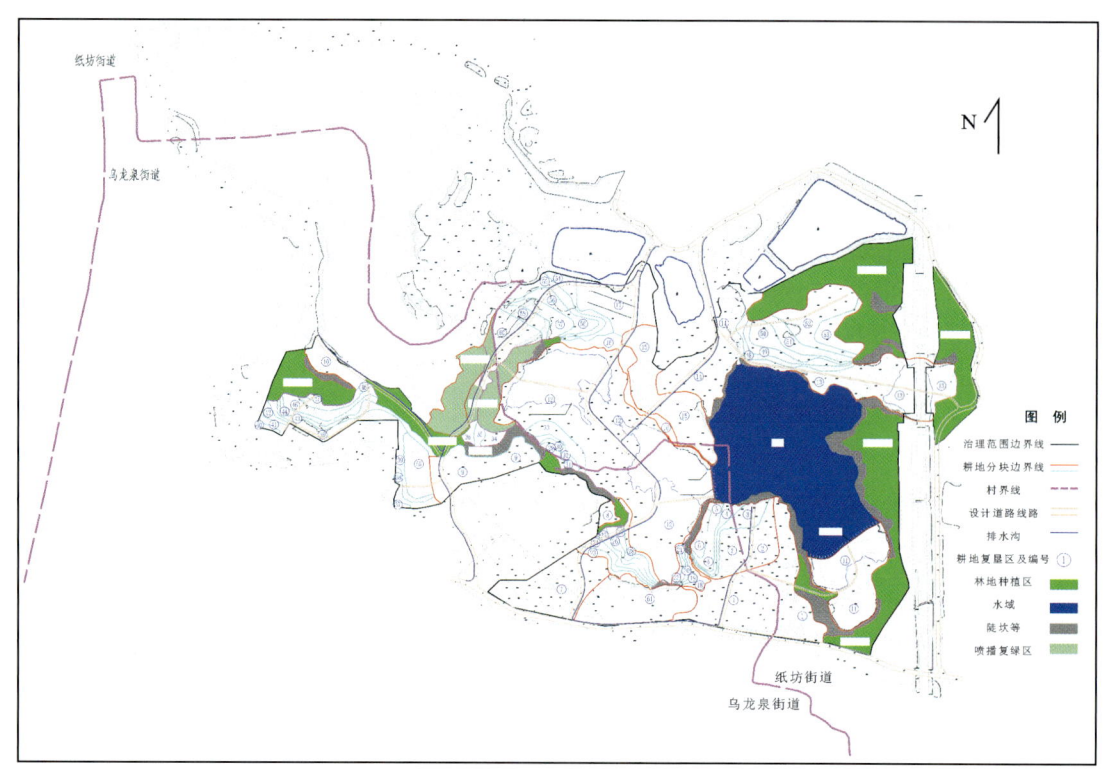

图 7.18 耕地土地复垦区布置图

存在树苗较小、分布杂乱的现象,此部分区域可适当清除现有植被,种植果树,形成小规模的采摘园。经过调查,拟对 60 亩左右林地进行提升,需清除地表物并回填耕作土,经计算,清表量为 12 006m$^3$,回填耕作土量为 32 016m$^3$。

### 7.3.2 矿区水域修复

对原矿坑水域局部采取回填垫高的方式进行改造,保留一部分水面作为灌溉水源和后期水体景观用,包括岸坡治理设计、岸坡治理细部结构(石砌驳岸设计)、排水涵闸设计。

岸坡治理设计:岸坡断面形式主要是在岸坡水上设计平台,水下坡按 1:4 坡率设计,缓于 1:4 坡率的坡则按自然坡处理;水上坡同样按照 1:4 坡率设计,与设计田块高程衔接(图 7.19)。

石砌驳岸设计:石砌驳岸采用粒径不小于 40cm 的大块石砌筑,每层砌石厚度不小于 60cm,石块间缝隙采用强度等级为 M7.5 的砂浆填缝。

为保证石砌驳岸稳定,驳岸基础设计开挖成台阶状,共设 6 级,每级水平宽 50cm,级高 12.5cm,底部现浇 10cm 厚 C15 细石混凝土作为驳岸基础,每隔 5m 设置一道伸缩缝,缝宽 2cm,采用沥青杉板嵌缝,成型后的石砌驳岸应埋入岸坡内不小于 0.3m(图 7.20)。

排水涵闸设计:由于矿坑为整个治理区最低位置,场区内降雨形成的地表径流及地下水将直接排入矿坑内,为调节矿坑的正常蓄水位,拟定在矿坑周边设置排水系统。设计两套方

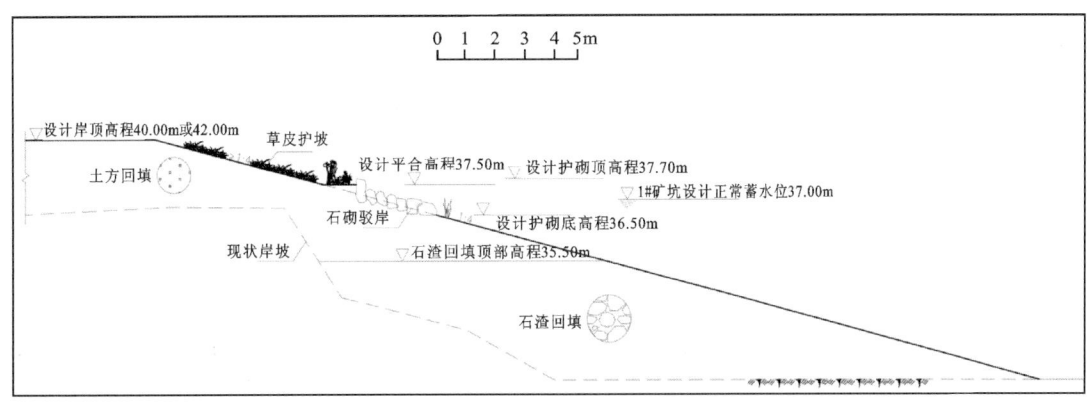

图 7.19　岸坡典型断面图

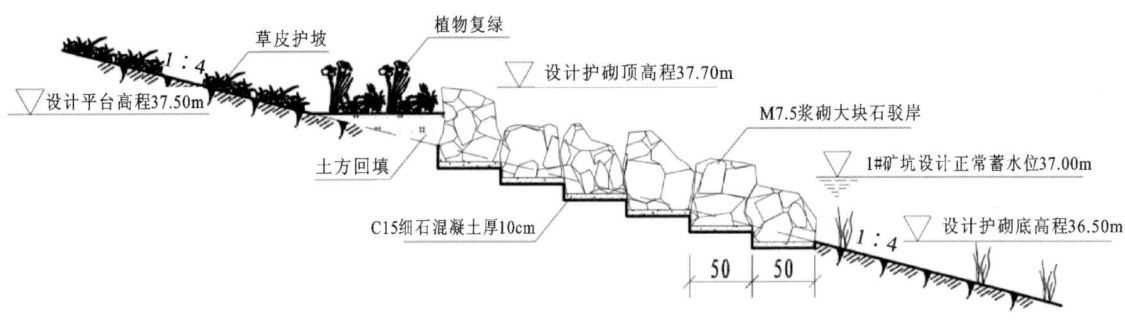

图 7.20　石砌驳岸大样图

案进行对比，一是新建排水水泵方案，该方案在矿坑北面新建一座排水水泵对矿坑内水位进行调控；二是新建排水涵闸方案，该方案拟定在矿坑北面新建一座排水涵闸对矿坑内水位进行调控。

### 7.3.3　矿区复绿

矿区复绿主要包括道路、采摘林、水域植被及林地绿化等。

**1. 设计理念**

复绿设计以"适地适树，因树制宜，因地制宜"为基本原则，以乡土树种为主、外来树种为辅，同时考虑项目区地域文化及特色。

项目区复绿设计以尽量减少破坏当前现有具有一定规模的植被为基本前提，采用乔灌草结合的方式，进行多层次的配置，注重植物色彩和季相的变化。但项目区以打造农耕文化为主题，因此绿化植被花卉品种要合理搭配，达到有花但不处处繁花的效果。

植物设计力求构成自然的生态景观群落，复绿树种搭配多样，空间变化丰富，能够较好地展现自然之美,体现人与自然的和谐关系,富有野趣。复绿种植上突出"草铺底,乔遮阴,花藤灌木巧点缀"的复绿特点,尽量使其发挥最佳生态效益。树木的种植也随场地的功能和特点而定,采用孤植、列植、群落组合等多种种植方式。

树种选择上,充分考虑植物的生物学特性,做到适地适树,即根据气候、土壤、水分等自然条件来选择能够健壮生长的树种,以保证近期长势及远期景观效果。在空间布局上体现点、线、面相结合,注意再生空间的绿化。

根据项目区的气候特点,形成以下层次结构:

上层大乔木。以常绿树种为主,兼顾落叶树种的原则,形成上层界面空间。

中层乔灌木。以落叶阔叶树为主,同时结合观花、叶树种,形成主要植物景观感受界面空间。

下层低矮花灌木、地被及缀化草地。使治理区形成丰富的季相变化,同时充分发挥环境的生态功能。

在植物群落的空间整合形态上,注重人在不同空间场所中的心理体验。从幽静密林、林中空地、疏林草地到开阔草坪,形成疏密、明暗、动静的空间变化,丰富游人体验。

**2. 植被选择**

在道路绿化上,植被选择主要考虑以下几个方面:在交替变换的环境中和瘠薄的土壤上,可健壮生长;不需要修剪、喷雾和采摘叶片等周年管理;叶子能在高强度反射的阳光下不变褐或不枯焦;灰尘、烟雾、有毒气体、含盐污水、汽油等对它影响很小或无影响;由各种机械设备引起的破坏能迅速恢复;能抵抗冰暴和暴风引起的损害;干挺枝秀,景观持久;树种移植后能迅速恢复,根系生长不会抬高道路高程。经过比选,行道树树种以银杏、栾树、垂柳、樟树、广玉兰为主,合理间植桂花。在4m道路两边分别设置复绿带,上述树种分区域种植,形成道路多景的特点,部分区域树下种植铺地柏、大叶黄杨等灌木。

对于采摘林,根据现场踏勘,现有林地局部区域存在树苗较小、分布杂乱的现象,此部分区域可适当清除现有植被,种植猕猴桃、桑葚等有果林木,形成小规模的采摘园,增加乡野乐趣。

对于水域绿化,项目区现有大面积水域,经过利用改造后,保留部分水面作为灌溉水源地,不对水体进行大面积的种植,仅充分利用水体灵动的特点,在岸边种植垂柳,水面局部点缀挺水植被、浮叶植物及沉水植物,挺水植被选择芦苇,浮叶植物以睡莲为主,沉水植物选择穗状狐尾藻。

对于林地提升,现有林地大部分具有一定规模,长势良好,但树种较为单一。为尽量减少对现有植被的破坏,保留大部分现有林地植被,仅在合适的地形条件下,栽植黑松、白蜡树种,提升林地绿化观赏性,可采用孤植的方式种植。

### 7.3.4 道路修复设计

目前,灵山矿区涉及纸坊街林港村和乌龙泉街灵山村两个行政村,矿区东部距武广高铁和天子山大道分别约0.1km和1km,北部距沪渝高速约6km,西部距武咸城铁约0.5km。另外,在矿区西部有县道X001与国道G107相连,北部和南部分别有乡道五小路和乌勤路

图 7.28　百草园景观节点

图 7.29　农耕园·康复园景观节点（一）

图 7.30　农耕园·康复园景观节点（二）

## 7.4 项目效益评价

### 7.4.1 生态效益评价

长期矿山开采形成的工矿废弃地具有诸多生态环境负效应,如地表景观破坏,诱发坍塌、滑坡地质灾害,地下水系结构破坏,造成土地压占、挖损及土壤退化、板结,加剧水土流失等。通过复垦治理,恢复原有地貌景观,加大地表植被覆盖,并对原高低不平的地表区域进行规整,可有效防止矿山水土流失、坍塌滑坡等地质灾害,改善复垦区及周边区域空气、水环境,使其与周边土地利用及景观植被相协调,促进土地资源的可持续利用。

(1)有利于改善生态环境,优化人地关系与土地利用结构。通过复垦和地质环境治理,改善项目区生态环境以及居民生活环境,实现生态系统良性循环与生态立体农业的发展,优化人地关系与土地利用结构。通过改良土壤、恢复植被,涵养水源、保持水土,可促进项目区生态系统良性发展。

(2)有利于恢复地力与土地生产力。通过生态环境的恢复与建设,占有和破坏的土地得到恢复,最终恢复了土地的生产力。通过复垦可以有效增加土地植被覆盖面积,防止旱涝灾害和风害影响,减少水分蒸发和水土流失,蓄水保肥,土壤结构得到改良,耕地质量得到提高。复垦后,项目区内将形成"田成方、林成网、路相通、渠相连、土肥沃、灌排自如"的人工与自然复合生态系统,形成新的人工和自然景观,从而实现项目区生态环境的改善与人地关系的优化,并最终实现生态效益目标。

(3)治理恢复工矿废弃地的生态环境,消除矿山地质灾害隐患。通过对矿山地质环境的治理可减少地质环境问题带来的二次破坏和二次污染,逐步解决矿产资源开采的历史欠账,将工矿废弃地改造成"田成方、林成网、渠相通、路相连"错落有致的新农田景观,栽种的防护林网能起到防风、固土、蓄水的效果,并能绿化、净化和美化环境,使区域生态环境系统呈现良性循环,从而改善生态环境和农田小气候以及防止水土流失。

### 7.4.2 经济效益评价

(1)新增农用地经济效益。项目区属纸坊街和乌龙泉街的建设用地,本次治理范围有 35.94 $hm^2$ 工矿废弃地通过工程措施、生态措施,转化为耕地、林地、水域及水设施用地等农用地,其中恢复增加耕地 20.36$hm^2$、林地 6.53$hm^2$。耕地主要种植油菜、红薯、小麦等农作物;林地主要种植刺槐。结合当前物价水平,扣除肥料、种子、农药等开支后,耕地年纯收益按 2000 元/亩考虑,林地年纯收益按 1000 元/亩计算,其余面积按年纯收益 3000 元/亩考虑,项目区合计年纯收益 111.6 万元。

(2)优化建设用地布局效益。项目区内复垦后用地类型均转化为农用地,复垦区的建设

[18] 彭少麟. 退化生态系统恢复与恢复生态学 [J]. 中国基础科学, 2001(3): 19-24.

[19] 王如松, 周启星, 胡聃. 城市生态调控方法 [M]. 北京: 气象出版社, 2000.

[20] 李锋, 马远. 城市生态系统修复研究进展 [J]. 生态学报, 2021, 41(23): 9144-9153.

[21] 张竹村. 城市生态修复效果评价指标体系构建研究 [J]. 中国园林, 2019, 35(11): 5.

[22] 郭晋平, 张芸香. 城市景观及城市景观生态研究的重点 [J]. 中国园林, 2004(02): 49-51.

[23] 罗雯, 曹福祥. 城市景观格局研究综述 [J]. 现代园艺, 2022(14): 22.

[24] 周向频. 欧洲现代景观规划设计的发展历程与当代特征 [J]. 城市规划汇刊, 2003(04): 49-55+96.

[25] 刘百川. 国内外棕地治理与开发研究进展综述: 基于 CiteSpace 的可视化分析 [J]. 四川建筑, 2021, 41(06): 49-51+55.

[26] 周文华, 王如松. 城市生态系统健康研究进展 [C]// 蒋正华, 李蒙. 生态健康与科学发展观: 首届中国生态健康论坛论文集. 北京: 气象出版社, 2005: 261-270.

[27] 俞孔坚, 石春, 林里. 天津桥园: 生态系统服务导向的城市废弃地修复 [J]. 北京规划建设, 2011(05): 56-58.

[28] 传承历史文脉是可持续发展的重要基底 [N]. 北京日报, 2014-05-05.

[29] 王敏. 城市风貌协同优化理论与规划方法研究 [D]. 武汉: 华中科技大学, 2012.

[30] 蔡晓丰. 城市风貌解析与控制 [D]. 上海: 同济大学, 2006.

[31] 一张图看懂开化"多规合一". 新华网, 2016-03-21[2016-06-15].

[32] 喻明红, 符娟林. 城乡规划专业城市设计课程中调研环节教学探讨 [J]. 教育教学论坛, 2020(37): 284-285.

[33] 欧阳鹏. 公共政策视角下城市规划评估模式与方法初探 [J]. 城市规划, 2008(12): 22-28.

[34] 席广亮, 甄峰. 基于大数据的城市规划评估思路与方法探讨 [J]. 城市规划学刊, 2017(01): 56-62.

[35] 王丽英, 尹丹丽, 刘炳胜. 城市基础设施可持续运营的管理维护策略探析 [J]. 现代财经(天津财经大学学报), 2009, 29(11): 63-66.

[36] 汪红梅, QIU Z Y. 美国非点源污染最佳管理措施及对中国的启示 [J]. 农村经济与科技, 2013, 24(11): 5-7.

[37] 张甘霖, 赵玉国, 杨金玲, 等. 城市土壤环境问题及其研究进展 [J]. 土壤学报, 2007(05): 925-933.

[38] KRAUSS M, WILCKE W. Polychlorinated naphthalenes in urban soils: Analysis concentrations, and relation to other persistent organic pollutants [J]. Environmental Pollution, 2003(122): 75-89.

[39] 高翔云, 汤志云, 李建和, 等. 国内土壤环境污染现状与防治措施 [J]. 江苏环境科技, 2006(02): 52-55.

[40] 沈玉仙. 从感知层面强化景观地形与人的互动性研究 [D]. 广州: 华南理工大学, 2010.

[41]金哲潮.城市办公建筑景观规划设计的探讨[D].上海:上海交通大学,2009.

[42]刘梅梅.浅谈城市道路绿化的现状和改善措施[J].四川建材,2013,39(06):1-2.

[43]王巧.城市街道环境安全设计初探[D].武汉:华中科技大学,2011.

[44]龚利彬.长沙市岳麓区行道树应用现状调查与分析[D].长沙:中南林业科技大学,2013.

[45]田萌,石少华,申庆灿.人行拱桥彩色防滑薄层铺装设计及施工[J].四川水泥,2019(09):63.

[46]姚超英.化学性大气污染的植物修复技术[J].工业安全与环保,2007(09):52-53.

[47]郑爱珍,李淑萍.蔬菜地重金属污染土壤的修复技术[J].北方园艺,2005(04):16-17.

[48]陈自新,苏雪痕,刘少宗,等.北京城市园林绿化生态效益的研究[J].中国园林,1998(6):54

[49]林鸿,吴晓花,丁自立.城市水景生态设计框架[J].农业科技与信息(现代园林),2007(12):45-47.

[50]聂发辉,李田,吴晓芙,等.藻型富营养化水体的治理方法[J].中国给水排水,2006(18):11-15.

[51]宋海亮,吕锡武.利用植物控制水体富营养化的研究与实践[J].安全与环境工程,2004,11(3):35-39.

[52]丁文铎,孙燕.环境水生态修复的概念特点及其应用[J].北京水务,2006(01):46-47+60.

[53]李淑芹,孟宪林.环境影响评价[M].北京:化学工业出版社,2011:1-1.

[54]杨洋,黄少伟,唐洪辉.景观评价研究进展[J].林业与环境科学,2018,34(01):116-122.

[55]姜翠玲,范晓秋.城市生态环境需水量的计算方法[J].河海大学学报(自然科学版),2004,32(01):14-17.

[56]王亚东.城市水生态及其环境修复综述[J].环境与发展,2018,144(07):196-197.

[57]李伟涛.矿业废弃地景观更新理论研究[D].哈尔滨:东北林业大学,2007.

[58]章超.城市工业废弃地的景观更新研究[D].南京:南京林业大学,2008.

[59]魏墅.基于生态修复理念的工业区棕地改造对策应用研究[D].大连:大连工业大学,2019.

[60]陈琳,张金伟,杨保顺.城市废弃地改造的五种生态设计模式[C]// 中国风景园林学会 2011 年会论文集(上册).北京:中国建筑工业出版社,2011:158-161.

[61]张辉.转型时期中国旅游产业环境、制度与模式研究[M].北京:旅游教育出版社,2005.

[62]林峰.旅游引导的新型城镇化[M].北京:中国旅游出版社,2013.

[63]朱炫霓.地产景观现状及其发展探究[J].住宅与房地产,2019,527(05):45.

[64]蔡静霞.新型复合型地产群雄逐鹿[J].房地产导刊,2014(06):38-41.

[65]ROBERTS B H. The application of industrial ecology principles and planning

guidelines for the development of eco-industrial parks:An Australian case study[J]. Journal of Cleaner Production,2004,12(8/10):997-1010.

[66]王震,刘晶茹,王如松,等.生态产业园理论与规划设计原则探讨[J].生态学杂志,2004,23(3):152-156.

[67]陈助君,丁勇.自然资源价值新论:Ⅱ自然资源价值评估[J].内蒙古科技与经济,2005(13):56-57.

[68]凯文·林奇.城市意象[M].北京:华夏出版社:2001.

[69]杨诚.基于POE的城市休闲广场满意度评价及设计优化策略研究:以合肥市为例[D].合肥:合肥工业大学,2019.

[70]林箐,王向荣.地域特征与景观形式[J].中国园林,2005,21(6):16-24

[71]武颖.新型城镇化背景下废弃地改造与利用的新思维[D].北京:北京林业大学,2016.

[72]李光旭.历史文化街区保护规划相关概念解析[J].山西建筑,2009,35(19):20-21.

[73]敖雷,郑炘.传统与现代:历史街区的建筑空间创新与景观空间整合研究:以常州青果巷历史街区更新改造为例[J].中国园林,2018,34(6):54-59.

[74]沈宏,郑建楠.街道景观化改造设计:以京东燕郊行宫商业步行街为例[J].美术观察,2018(04):131.

[75]向云驹.论"文化空间"[J].中央民族大学学报(哲学社会科学版),2008(03):81-88.

[76]关昕."文化空间:节日与社会生活的公共性"国际学术研讨会综述[J].民俗研究,2007(02):265-272.